“十二五”普通高等教育本科国家级规划教材

高等学校计算机专业系列教材

C语言程序设计与实践

第2版

凌云 谢满德 陈志贤 吴海燕 编著

U0259623

The C Language Programming
and Practice Second Edition

机械工业出版社
China Machine Press

图书在版编目（CIP）数据

C 语言程序设计与实践 / 凌云等编著 . —2 版 . —北京：机械工业出版社，2017.1（2023.7
重印）
（高等学校计算机专业系列教材）

ISBN 978-7-111-55849-1

I. C…　II. 凌…　III. C 语言—程序设计—高等学校—教学参考资料　IV. TP312.8

中国版本图书馆 CIP 数据核字（2017）第 013378 号

本书从结构上分成两大部分：第一部分为 C 语言的基础语法介绍，包括第 1～11 章；第二部分为
项目实训和常用算法指导，包括第 12 章和第 13 章，以项目实训的形式引导和帮助学生解决实际问题，
并对程序设计竞赛中的常见算法及其应用进行了介绍。

本书结合案例介绍 C 语言的语法知识，内容全面，注重实训，可作为计算机类专业本科或专科教
材，也可作为信息类或其他相关专业的选修教材或辅助读物。

出版发行：机械工业出版社（北京市西城区百万庄大街 22 号　邮政编码：100037）
责任编辑：朱　劼　　　　　　　　　　　　　　责任校对：董纪丽
印　　刷：固安县铭成印刷有限公司　　　　　　版　　次：2023 年 7 月第 2 版第 8 次印刷
开　　本：185mm×260mm　1/16　　　　　　　印　　张：18.5
书　　号：ISBN 978-7-111-55849-1　　　　　　定　　价：39.00 元

客服电话：（010）88361066　68326294

前　　言

C语言程序设计是一门理论与工程实践密切相关的专业基础课程，在计算机学科教学中具有十分重要的地位。大力加强该课程的建设，提高该课程的教学质量，有利于教学改革和教育创新，有利于创新人才的培养。通过本课程的学习，学生应培养良好的编程风格，掌握常见的算法思路，真正提高运用C语言编写程序解决实际问题的综合能力，为后续课程的实践环节打好基础。

目前国内关于C语言的教材较多，有些教材语法知识介绍细致，较适合作为非专业的等级考试类教学用书；有些教材起点较高，内容深奥，不适于初学者。为了帮助广大学生更好地掌握C语言编程技术，我们组织C语言程序设计课程组的教师进行了深入的讨论和研究，并针对学生学科竞赛和课时压缩的背景，将该课程的建设与其他信息类专业的课程体系改革相结合，发挥我们在计算机和电子商务、信息管理等专业上的办学优势，编写了《C语言程序设计与实践》一书。本书以程序设计为主线，采用渐进式的体系结构，在详细阐述程序设计基本概念、原理和方法的基础上，结合实践教学和学科竞赛的实际情况，通过大量经典实例的讲解和实训，帮助学生掌握利用C语言进行结构化程序设计的技术和方法，提高他们的实践动手能力，培养他们的创新协作精神。

相对第1版而言，第2版主要做了以下修改：

1）根据用书单位的反馈，对一些章节的安排和组织进行了调整。

2）根据课程组近几年实施开放视频课程的经验，引入了以一个实例贯穿整个课程的授课策略。实例由简单到复杂，循序渐进地演化，通过实际应用场景的不断变化和实例功能的不断扩展，依次引入C语言的各个语法元素，从工程的角度阐述各个C语言概念。每个语法的引入都通过实例的实际环境无缝衔接，并采用对比等教学手段，加强学生对知识点的理解和运用，特别是加深学生对各个知识点使用场合的理解。课程学完后，一个完整的程序也完成了。这种有一定代码量的实例，能规避通常教学中由小例子导致的"只见树木不见森林""一叶障目不见泰山"的缺陷，有利于培养学生的工程实践能力。

3）更新了许多教学示例，重写了第12章和第13章。在第13章中，引入了一些有趣的游戏实例和加解密、权限管理等工程概念，以培养学生的工程实践能力。

本书分为两部分。第一部分（第1～11章）主要介绍C语言的基础语法知识，这部分内容按C语言的知识点循序渐进地介绍，同时针对C语言中的重点和难点，例如指针部分，精心设计了丰富的实例，用了大量的篇幅从不同方面对其进行讲解，旨在帮助读者理解并掌握这些重点和难点。第二部分（第12～13章）为项目实训和常用算法指导，通过项目开发全过程的全方位指导，从需求分析、算法设计到程序编写和过程调试，以项目实训的形式引导和帮助学生解决实际问题，提高学生解决具体问题的能力，并对程序设计竞赛中常见的一些算法及其应用进行了介绍。在教学过程中，教师应注重融入良好编程风格和程序调试相关知识的介绍，本书网站及机工网站上将提供相应的教学素材，供教师参考。

C语言程序设计是一门强调实践练习的课程，因此教师对本书的教学组织可依据两条主脉络进行：一条是从字、词、数据、表达式、语句到函数、数组、指针，这也是语法范畴构成的基本脉络；另一条则以程序功能（即以组织数据和组织程序）为基本脉络。安排课程内容时应注意以下几点：①介绍程序设计语言语法时要突出重点。C 语言语法比较庞杂，有些语句可以相互替代，有些语法不常使用。课程中要重点介绍基本的、常用的语法，不要面面俱到。②注重程序设计语言的共性。计算机的发展日新月异，大学期间不可能介绍所有的计算机语言，所以在本课程的学习过程中，教师应该介绍计算机程序设计语言共性的东西，使学生具有自学其他程序设计语言的能力。③由于课时的限制，课程不能安排太多的时间专门讲授程序设计理论。在教学过程中，教师应以程序设计为主线，结合教材中的实例分析，将程序设计的一般方法和技术传授给学生。

本书由浅入深地介绍了程序设计的技术与技巧，内容全面、自成一体，对提高读者的程序设计能力很有裨益，适合不同层次的读者学习。本书可作为计算机类专业的本科或专科教材，也可以作为信息类或其他相关专业的选修教材，还可以作为其他一些课程的辅助读物，如数据结构、编译器设计、操作系统、计算机图形学、嵌入式系统及其他要使用 C 语言进行项目设计的课程。

本书的作者均为浙江工商大学承担程序设计、数据结构等课程的骨干教师。凌云负责全书的策划、组织和指导，谢满德负责编写第 1、2、12、13 章，并负责对全书进行统稿和校对，陈志贤负责编写第 6、7、8、9、10、11 章，吴海燕负责编写第 3、4、5 章。

本书及其配套实验用书《C 语言程序设计与实践实验指导》已经入选"十二五"普通高等教育本科国家级规划教材，也是浙江省精品课程"高级语言程序设计"的教学用书。除本书外，我们还提供了多媒体电子教案、习题与实验指导，以及教学网站和教学资源库等开放资源。读者可以上网共享我们的网络资源，网址为：e-lesson.zjgsu.edu.cn。

在本书的编写过程中，我们参考了部分图书资料和网站资料，在此向文献的原作者表示衷心的感谢。由于作者水平有限，书中恐有不足之处，恳请业界同仁及读者朋友提出宝贵意见和真诚的批评。

作者
2016 年 11 月

教 学 建 议

教学内容	学习要点及教学要求	课时安排 / 学时	
		计算机专业	非计算机专业
第 1 章 C 语言与程序设计概述	了解指令与程序的概念，了解程序设计的过程，了解 C 语言的历史、特点及其程序结构	2	2
第 2 章 示例驱动的 C 语言语法元素	了解 C 语言的基本语法元素，包括变量与常量、算术运算、控制流、函数、数组、基本输入 / 输出等，让学生对 C 语言有一个整体的感性认识，能模仿编写简单的小程序	2	2
第 3 章 基本数据类型和表达式	了解 C 语言的各种数据类型，掌握整型常量、浮点常量、字符常量的表示法，掌握各种运算符和表达式	4	4
第 4 章 输入 / 输出语句	掌握数据输出（printf、putchar）函数和数据输入（scanf、getchar）函数，熟练使用输入 / 输出语句中常用的格式说明、控制字符串	2	2
第 5 章 C 语言程序结构	了解语句的分类、结构化程序设计的基本概念，掌握循环、分支等控制语句的语法，并能熟练使用这些流程控制语句编写小的程序	6	6
第 6 章 数组	了解数组在内存中的表示方法，掌握数组（一维、二维、字符数组）的定义、引用和应用，掌握数组的典型应用示例，能利用数组编程解决实际问题	6	6
第 7 章 函数	了解基于函数的 C 语言程序组织方式，掌握函数的定义、函数的调用、函数参数的传递规则、内部函数和外部函数、变量的 4 种存储类别声明以及变量的作用域和生存期。本章的重点与难点在于基于函数参数的传递、嵌套函数和递归函数及其应用以及变量的作用域和生存期及其应用	6 ～ 8	6（选讲）
第 8 章 编译预处理	了解编译预处理的 3 种方式，掌握文件包含和宏定义的使用方法	2	2
第 9 章 指针	了解地址的基本概念及地址在 C 语言中的表示方法，掌握变量和函数的地址在 C 语言中的表示方法、指针变量的定义和引用、指针作为函数参数、指针与数组的关系、指针的运算、字符指针、字符串处理函数、指针数组、指向指针的指针、指向函数的指针以及命令行参数的传递	6 ～ 10	6（选讲）
第 10 章 结构与联合	掌握结构类型的定义、结构变量的定义和引用、结构数组的定义和引用、结构变量的参数传递规则、指向结构变量的指针、结构指针，以及链表的建立和链表元素的插入、删除、查找等内容。掌握联合和枚举类型的定义及变量的定义和引用。本章的难点在于链表的基本操作	6 ～ 10	6 ～ 8（选讲）

（续）

教学内容	学习要点及教学要求	课时安排／学时	
		计算机专业	非计算机专业
第 11 章 文件操作	了解文件的概念、文本文件和二进制文件的概念以及非缓冲文件的概念。掌握缓冲文件指针的定义、缓冲文件的打开和关闭以及缓冲文件读和写（文本文件方式、二进制文件方式）	2	2
第 12 章 综合实训	通过项目开发过程的全方位指导，将所学的知识点串起来。本章详细分析了几个实际项目的开发全过程，从需求分析、算法设计到程序编写、过程调试，通过实例指导，引导和帮助学生解决实际问题，提高学生解决具体问题的能力	2～4	2～6（选讲）
第 13 章 初涉 ACM/ICPC	本章结合程序设计大赛将常见算法分为 9 类加以介绍，包括这些算法的应用实例	2～6（选讲）	2（选讲）
教学总学时建议		48～64	48～54

说明：

1）本书作为计算机专业本科学生的 C 语言程序设计教学用书时，建议课堂授课学时为 48～64（包含习题课、课堂讨论等必要的课堂教学环节，实验另行安排学时）。不同学校可以根据各自的教学要求和计划学时数的情对教学内容进行取舍。其中，第 12 章实训部分可以选取其中一个例子详细讲解，其他例子让学生自学完成。第 13 章的内容可在开放实验教学中体现，并在整个课程教学过程中贯穿编程风格与程序调试的介绍。

2）非计算机专业的师生在使用本书时应适当降低教学要求。第 12、13 章可以不介绍。若授课学时数少于 48，则建议适当简化第 7 章中的递归和第 10 章中的链表部分的内容。

课堂教学建议：

1）本书的基础部分是第 5～11 章，这一部分从字、词、数据、表达式、语句到函数、数组、指针等，是语法范畴构成的基本脉络。建议教师在程序示例中融入语法元素，而不要单纯讲语法，以避免学生产生厌倦情绪。

2）C 语言程序设计是一门强调实践的课程，对本书的教学组织应以程序设计为主线，介绍程序设计语言语法时要重点突出，不要面面俱到。可以尝试对一个例子不断进行扩充来逐渐引入新的语法元素，产生新的程序设计效果。

3）注重程序设计语言的共性。计算机的发展日新月异，大学期间不可能介绍所有的计算机语言。所以在本课程的学习过程中，教师应该介绍计算机程序设计语言共性的东西，使学生具有自学其他程序设计语言的能力。

4）如果课时有限制，第 13 章可以略去不讲。应该在平时授课过程中，自然地将编程风格和程序调试的内容融入进去。

实验教学建议：

本书有配套实验用书《C 语言程序设计与实践实验指导》，可以参考其中的内容来布置实验内容。

网络资源使用：

课程组已经在中国大学 MOOC 平台上建立了一门高级语言程序设计 MOOC 课程，并将所有的课程资源（包括视频、课件、客观题测试、OJ 作业，实验手册、实验讲解视频）放到了该平台上，各位读者可以直接通过链接：https://www.icourse163.org/course/HZIC-1205905819 或扫描以下二维码，直接登录该网站进行在线学习，充分利用本教材的丰富电子资源。

对于任课教师，可以在本教材配套的 MOOC 课程基础上，进行 SPOC 教学，以满足对该课程的教学改革需要。课程视频中嵌入了一些客观题，学生在观看视频的时候需要回答相应问题后才能继续学习，从而保障学生认真地学习过视频，为后续的课堂翻转提供支持。

目　　录

第 1 章　C 语言与程序设计概述

1.1　初见 C 语言程序

我国古代数学家张邱建在其编写的《算经》里提出了历史上著名的"百钱买百鸡"问题：今有鸡翁一，值钱五；鸡母一，值钱三；鸡雏三，值钱一。凡百钱买鸡百只，问鸡翁、母、雏各几何？对于这个问题，很多读者在小学或初中的竞赛中可能都见到过，而且通常都采用不定方程求解。现在我们用 C 语言解决该问题。通过例 1-1 所示的程序，初学者一方面可以对 C 语言有一个感性的认识，另一方面可以初步领略计算机高效和强大的解决问题的能力。

例 1-1　用 C 语言程序解决"百钱买百鸡"问题。

```
#include <stdio.h>                      /* 包含标准库的信息 */
int main()                              /* 定义名为 main 的函数，它不接受参数值 */
{
    int x, y, z, money;                 /* 声明 x, y, z, money 为整型变量 */
    printf("cocks hens chicks\n");      /* 输出表头信息 */
    for (x = 0; x <= 20; x++)           /* 控制循环次数，x 由 0 变到 20，共循环 21 次 */
        for (y = 0; y <= 33; y++)       /* 控制循环次数，y 由 0 变到 33，共循环 34 次 */
            for (z = 0; z <= 100; z++)
            {
                money = 5 * x + 3 * y + z / 3;
                if (x + y + z == 100 && money == 100 && z % 3 == 0)
                    printf("%5d%5d%7d\n", x, y, z);    /* 输出可行解 */
            }
    return 0;
}
```

运行程序，得到图 1-1 所示的结果。

cocks	hens	chicks
0	25	75
4	18	78
8	11	81
12	4	84

图 1-1　例 1-1 的运行结果

例 1-1 显示了一个完整的 C 语言程序，虽然规模很小，功能很简单，但能解决一个实际的问题。从程序中可以看出，在该问题的求解过程中，我们采用穷举法对所有可能的组合逐一进行检测，将符合要求的组合筛选出来。假设购买的鸡翁数量为 x，购买的鸡母数量为 y，购买的鸡雏数量为 z，共买鸡 100 只，则 x、y、z 均应小于等于 100。进一步分析，如果 100 元钱全部用来买鸡翁，则最多可买鸡翁 20 只，因此 x 的取值范围为 0～20，同理，y 的取值范围为 0～33，z 的取值范围为 0～100。对以上范围内所有 x、y、z 的组合，如果 x + y + z 的和为 100，并且购买 x、y、z 花费的总钱数为 100，则 x、y、z 就是满足条件的解。事实上，穷举法是计算机求解问题时常用的一种方法。

例 1-1 所示的程序称为 C 语言的源程序。在 C 语言源程序的描述中，要注意以下几点：

1）C 语言源程序的扩展名必须为 .c 或 .cpp。

2）C 语言是大小写敏感的，也就是说，在 C 语言的源程序中，大小写是有区别的。

3）如果源程序中出现的逗号、分号、单引号和双引号等符号不是出现在双引号的内部，则均应该在英文半角状态下输入，比如分号不能写成中文分号，而应写成英文半角分号。

4）花括号、小括号、用作界定符的单引号和双引号等都必须成对出现。

例 1-1 是一个用 C 语言编写的解决实际问题的程序示例。读者可以思考一下，我们生活中碰到的哪些问题可以用类似的方法让计算机帮助我们解决。

1.2　计算机与程序设计

计算机的功能非常强大，能做非常复杂、人脑难以胜任的许多工作。然而，从电子市场买回 CPU、主板、内存、硬盘等硬件并组装好一台计算机后，你却发现这台计算机什么也做不了。究其原因，就是因为该计算机上还没有安装任何计算机程序，即软件。硬件是计算机拥有强大功能的前提条件，但是如果没有"大脑"（也就是计算机程序）去指挥它，它将什么也做不了，所以计算机程序的存在是计算机能够工作、能够按指定要求工作的必要条件。因此，计算机程序（Program，通常简称程序）可以简单理解为人们为解决某种问题而用计算机可以识别的代码所编排的一系列加工步骤。计算机能严格按照这些步骤去执行任务。计算机只是一个机器，只能按照既定的规则工作，这个规则是为了实现某个目标而人为制订的，因此我们制订的规则必须能够让计算机"理解"，才能使其按要求去工作，人们按照计算机能够理解的"语言"来制订这些规则的过程，就是程序设计的过程。

1.2.1　指令与程序

计算机的功能强大，但是没有智能，而且每次只能完成非常简单的任务。计算机必须通过一系列简单任务的有序组合才能完成复杂任务。因此，人只能以一个简单任务接一个简单任务的方式来对计算机发出指令。这个简单任务称为计算机的**指令**。一条指令本身只能完成一个最基本的功能，如实现一次加法运算或一次大小的判别。不同的指令能完成不同的简单任务。但是通过对多条指令的有序组织，就能完成非常复杂的工作，这一系列计算机指令（也可理解为人的命令）的有序组合就构成了**程序**，对这些指令的组织过程就是编程的过程，组织规则就是编程的语法规则。

例 1-2　假设计算机能识别的指令有以下四条。

Input X：输入数据到存储单元 X 中。

Add X Y Z：将 X、Y 相加并将结果存到 Z 中。

Inv X：将 X 求反后存回 X。

Output X：输出 X 的内容。

请编写一段由上述指令组成的虚拟程序，实现以下功能：输入 3 个数 A、B 和 C，求 A+B−C 的结果。

程序如下：

```
Input A;          输入第 1 个数据到存储单元 A 中
Input B;          输入第 2 个数据到存储单元 B 中
Input C;          输入第 3 个数据到存储单元 C 中
Add A B D;        将 A、B 相加并将结果存在 D 中
Inv C;
Add C D D;        将 C、D 相加并将结果存在 D 中
Output D;         输出 D 的内容
```

由例 1-2 可以看出，通过指令的有序组合，能完成单条指令无法完成的工作。上述程序中的指令是假设的，事实上，不同 CPU 支持的指令集也不同（由 CPU 硬件生产商决定提供哪些指令）。有点硬件常识的读者都知道，计算机的 CPU 和内存等都是集成电路，其能存储

和处理的对象只能是 0、1 组成的数字序列。因此这些指令也必须以 0、1 序列表示，最终程序在计算机中也是以 0、1 组成的指令码（用 0、1 序列编码表示的计算机指令）来表示的，这个序列能够被计算机 CPU 所识别。程序与数据均存储在存储器中。运行程序时，将准备运行的指令从内存调入 CPU 中，由 CPU 处理这条指令。CPU 依次处理内存中的所有指令，这就是程序的运行过程。

1.2.2　程序与程序设计

计算机程序是人们为解决某种问题用计算机可以识别的代码编排的一系列数据处理步骤，是计算机能识别的一系列指令的集合。计算机能严格按照这些步骤和指令去操作。**程序设计**就是针对实际问题，根据计算机的特点，编排能解决这些问题的步骤。程序是结果和目标，程序设计是过程。

1.2.3　程序设计和程序设计语言

程序设计是按指定要求编排计算机能识别的特定指令组合的过程，而**程序设计语言**是为方便人进行程序设计而提供的一种手段，是人与计算机交流的语言。程序设计语言随着计算机技术的发展而不断发展。

计算机能直接识别的是由"0"和"1"组成的二进制数——二进制是计算机语言的基础。一开始，人们只能用计算机能直接理解的语言去命令计算机工作，即写出一串串由"0"和"1"组成的指令序列交给计算机执行，这种语言称为**机器语言**。使用机器语言编写程序是一项十分痛苦的工作，特别是在程序有错需要查找、修改时更是如此。而且，由于每台计算机的指令系统往往各不相同，因此在一台计算机上执行的程序，要想在另一台计算机上执行，必须重新修改程序，这就造成了重复工作。所以，现在已经很少有人用机器语言直接写程序。

为了减轻使用机器语言编程的痛苦，人们进行了一种有益的改进：用一些简洁的英文字母、有一定含义的符号串来替代一个特定指令的二进制串，比如，用"ADD"代表加法，用"SUB"代表减法，用"MOV"代表数据传递等，这样一来，人们很容易读懂并理解程序在干什么，从而使得纠错及维护都变得方便了，这种程序设计语言称为**汇编语言**，即第二代计算机语言。然而对于计算机而言，它只认识"0"和"1"组成的指令，并不认识这些符号，这就需要一个专门的程序来将这些符号翻译成计算机能直接识别和理解的二进制数的机器语言，完成这种工作的程序被称为**汇编程序**，它充当的就是一个翻译者的角色。汇编语言同样十分依赖于机器硬件，移植性不好，但效率很高。现代的桌面计算机功能已经非常强大，效率已经不是首要关注目标。所以，通常只有在资源受限的嵌入式环境或与硬件相关的程序设计（如驱动程序）过程中，汇编语言才会作为一种首选的软件开发语言。

虽然机器语言发展到汇编语言已经有了很大的进步，但是由于每条指令完成的工作非常有限，因此编程过程仍然很烦琐，语义表达仍然比较费力。于是，人们期望有更加方便、功能更加强大的高级编程语言。这种高级语言应该接近于数学语言或人的自然语言，同时又不依赖于计算机硬件，编出的程序能在所有机器上通用。C 语言就是一种能满足这种要求的语言，它既有高级语言的通用性又有底层语言的高效性，展示出了强大的生命力，几十年来一直被广泛应用。许多高校也将 C 语言作为计算机专业和相关专业的重要必修课，作为高校在校学生接触的第一门编程语言。同样，计算机本身并不"认识"C 语言程序，因此需要将C 语言程序先翻译成汇编程序，再将汇编程序翻译成机器语言，这个过程往往由编译程序来完成。

为了使程序设计更加接近自然语言的表达，方便用户实现功能，包括 C 语言在内的所有程序设计语言必须具有数据表达和数据处理（称为控制）这两方面的能力。

1. 数据表达

为了充分有效地表达各种各样的数据，人们通常会对常见数据进行归纳总结，确定其共性，最终尽可能地将所有数据抽象为若干种类型。数据类型（data type）就是对某些具有共同特点的数据集合的总称。如常说的整数、实数就是数据类型的例子。

在程序设计语言中，一般都事先定义几种基本的数据类型供程序员直接使用，如 C 语言中的整型、浮点型、字符型等。这些基本数据类型在程序中的具体对象主要有两种形式：常量（constant）和变量（variable）。常量在程序中是不变的，例如，987 是一个整型常量。对于变量，则可对其做一些相关的操作，例如，改变它的值。

同时，为了使程序员能更充分地表达各种复杂的数据，C 等程序设计语言还提供了丰富的构造新数据类型的手段，如数组（array）、结构（struct）、联合（union）、文件（file）和指针（pointer）等。

2. 数据处理的流程控制

高级程序设计语言除了能有效地表达各种各样的数据外，还必须能对数据进行有效的处理，提供一种手段来表达数据处理的过程，即程序的控制过程。

一种比较典型的程序设计方法是：将复杂程序划分为若干个相互独立的模块，使每个模块的工作变得单一而明确，在设计一个模块时不受其他模块的影响。同时，通过现有模块积木式地扩展又可以形成复杂的、更大的程序模块或程序。这种程序设计方法就是结构化程序设计方法，C 语言就是典型的采用这种设计方法的语言。按照结构化程序设计的观点，任何程序都可以将模块通过三种基本的控制结构（顺序、选择和循环）的组合来实现。

当要处理的问题比较复杂时，为了增强程序的可读性和可维护性，我们常常将程序分为若干个相对独立的子模块，在 C 语言中，子模块的实现通过函数完成。

1.2.4 程序设计过程

采用高级程序设计语言，指挥计算机完成特定功能，解决实际问题的程序设计过程通常包括以下几个步骤：

1）明确功能需求。程序员通过交流和资料归纳，总结和明确系统的具体功能要求，并用自然语言描述出来。

2）系统分析。根据功能要求，分析解决问题的基本思路和方法，也就是常说的算法设计。

3）编写程序。程序员根据系统分析和程序结构编写程序，这一过程我们称为编程。最后将所编写的程序存入一个或多个文件，这些文件称为源文件。一般把用 C 按照其语法规则编写的未经编译的字符序列称为源程序（source code，又称源代码）。

4）编译程序。通过编译工具，将编写好的源文件编译成计算机可以识别的指令集合，最后形成可执行的程序。这一过程包括编译和链接。计算机硬件能理解的只有计算机的指令，也就是 0、1 组成的指令码，用程序设计语言编写的程序不能被计算机直接接受，这就需要一个软件将相应的程序"翻译"成计算机能直接理解的指令序列。对 C 语言等许多高级程序设计语言来说，这种软件就是编译器（compiler），因此编译器充当着类似于"翻译"的角色，其精通两种语言：机器语言和高级程序设计语言。编译器首先要对源程序进行词法分析，然后进行语法与语义分析，最后生成可执行的代码。

5）程序调试。运行程序，检查其有没有按要求完成指定的工作，如果没有，则回到第3步和第4步，修改源程序，形成可执行程序，再检查，直到获得正确结果。

为了使程序编辑（Edit）、编译（Compile）、调试（Debug）等过程简单，方便操作，许多程序设计语言都有相应的编程环境（称为集成开发环境 IDE）。程序员可以直接在该环境中完成程序编辑、代码编译，如果程序出错还可以提供错误提示、可视化的快捷有效的调试工具等。所以，在 IDE 环境下，程序员可以专注于程序设计本身，而不用关心编辑、编译的操作方法。

在 Windows 操作系统下，C 语言的集成开发环境主要有：

1）Borland 公司的 Turbo C 环境。

2）Microsoft 公司的 Visual C++ 环境。

在 Linux 操作系统下，C 语言的集成开发环境主要有：

1）Eclipse。

2）GCC、g++ 等开源工具。

本书所有示例和实验均在 Visual C++ 6.0 环境下进行。

1.3　C 语言学习与自然语言学习的关系

C 语言相对来说是一门比较难的语言，很多初学者学了很久还一头雾水，不知道到底要学些什么、怎么学。本书拟通过对 C 语言学习过程与自然语言学习过程进行对照，使初学者能从熟悉的自然语言学习中理解 C 语言学习的方法和内容。

学习任何一门新的自然语言，都是先学一个个的字或单词，掌握它们的含义和用法；然后学习词语或短语，理解其构词方法和含义；再学习句法，包括句子结构、句型、造句语法、使用场合；最后学习文章写法，包括根据题目进行分析、段落组织、逻辑语义划分、句型组织等。这些都是学习自然语言的基本内容。但是如果只学好这些，只能说会一种语言，离灵活运用、精通一门语言还有很大的差距。运用一门语言最重要、最直接的途径就是写文章，一篇合格的文章必须没有语法错误，且必须紧扣题意。没有语法错误是写文章的基本要求，但是没有语法错误并不能说明该文章就是一篇合格的文章。如果下笔千言，但是离题万里，这样的文章还是不合格。所以在保证无语法错误的前提下，文章必须紧扣题意，满足题目要求。要写出一篇优秀的文章，则还要求论述充分、观点独到、行文流畅等。

C 语言也是一门语言，是一门用于与计算机交流的语言，因此其学习方法和过程与学习通常的自然语言基本相似。也就是说，我们首先要学习 C 语言中的所有"单词"，即关键字的含义和用法，然后学习通过这些"单词"组成的词语与短语的含义，以及通过"单词"组成短语的方法；再学习 C 语言语句的基本句型、语法特点、使用场合和使用方法；最后学习写文章，即程序的写法，包括根据题目进行分析，段落组织（函数、模块划分），句型应用等。这些都是学习 C 语言的基本内容，但是只学好这些，离灵活运用、精通 C 语言还有很大的差距。运用 C 语言最重要、最直接的途径就是按照要求编写合格的 C 语言程序，一个合格的 C 语言程序必须能够在没有语法错误的情况下解决指定的问题。遵守 C 语言语法规则，没有语法错误是编写程序的基本要求，但是没有语法错误并不能说明该程序就是一个正确的程序。如果程序编写得很"唯美"，但是没有解决指定的问题，这样的程序还是不合格的。所以在保证无语法错误的前提下，程序必须解决了指定的问题，获得了期望的结果。而一个优秀的程序，则还应具备书写风格良好、解决问题的方法独到、具有较高的效率等特征。

通过上述对比可以发现，学习 C 语言与学习任何一门自然语言具有相似的步骤，只是这个"文章"必须通过程序语言进行书写。

1.4　C 语言的发展历史、现状与特点

1.4.1　C 语言的发展历史和现状

C 语言的发展历史可以追溯到 1961 年的 ALGOL 60，它是 C 语言的祖先。ALGOL 60 是一种面向问题的高级语言，与计算机硬件的距离比较远，不适合用来编写系统软件。1963 年，英国剑桥大学推出了 CPL（Combined Programming Language）。CPL 对 ALGOL 60 进行了改造，在 ALGOL 60 基础上接近硬件一些，但是规模较大，难以实现。1967 年，英国剑桥大学的 Martin Richards 对 CPL 进行了简化，在保持 CPL 的基本优点的基础上推出了 BCPL（Basic Combined Programming Language）。1970 ～ 1971 年，美国 AT&T 公司贝尔实验室的 Ken Thompson 对 BCPL 进行进一步简化，设计出了非常简单而且很接近硬件的 B 语言（取 BCPL 的第一个字母），并用 B 语言改写了 UNIX 操作系统。但 B 语言过于简单，且功能有限。1972 ～ 1973 年，贝尔实验室的 Dennis M. Ritchie 在 B 语言的基础上设计出了 C 语言（取 BCPL 的第二个字母）。C 语言既保持了 BCPL 和 B 语言的优点（精练、接近硬件），又克服了它们的缺点（过于简单、无数据类型等）。最初的 C 语言只是作为描述和实现 UNIX 操作系统的一种工作语言而设计的。1973 年，Ken Thompson 和 Dennis M. Ritchie 两人合作把 UNIX 中 90% 以上的代码用 C 语言改写，即 UNIX 第 5 版（最初的 UNIX 操作系统全部采用 PDP-7 汇编语言编写）。

后来，C 语言历经多次改进，但主要还是在贝尔实验室内部使用。直到 1975 年，UNIX 第 6 版公布以后，C 语言的突出优点才引起人们的普遍关注。1975 年，不依赖于具体机器的 C 语言编译文本（可移植 C 语言编译程序）出现了，使 C 语言移植到其他机器时所需做的工作大大简化，这也推动了 UNIX 操作系统迅速在各种机器上实现。随着 UNIX 的广泛使用，C 语言也迅速得到推广。C 语言和 UNIX 可以说是一对孪生兄弟，在发展过程中相辅相成。1978 年以后，C 语言已先后移植到大、中、小和微型计算机上，已独立于 UNIX 和 PDP 计算机了。

现在，C 语言已风靡全世界，成为世界上应用最广泛的几种计算机语言之一。许多系统软件和实用的软件包，如 Microsoft Windows 等，都是用 C 语言编写的。图 1-2 表示了 C 语言的"家谱"。

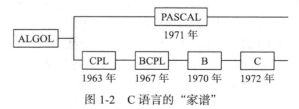

图 1-2　C 语言的"家谱"

以 1978 年发表的 UNIX 第 7 版中的 C 语言编译程序为基础，Brian W. Kernighan 和 Dennis M. Ritchie（合称 K&R）合著了影响深远的经典著作《The C Programming Language》，这本书中介绍的 C 语言成为后来广泛使用的各种 C 语言版本的基础，被称为**旧标准 C**。1983 年，美国国家标准协会（ANSI）根据 C 语言问世以来各种版本对 C 的发展和扩充制定了新的标准，称为 ANSI C。ANSI C 比旧标准 C 有了很大的发展。1987 年，ANSI 又公布了新标准——87 ANSI C，K&R 于 1988 年修

改了他们的经典著作《 The C Programming Language 》，按照 87 ANSI C 标准重新写了该书。目前流行的各种版本的 C 语言都是以它为基础的。

　　目前，在各种不同型号的计算机上，以及不同的操作系统环境下，出现了多种版本的 C 语言，如在 IBM PC 系列微机上使用的就有 Microsoft C、Turbo C、Quick C 等，虽然这些 C 语言的基本部分是相同的，但也有各自的特点。它们自身的不同版本之间也略有差异，如 Turbo C 2.0 与 Turbo C 1.5 相比增加了一些新的功能，Visual C++ 中对 C 语言也修改和提供了一些新的功能。

1.4.2　C 语言的特点

　　C 语言之所以能存在和发展，并具有旺盛的生命力，成为当今世界上流行的几种语言之一，是因为其有不同于其他语言的特点。C 语言的主要特点如下：

　　1）短小精悍而且功能齐全。C 语言简洁、紧凑，使用方便、灵活；具有丰富的数据运算符；除基本的数据类型外，C 语言还允许用户自己构造数据类型。

　　2）结构化的程序设计语言。具有结构化的控制语句（如 if…else 语句、while 语句、do…while 语句、switch 语句和 for 语句）。用函数作为程序的模块单位，便于实现程序的模块化，符合现代编程风格的要求。

　　3）兼有高级语言和低级语言的特点。C 语言允许直接访问物理地址，能进行位（bit）操作，能实现汇编语言的大部分功能，可以直接对硬件进行操作，因此 C 语言既具有高级语言的功能，又有低级语言的许多功能，可用来编写系统软件。例如 UNIX 操作系统就是用 C 语言编写的。

　　4）程序执行效率高。生成目标代码质量高，程序执行效率高，一般只比汇编程序生成的目标代码效率低 10% ～ 20%，这是其他高级语言无法比拟的。

　　5）程序可移植性好。C 语言基本上不做修改就能用于各种型号的计算机和各种操作系统。

　　C 是一门有一定难度的语言，要想能够娴熟地运用它，需要百分之百的投入。通过学习，我们应该努力成为 C 语言高手，掌握 C 语言的思维方式，并采用这种方式编写程序和解决问题。

习题

1.1　试着从网络上下载并运行用 C 语言编写的程序，体会一下用 C 语言能完成哪些工作。

1.2　通过与习题 1.1 下载程序类比，列举几种生活中适合用 C 语言编程解决的问题。

1.3　查找网上知名 C 语言论坛，注册一个账号，体会一个编程爱好者的心境，了解 C 语言作为程序开发工具的优缺点。

1.4　请参照本章例题，编写一个 C 程序，调用 printf 函数输出以下信息：

```
****************************
Hello, world!
Hello, C!
****************************
```

1.5　编写一个程序，输出你的姓名及地址。

第 2 章　示例驱动的 C 语言语法元素

本章主要介绍 C 语言的基本语法元素，包括变量与表达式、控制流、数组、函数、基本输入 / 输出等。通过学习本章的内容，读者可以对 C 语言有一个整体的认识，并能编写简单的小程序。

2.1　变量与表达式

例 2-1 中程序的功能是打印出余弦函数 $y = \cos\left(x * \dfrac{\pi}{180}\right)$ 对

应的离散值表，其中 x 在一个函数周期（0° ～ 360°）内变化，打印结果如图 2-1 所示。我们可以据此拟合出余弦函数曲线。

例 2-1　打印余弦函数的离散值表。

```c
#include <stdio.h>
#include <math.h>
/* 打印一个周期内，余弦函数的离散值表 */
int main()
{
    int x;                              /* 定义一个名为 x 的整型变量 */
    double y;                           /* 定义一个名为 y 的浮点数变量 */
    int start, end, step;               /* 声明 start, end, step 均为整型变量 */
    start = 0;                          /* 角度的下限 */
    end = 360;                          /* 角度的上限 */
    step = 30;                          /* 步长 */
    x = start;                          /* 将变量 start 的值赋给变量 x */
    while (x <= end)
    {
        y = cos(x * 3.1415926 / 180);   /* 调用 cos 函数计算余弦值 */
        printf("%3d\t%9.6f\n", x, y);   /* 调用 printf 函数输出结果 */
        x = x + step;                   /* 调整变量 x 的值 */
    }
    return 0;
}
```

0	1.000000
30	0.866025
60	0.500000
90	0.000000
120	-0.500000
150	-0.866025
180	-1.000000
210	-0.866025
240	-0.500000
270	-0.000000
300	0.500000
330	0.866025
360	1.000000

图 2-1　函数 $y = \cos\left(x * \dfrac{\pi}{180}\right)$ 的离散值表

C 程序中包含一个或多个函数，它们是 C 程序的基本模块。上述程序仅包含一个名为 main 的函数，阅读该程序，我们将见到 C 语言中的注释、声明、变量、算术表达式、循环以及格式化输出等基本元素。具体分析如下：

上述程序的第一、二行：

```c
#include <stdio.h>
#include <math.h>
```

叫作编译预处理指令，用于告诉编译器在本程序中包含标准输入 / 输出库以及数学函数库的全部信息。许多 C 语言源程序的开始处都包含类似的行。

接下来以 "/*" 开始，以 "*/" 结束的内容称为注释。注释用来对程序有关部分进行必要的说明，可帮助读者更好地理解程序。此处，它简单地解释了该程序的基本功能。包含在

"/*"与"*/"之间的所有内容在编译时将被编译器忽略，因此注释部分并不产生目标代码，对程序运行不起作用。也就是说，注释只是给人看的，而不是让计算机执行的。注释可以在程序中自由地使用，可以出现在任何允许出现空格、制表符或换行符的地方。

接下来的这行代码声明了一个 main 函数（又称为主函数）。在所有 C 语言的程序中，必须有且只能有一个 main 函数，所有 C 程序总是从 main 函数开始执行，而不管 main 函数在整个程序中的位置如何。int 指明了 main 函数的返回类型，意味着 main 函数返回值的类型是整数。返回到哪里呢？返回给操作系统。函数名后面的圆括号一般包含传递给函数的信息。这个简单的示例并不需要传递任何信息，因此可以在括号中写 void，也可以为空。

函数要实现的具体功能在由一对花括号构成的函数体中进行描述。

为了实现程序的功能，我们必须定义（或声明）一些变量来存储数据，在 C 语言中，所有变量都必须先定义后使用，定义用于说明变量的属性，它由一个类型名与若干个变量名组成，例如，

```
int x;
double y;
int start, end, step;
```

其中，类型 int 表示其后所列变量为整数，与之相对应的，double 表示其后所列变量为双精度浮点数（即可以带有小数部分的数）。int 与 double 是系统已经定义好的关键字。所谓关键字，是指系统事先定义好的代表一些特殊含义的名称。在上述代码中，变量 x、y、start、end、step 是由用户设定的变量名，其中 x、start、end、step 为整数类型，y 为双精度浮点数类型。

接下来要赋予这些变量具体的数值，在例 2-1 中，以 4 个赋值语句（也可称为赋值表达式）开始，为变量设置初值。

```
start = 0;
end = 360;
step = 30;
x = start;
```

此外，程序中还出现了其他表达式："x <= end"为比较表达式；"y = Cos(x * 3.1415926 / 180);"为算术表达式；"printf("%3d\t%9.6f\n", x, y);"用于打印整数 x 和双精度浮点数 y 的值，并在两者之间留一个制表符的空间（\t）。

最后一行"return 0;"的作用是在 main 函数执行结束前将整数 0 作为函数值，返回调用函数处，这里是返回给调用 main 函数的操作系统。程序员可以利用操作指令检查 main 函数的返回值，从而判断 main 函数是否已正常执行，并据此决定后续的操作。

总体来看，C 语言中的表达式事实上就是常量和变量通过各种 C 语言允许的运算符号进行连接。由示例程序可见，C 语言的语句必须以";"结束。

2.2 分支语句

2.2.1 if 语句

例 2-2 中程序的功能是统计 C 语言程序设计课程期末考试各分数段的人数。按照五级制统计可分成以下几档：

90 ~ 100   A

80 ～ 89	B
70 ～ 79	C
60 ～ 69	D
0 ～ 59	E

要求输出各分数段的具体人数。

例 2-2 用 if 语句统计各分数段的人数。

```c
#include <stdio.h>
/* 统计各分数段人数 */
int main()
{
    int score, i;
    int grade[5];

    for (i = 0; i < 5; i++)
        grade[i] = 0;                        /* 各分数段人数初始值设置为 0 */
    printf(" 请输入第一位学生的成绩: \n");    /* 在屏幕上输出提示信息 */
    scanf("%d", &score);                     /* 调用 scanf 函数输入第一位学生的成绩 */
    while (score != -1)                      /* 当 score 等于 -1 时退出循环 */
    {
        if (score >= 0 && score < 60)
            grade[0]++;                      /* 成绩为 E 的人数加 1 */
        else if (score >= 60 && score < 70)
            grade[1]++;                      /* 成绩为 D 的人数加 1 */
        else if (score >= 70 && score < 80)
            grade[2]++;                      /* 成绩为 C 的人数加 1 */
        else if (score >= 80 && score < 90)
            grade[3]++;                      /* 成绩为 B 的人数加 1 */
        else if (score >= 90 && score <= 100)
            grade[4]++;                      /* 成绩为 A 的人数加 1 */
        else
            printf(" 输入的成绩非法 \n");
        printf(" 请输入下一位学生的成绩（输入 -1 表示结束输入): \n");
        scanf("%d", &score);                 /* 调用 scanf 函数输入下一位学生的成绩 */
    }
    printf(" 各分数段的人数分别如下: \n");
    for (i = 0; i < 5; i++)
        printf("%d\n", grade[i]);            /* 输出各分数段的人数 */
    return 0;
}
```

在程序的控制过程中，我们通常会对满足不同条件的数据进行不同的处理，在例 2-2 中，程序要求根据不同的输入进行数据的统计，其中用于成绩人数分布统计的语句就是一组 if 语句。

在 C 语言程序中经常会采用如下模式来表示多路判定：

```
if (条件 1)
    语句 1
else if (条件 2)
    语句 2
...
else
    语句 n
```

这就是 C 语言中的 if 语句。在 if 语句中，各个条件从前往后依次求值，直到满足某个条件，这时执行对应的语句部分，执行完毕后，整个 if 结构结束。注意：语句 1 ～ n 中的任何语句都可以是括在花括号中的若干条语句。如果其中没有一个条件满足，那么就执行位于最后一个 else 之后的语句。如果没有最后一个 else 及对应的语句，那么这个 if 结构就不执行任何动作。在第一个 if 与最后一个 else 之间可以有 0 个或多个

```
else if (条件)
    语句
```

就风格而言，我们建议读者采用缩进格式。

2.2.2　switch 语句

C 语言中的多路分支，也可以用 switch 语句完成。例 2-2 中的 if 语句完全可以用 switch 语句替换，替换后的程序如例 2-3 所示。

例 2-3　用 switch 语句统计各分数段的人数。

```
#include <stdio.h>
/* 统计各分数段人数 */
int main()
{
    int score, i;
    int grade[5];
    int index;

    for (i = 0; i < 5; i++)
        grade[i] = 0;                   /* 各分数段人数初始值设置为 0 */
    printf("请输入第一位学生的成绩：\n");    /* 在屏幕上输出提示信息 */
    scanf("%d", &score);                /* 调用 scanf 函数输入第一位学生的成绩 */
    while (score != -1)                 /* 当 score 等于 -1 时退出循环 */
    {
        if (score < 0 || score > 100)
            printf("输入的成绩非法 \n");
        else
        {
            index = score < 60 ? 0 : 1 + (score - 60) / 10;
            switch (index)
            {
                case 0:
                    grade[0]++;         /* 成绩为 E 的人数加 1 */
                    break;
                case 1:
                    grade[1]++;         /* 成绩为 D 的人数加 1 */
                    break;
                case 2:
                    grade[2]++;         /* 成绩为 C 的人数加 1 */
                    break;
                case 3:
                    grade[3]++;         /* 成绩为 B 的人数加 1 */
                    break;
                case 4:
                case 5:
                    grade[4]++;         /* 成绩为 A 的人数加 1 */
                    break;
                default:;
            }
        }
        printf("请输入下一位学生的成绩（输入 -1 表示结束输入）: \n");
        scanf("%d", &score);            /* 调用 scanf 函数输入下一位学生的成绩 */
    }
    printf("各分数段的人数分别如下: \n");
```

```
    for (i = 0; i < 5; i++)
        printf("%d\n", grade[i]);              /* 输出各分数段的人数 */
    return 0;
}
```

其中加粗斜体显示的 switch 语句完成了例 2-2 中的 if⋯else⋯语句的功能。switch 语句的通用用法如下：

```
switch (表达式)
{
    case 表达式 1: 语句 1
    case 表达式 2: 语句 2
    ...
    case 表达式 n: 语句 n
    default: 语句 n+1
}
```

执行 switch 语句时，先计算表达式的值，然后依次与表达式 1～表达式 n 的值进行比较。如果与某一个表达式的值匹配，就执行其后的所有语句，如果没有与任何一个表达式匹配成功，则执行 default 后面的语句 n+1。default 语句也可以不出现，如果不出现，则语句不执行任何动作。

2.3 循环语句

2.3.1 while 循环语句

在例 2-1 中，针对每个 x 值求得对应 y 值均是以相同的方式计算，故可以用循环语句来重复产生各行输出，每行重复一次。这就是 while 循环语句的用途。

```
while (x <= end)
{
    ...
}
```

while 循环语句的执行步骤如下：首先，测试圆括号中的条件。如果条件为真（x 小于等于 end），则执行循环体（花括号中的语句）。其次，重新测试该条件，如果为真（条件仍然成立），则再次执行该循环体。当该条件测试为假（x 大于 end）时，循环结束，继续执行跟在该循环语句之后的下一个语句。while 语句的循环体可以是用花括号括起来的一个或多个语句，也可以是不用花括号括起来的单条语句，例如，

```
while (i < j)
    i = 2 * i;
```

在这两种情况下，我们总是把由 while 控制的语句向里缩入一个制表位（在书中以四个空格表示），这样就可以很容易地看出循环语句中包含哪些语句。尽管 C 编译程序并不关心程序的具体形式，但在适当位置采用缩进对齐样式更易于人们阅读程序，这是一个良好的代码书写习惯。同时，我们建议每行只写一个语句，并在运算符两边各放一个空格字符以使运算组合更清楚。花括号的位置不太重要，我们从一些比较流行的风格中选择了一种，读者可以选择自己所适合的风格并一直使用它。

2.3.2 for 循环语句

C 语言提供了多种循环控制语句，除了 2.3.1 节提到的 while 循环外，用得比较多的还

有 for 循环。我们将例 2-1（打印一个周期内余弦函数离散值表）中的循环控制用 for 语句来实现，改写为例 2-4。

    例 2-4   用 for 语句实现余弦函数离散值表。

```c
#include <stdio.h>
#include <math.h>
/* 打印一个周期内, 余弦函数的离散值表 */
int main()
{
    int x;
    double y;
    for (x = 0; x <= 360; x = x + 30)
    {
        y = cos(x * 3.1415926 / 180);      /* 调用 cos 函数计算余弦值 */
        printf("%3d\t%9.6f\n", x, y);      /* 调用 printf 函数输出结果 */
    }
    return 0;
}
```

这个版本与例 2-1 执行的结果相同，但看起来有些不同。一个主要的变化是它删去了大部分变量，只留下了一个 x 和 y，其类型分别为 int 和 double。本来用变量表示的下限（x 的开始值 0）、上限（x 的最大允许值 360）与步长（每次 x 增加的大小 30）都在新引入的 for 语句中作为常量出现。for 语句也是一种循环语句，是 while 语句的推广。如果将其与前面介绍的 while 语句比较，就会发现其操作要更清楚一些。for 循环的通用语法如下：

```
for( 表达式 1; 表达式 2; 表达式 3)
      循环体语句
```

    圆括号内共包含三个部分，它们之间用分号隔开。示例程序中的表达式 1 为 "x = 0"，是初始化部分，仅在进入循环前执行一次。然后计算表达式 2，这里表达式 2 为 "x <= 360"，用于控制循环的条件测试部分：这个条件要进行求值，如果所求得的值为真，那么就执行循环体。循环体执行完毕后，再执行表达式 3，即 x = x + 30，加步长，并再次对条件表达式 2 求值。如果求得的表达式值为真，继续执行循环体，一旦求得的条件值为假，那么就终止循环的执行。像 while 语句一样，for 循环语句的循环体可以是单条语句，也可以是用花括号括起来的一组语句。初始化部分（表达式 1）、条件部分（表达式 2）与加步长部分（表达式 3）均可以是任何表达式。

    在程序设计的过程中，可以采用 C 语言提供的任何一种循环控制语句来实现循环的功能。

2.4   符号常量

    例 2-4 中的程序把 3.1415926、360、30 等常数直接写在了程序中，这并不是一种好的习惯，原因如下：

    1）这些纯粹的数没有任何表征意义，几乎不能给以后可能要阅读该程序的人提供什么信息。

    2）使程序的修改变得困难，因为如果修改角度上限和步长，必须修改程序中的所有 360 和 30。

    解决上述问题的一种方法是赋予它们有意义的名字。#define 指令就用于把符号名字（或称为符号常量）定义为一特定的字符串，其形式如下：

#define 名字 替换文本

此后，所有在程序中出现的在 #define 中定义的名字，如果该名字既没有用引号括起来，也不是其他名字的一部分，都用所对应的替换文本替换。这里的名字与普通变量名的形式相同：以字母开头的字母或数字序列。替换文本可以是任何字符序列，而不仅限于数字。

例 2-5　用符号常量打印余弦函数的离散值表。

```c
#include <stdio.h>
#include <math.h>
/* 打印一个周期内, 余弦函数的离散值表 */
#define PI   3.1415926
#define START   0
#define END   360
#define STEP   30
int main()
{
    int x;
    double y;
    for (x = START; x <= END; x = x + STEP)
    {
        y = cos(x * PI / 180);              /* 调用 cos 函数计算余弦值 */
        printf("%3d\t%9.6f\n", x, y);       /* 调用 printf 函数输出结果 */
    }
    return 0;
}
```

这里，START、END、PI 与 STEP 称为符号常量，而不是变量，故不需要出现在定义中。这样，如果需要提高函数曲线的拟合精度，就只需要缩小 STEP 并给定更精确的 PI 值即可。符号常量名通常采用大写字母，这样就可以很容易地将其与采用小写字母拼写的变量名相区别。注意：#define 也是一条编译预处理指令，因此该行的末尾是没有分号的。

2.5　输入 / 输出

输入 / 输出是程序设计中最为基础的一部分内容，通常我们会对输入的数据进行处理，然后输出某个结果。在例 2-1 中（打印一个周期内余弦函数离散值表），使用 printf 函数来实现数据的输出，这是一个通用格式化输出函数，后面会对此做详细介绍。该函数的第一个参数是格式控制字符串，由两部分组成：普通字符和控制字符。普通字符原样输出，控制字符是指以百分号（%）和一个字母组合成的字符，输出时用对应的参数变量的值替换。对应规则为第一个控制字符对应函数的第二个参数，第二个控制字符对应函数的第三个参数，以此类推。控制字符的字母必须与对应的参数数据类型一致，它们在数目和类型上都必须匹配，否则将出现错误。

printf 函数可以对输出的数据进行宽度、长度及对齐方式上的控制，具体的控制方式详见本书第 4 章。

到目前为止，所有打印一个周期内余弦函数离散值表的程序，其角度下限、上限和步长在程序中都已作为常数固定了。如果希望在每次程序运行时由用户输入角度下限、角度上限和步长，则需要通过输入函数 scanf 完成。修改后的程序如例 2-6 所示。

例 2-6　用 scanf 函数实现余弦函数离散值表。

```c
#include <stdio.h>
#include <math.h>
/* 打印一个周期内, 余弦函数的离散值表 */
```

```
#define PI   3.1415926

int main()
{
    int x;
    double y;
    int start, end, step;

    printf("请输入角度的下限、上限和步长: \n");
    scanf("%d%d%d", &start, &end, &step);
    for (x = start; x <= end; x = x + step)
    {
        y = cos(x * PI / 180);              /* 调用 cos 函数计算余弦值 */
        printf("%3d\t%9.6f\n", x, y);       /* 调用 printf 函数输出结果 */
    }
    return 0;
}
```

其中行

scanf("%d%d%d", &start, &end, &step);

就是负责从键盘输入数据的函数，其使用方法与 printf 函数基本相同，不同之处在于第二个参数以后的参数，其前面都有符号"&"，表示取这些变量的地址。

2.6 数组

在例 2-2 中，要求统计 C 语言程序设计课程各个分数段的人数并输出。本节则不是定义 5 个独立的变量来存放各个分数段的人数，而是使用"数组"来存放这 5 个不同的数据。

程序中的定义语句

```
int grade[5];
```

用于把 grade 定义为由 5 个整数组成的数组。在 C 语言中，当要定义一组类型相同的数据时，我们可以通过定义数组的方式来定义这些元素，通过数组名和下标来引用某一个元素，数组的下标总是从 0 开始，在例 2-2 中，这个数组的 5 个元素分别是 grade[0]，grade[1]，…，grade[4]。这在分别用于初始化和打印数组的两个 for 循环语句中得到了反映。

在 C 语言中，数组不能当作一个整体来访问，必须通过下标依次访问，每个元素基本等价于一个同类型的普通变量。下标可以是任何整数表达式，包括整数变量（如 i）与整数常量。

2.7 函数

C 语言的程序是由一个个函数构成的，除了有且必须有的 main 主函数以外，用户也可以自己定义函数。此外，C 语言的编译系统还提供了一些库函数。函数为程序的封装提供了一种简便的方法，在其他地方使用函数时不需要考虑它是如何实现的。在使用正确设计的函数时不需要考虑"它是怎么做的"，只需要知道"它是做什么的"就够了。当定义好一个函数后，我们可以通过函数调用的方式来使用该函数的功能。

在上述示例中，所使用的函数（如 cos、printf 与 scanf 等）都是函数库所提供的。接下来看看怎样编写自己的函数。我们通过编写一个求阶乘的函数 factorial(int n) 来说明定义函数的方法。

factorial(int n) 函数用于计算整数 n 的阶乘，比如 factorial(4) 的值为 24。这个函数不是一个实用的阶乘函数，它只能用于处理比较小的整数的阶乘，因为如果要求阶乘的整数比较大，那么使用该方法很容易越界，导致程序无法获得正确的结果。希望读者读完整本书以后，能为该问题找到正确的解决方法。

下面给出函数 factorial(int n) 的定义及调用它的主程序，由此可以看到引入函数后的整个程序结构，如例 2-7 所示。

例 2-7　计算整数 0 ～ 9 的阶乘。

```c
#include <stdio.h>
int factorial(int n);                              /* 声明 factorial 函数 */
int main()
{
    int i;
    for (i = 0; i < 10; ++i)
        printf("%d 的阶乘是: %d\n", i, factorial(i));  /* 调用 factorial 函数计算 i 的阶乘 */
    return 0;
}
/* factorial: n 的阶乘, n >= 0 */
int factorial(int n)
{
    int i, p;
    p = 1;
    for (i = 1; i <= n; ++i)
        p = p * i;
    return p;
}
```

函数定义的一般形式为：

返回值类型 函数名（可能有的参数定义）

{

　声明和定义序列

　语句序列

}

不同函数的定义可以按照任意次序出现在一个源文件或多个源文件中，但同一函数不能分开存放在几个文件中。如果源程序出现在几个文件中，那么对它的编译和装入将比整个源程序放在同一文件时要做的声明更多，但这是操作系统的任务，而不是语言属性。我们暂且假定两个函数放在同一文件中，从而使前面所学的有关运行 C 程序的知识在目前仍然有用。

在上述示例中，factorial 函数定义的第一行 int factorial(int n) 声明了参数的类型与名字以及该函数返回的结果的类型。factorial 的参数名只能在 factorial 内部使用，在其他函数中不可见，因此在其他函数中可以使用与之相同的参数名而不会发生冲突。一般而言，把在函数定义中用圆括号括起来的变量称为**形式参数**。

factorial 函数计算得到的值由 return 语句返回给 main 函数。关键词 return 后可以跟任何表达式：

return 表达式；

函数不一定都返回一个值。不含表达式的 return 语句用于使程序执行流程返回调用者（但不返回有用的值）。调用函数也可以忽略（不用）一个函数所返回的值。读者可能已经注意到，在 main 函数末尾也有一个 return 语句。由于 main 本身也是一个函数，它也可以向其调用者返回一个值，这个调用者实际上就是程序的执行环境。一般而言，返回值为 0 表示正常返回，返回值非 0 则表示引发异常或错误终止条件。

对函数的使用称为函数调用。main 主函数在如下程序语句中对 factorial 函数进行了调用：

```
printf("%d 的阶乘是: %d\n", i, factorial(i));
```

调用 factorial 函数时，传送了一个变量 i 给它。一般把函数调用中与参数对应的值或变量称为**实际参数**，如变量 i，由实际参数传递值给形式参数。factorial 函数则在调用执行完时返回一个整数。在表达式中，factorial(i) 就像 i 一样是一个整数。

2.8 算法

2.8.1 算法概念

人们使用计算机，就是要利用计算机来处理各种不同的问题，而要做到这一点，人们就必须事先对各类问题进行分析，确定解决问题的具体方法和步骤，再根据这些步骤，编制一组让计算机执行的指令（即程序），让计算机按人们指定的规则有效地工作。这些具体的方法和步骤，其实就是解决一个问题的算法。根据算法，依据某种规则编写计算机执行的命令序列，就是编制程序，而书写时所应遵守的规则即为某种语言的语法。由此可见，程序设计的关键之一是解题的方法与步骤，即算法。学习高级语言的重点和难点之一就是掌握分析问题、解决问题的方法，锻炼分析、分解问题并最终归纳整理出算法的能力。与此相对应的，具体语言（如 C 语言）的语法是工具，是算法的一个具体实现。所以在高级语言的学习中，一方面应熟练掌握该语言的语法——因为它是算法实现的基础；另一方面必须认识到算法的重要性，加强思维训练，寻找问题的最优解决方法，以编写出高质量的程序。

下面通过例 2-8 来介绍如何设计一个算法。

例 2-8　设有一物体从高空坠下，每次落地后都反弹至距离原高度 2/3 差 1m 的地方，现在测得第 9 次反弹后的高度为 2m，请编写程序，求出该物体从多高的地方开始下坠。

问题分析：

此题粗看起来有些无从着手，但仔细分析物体的运动规律后，能找到一些蛛丝马迹。假设物体坠落时的高度为 h_0，设第 1 ~ 9 次反弹的高度依次为 h_1，…，h_9，现在只有 $h_9=2$ 是已知的，但我们从物体的反弹规律能找出各反弹高度之间的关系：

$$h_i = h_{i-1} * \frac{2}{3} - 1, \quad i=1, 2, \cdots, 9$$

可进一步转换为：$h_{i-1} = (h_i+1) * \frac{3}{2}$，$i=1, 2, \cdots, 9$，这就是此题的数学模型。

算法设计：

上面从 h_9 到 h_0 的计算过程，其实是一个递推过程，这种递推方法在计算机解题中经常用到。另外，这些递推运算的形式完全一样，只是 h_i 的下标不同而已，因此可以通过循环来处理。为了方便算法描述，我们统一用 h_0 表示上一次的反弹高度，h_1 表示本次的反弹高度，算法可以详细描述如下：

1）$h_1=2$；｛第 9 次物体反弹的高度｝

　　$i=9$。｛反弹次数初值为 9｝

2）$h_0=(h_1+1)*\frac{3}{2}$。｛计算上次的反弹高度｝

3）$h_1=h_0$。｛将上次的反弹高度作为下一次计算的初值｝

4）i=i−1。

5）若 i ≥ 1，转步骤 2。

6）输出 h_0 的值。

其中第 2 ～ 5 步为循环，递推计算各次反弹的高度。

上面的示例演示了一个算法的设计过程，即从具体到抽象的过程，具体方法是：

1）弄清解决问题的基本步骤。

2）对这些步骤进行归纳整理，抽象出数学模型。

3）对其中的重复步骤，通过使用相同变量等方式求得形式的统一，然后简练地用循环解决。

算法的描述方法有自然语言描述、伪代码、传统流程图、N-S 图及 PAD 图等，自然语言描述简单、明了，但是由于程序员之间母语的差别，妨碍了他们的正常交流，因此出现了后面四种算法描述形式，下面主要介绍流程图描述方法。如果读者对其他描述方法感兴趣，可以参考其他资料。

2.8.2　流程图与算法描述

可以用不同的方法来描述一个算法。常用的方法有自然语言、传统流程图、结构化流程图（N-S 图）和伪代码等。

其中使用最广泛的是传统流程图。传统流程图又称为程序框图，是一种传统的算法表示法，它利用几何图形的框来代表各种不同性质的操作，用流程线来指示算法的执行方向。由于它直观形象，部分消除了不同国籍程序员之间的交流障碍，所以应用广泛。

下面首先介绍常见的流程图符号及流程图的示例。图 2-2 给出了一些常见的流程图标准符号。

起止框　输入 / 输出框　判断框　处理框　流程线　连接点　注释框

图 2-2　常见流程图符号

- 起止框。表示算法的开始和结束。一般内部只写"开始"或"结束"。

- 输入 / 输出框。表示算法请求输入 / 输出需要的数据或算法将某些结果输出。一般内部常常填写"输入……""打印 / 显示……"。

- 判断框（菱形框）。主要是对一个给定的条件进行判断，根据给定的条件是否成立来决定如何执行其后的操作。它有一个入口，两个出口。给定条件成立时在出口处标明"是"或"Y"，不成立时标明"否"或"N"。

- 处理框。表示算法的某个处理步骤，一般内部常常填写赋值操作。

- 流程线。用于指示程序的执行方向。

- 连接点。用于将画在不同地方的流程线连接起来。同一个编号的点是相互连接在一起的，实际上同一编号的点是同一个点，只是画不下才分开画。使用连接点可以避免流程线交叉或过长，使流程图更加清晰。

- 注释框。注释框不是流程图中必要的部分，不反映流程和操作，只是为了对流程图中某些框的操作做必要的补充说明，以帮助阅读流程图的人更好地理解流程图的作用。

在上述基本流程图符号的基础上，我们可以用一个完整的流程图来描述例 2-8 的算法。其流程图如图 2-3 所示。

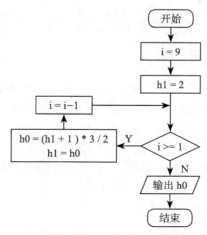

图 2-3   例 2-8 的算法流程图

习题

2.1   请对感兴趣的例子程序进行修改，观察修改后的程序运行结果。

2.2   请以一两个生活中的现象为例子，用算法描述图的方法，描述解决问题的步骤。

2.3   搜集网络上知名的 C 语言编程网站，关注入门级的 C 语言问题，并尝试解决。

2.4   用传统流程图表示求解以下问题的算法。

①依次输入 10 个数，要求输出其中最小的数。

②有 3 个数 a、b、c，要求按照从小到大顺序输出。

③求 $1 + \dfrac{1}{2} + \dfrac{1}{3} + \dfrac{1}{4} + \cdots + \dfrac{1}{99} + \dfrac{1}{100}$。

④判断一个数 n 能否同时被 3 和 5 整除。

⑤输出 100 ～ 200 之间的所有素数。

⑥求两个数 m 和 n 的最大公约数。

2.5   输入一个年份 year，判定它是否是闰年，并输出它是否是闰年的信息。请用传统流程图表示其算法。符合下面两个条件之一的年份是闰年：

①能被 4 整除但不能被 100 整除。

②能被 100 整除且能被 400 整除。

第 3 章　基本数据类型和表达式

本书第 2 章从总体上介绍了一个 C 程序的基本结构，使读者对 C 程序有了大概的了解。本章将详细介绍 C 语言程序中使用的基本语法单位、数据类型、运算符和表达式。

3.1　基本语法单位

任何一种语言都会根据自身的特点规定它自己特定的一套基本符号。例如，英语的基本符号是 26 个英文字母和一些标点符号。C 语言作为一种程序设计语言，也有它自己的基本符号，这些基本符号就组成了程序。

3.1.1　基本符号

程序中要对各种变量和各种函数起名，这些变量名、函数名都是由语言的基本符号组成的。C 语言的基本符号如下：

1）数字 10 个（0 ～ 9）；

2）大小写英文字母各 26 个（A ～ Z，a ～ z）；

3）特殊符号，主要用来表示运算符，它通常由 1 ～ 2 个特殊符号组成，包括

+	−	*	/	%	<	<=	>	>=
==	!=	&&	||	!	&	|	~	=
++	−−	?:	<<	>>	()	[]	{}	,

等等。

3.1.2　关键字

在 C 语言中，关键字有特定的语法含义，用来说明某一固定含义的语法概念。程序员只能使用关键字，而不能给它们赋以新的含义，例如不能作为变量名，也不能用作函数名。表 3-1 中列出了 ANSI C 中的 32 个关键字，主要是 C 的语句名和数据类型名等。C 语言中大写字母和小写字母是不同的，如 else 是关键字，ELSE 则不是。我们将在后面的章节中介绍这些关键字的用途。

此外，C 语言中还有一些含有特定含义的标识符。它们主要用在 C 语言的预处理指令中。这些标识符不是关键字，但因具有特定含义，建议读者不要在程序中把它们作为一般标识符随意使用，以免混淆。

特定字有 include、define、undef、ifdef、ifndef、endif、line 等。

表 3-1　ANSI C 中的 32 个关键字

auto	break	case	char
const	continue	default	do
double	else	enum	extern
float	for	goto	if
int	long	register	return
short	signed	sizeof	static
struct	switch	typedef	union
unsigned	void	volatile	while

3.1.3　标识符

标识符用于给程序中不同的语法概念以不同的命名，以便能区别它们，如用来表示常量、变量、语句标号、用户自定义的名称等。程序中的标识符应满足 C 语言的一些规定：

1）以英文字母或下划线 "_"（下划线也起一个字母作用）开头。

2）标识符的其他部分可以由字母、数字、下划线组成。

3）大、小写字母含义不一样，例如，MAX、max、Max 表示不同的标识符。

4）不能以关键字作为标识符。

下面列出几个正确和不正确的标识符：

正确	不正确
smart	5smart
decision	bomb?
key_board	key—board
FLOAT	float

为了使程序易读、易修改，标识符命名应该恰当，尽量符合人们习惯，表示一定的含义。一般用英文单词、汉语拼音作为标识符。作为习惯，一般约定标识符常量使用大写字母，其余均用小写字母。

3.2 数据类型

现实生活中的数据多种多样，如某个学生的成绩单可以包括学号、姓名、课程、学分、成绩、平均分等。这里，学分、成绩、平均分是数值（整数或小数）数据，学号、姓名、课程是文字符号。为此，C 语言把它能处理的数据分成若干种类型。

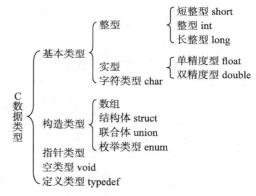

C 语言提供了丰富的数据类型，它们基本上可以分成两类：基本类型和构造类型，如图 3-1 所示。

本章只介绍基本类型中的字符型、整型和浮点型（也称实型），其他类型将在以后各章中讨论。

图 3-1 C 语言的数据类型

基本类型也称为标准类型，其中整型表示数据值是一个整数。浮点型表示数据值包含小数，按照有效位数和数值的范围分为单精度型和双精度型。字符型代表数据值是某个字符。基本类型数据是 C 语言能直接处理的数据。由于受具体机器硬件和软件的限制，每一种数据类型都有它的合法取值范围。

表 3-2 中列出了 Visual C++ 中字符型、整型和浮点型的取值范围。不同 C 语言系统所支持的基本类型有所差异，而且其取值范围与机器硬件有关，读者在使用时请参阅有关手册。

需要指出的是：C 语言没有提供布尔（逻辑）类型，在逻辑运算中，它是以非零表示真（TRUE），以数值 0 表示假（FALSE）。

表 3-2   Visual   C++ 中字符型、整型和浮点型的取值范围

类　　型	符　　号	关键字	所占位数	数的表示范围
整型	有	(signed)int	32	−2147483648 ～ 2147483647
		(signed)short	16	−32768 ～ 32767
		(signed)long	32	−2147483648 ～ 2147483647
	无	unsigned int	32	0 ～ 4294967295
		unsigned short	16	0 ～ 65535

（续）

类　　型	符　　号	关键字	所占位数	数的表示范围
整型	无	unsigned long	32	$0 \sim 4294967295$
浮点型	有	float	32	0 以及 $1.2 \times 10^{-38} \sim 3.4 \times 10^{38}$（绝对值）
	有	double	64	0 以及 $2.3 \times 10^{-308} \sim 1.7 \times 10^{308}$（绝对值）
字符型	有	char	8	$-128 \sim 127$
	无	unsigned char	8	$0 \sim 255$

3.3　常量与变量

3.3.1　常量

C 语言中的**常量**是指不接受程序修改的固定值。常量可为任意数据类型。

整型常量：21、123、2100、-234

浮点型常量：123.23、4.34e-3

字符常量：'a'、'\n'、'9'

下面具体介绍不同数据类型的常量。

1. 整型常量

整型常量可分别以十进制、八进制、十六进制表示。C 语言的整型常量有以下四种形式：

（1）十进制整数

形式：±n

其中，n 是数字 0 ~ 9 组成的序列，中间不允许出现逗号，规定最高位不能是 0。当符号为正时，可以省略符号"＋"，"－"表示负数。

例如，123、-1000、-1 都表示十进制整数。

1.234、10-2、10/3、0123 则为非法的十进制整数。

（2）八进制整数

形式：±0n

其中，0 表示八进制数的引导符，不能省略；n 是数字 0 ~ 7 组成的序列。当符号为正时，可以省略"＋"，"－"表示负数。特别要注意的是，八进制整数的引导符是数字 0，而不是字母 O。

例如，0123、01000、01 都是表示八进制整数。

012889、123、670 则为非法的八进制整数。

（3）十六进制整数

形式：±0xn

其中，0x 表示十六进制数的引导符，不能省略。十六进制整数的引导符是数字 0 而不是字母 O；n 是 0 ~ 9、a ~ f 或 A ~ F 的数字、字母序列。当符号为正时，可以省略"＋"，"－"表示负数。一般来讲，如果前面的字母 x 小写，则后面的 a ~ f 也应小写；如果前面的字母 X 大写，则后面的 A ~ F 也应大写。a ~ f 或 A ~ F 分别表示数字 10 ~ 15。

例如，0x12c、0x100、0XFFFF 都是表示十六进制整数。

（4）长整型整数

前面几种表示形式的整型是基本整型，但对于超过基本整型取值范围的整数，可以通过在数字后加字母 L 或 l 来表示长整型整数。从表 3-2 可以看到，长整型整数的表示范围比基本整型大得多。

例如，123456L、07531246L、0XFFFFFFL 分别表示十进制长整型整数、八进制长整型整数、十六进制长整型整数。

2. 浮点型常量

浮点型常量又称为实型常量，是一个用十进制表示的符号实数。符号实数的值包括整数部分、尾数部分和指数部分。浮点型常量的形式如下：

[digits][.digits][E|e[+|−]digits]

其中，digits 是一位或多位十进制数字（0～9）。E（也可用 e）是指数符号。小数点之前是整数部分，小数点之后是尾数部分，它们是可省略的。小数点在没有尾数时可省略。指数部分用 E 或 e 开头，幂指数可以为负，当没有符号时视为正指数，其基数为 10，例如，1.575E10 表示为 1.575×10^{10}。

在浮点型常量中，不得出现任何空白符号。在不加说明的情况下，浮点型常量为正值。如果表示负值，需要在常量前使用负号。下面是一些浮点型常量的示例：

15.75、1.575E10、1575e−2、−0.0025、−2.5e−3、25E−4

所有浮点型常量均视为双精度类型。实型常量的整数部分若为 0，则 0 可以省略，如下形式是允许的：

.57、.0075e2、−.125、−.175E−2

注意：字母 E 或 e 之前必须有数字，且 E 或 e 后面指数必须为整数。

e3、2.1e3.5、.e3、e 等都是不合法的指数形式。

3. 字符常量

字符常量是指用一对单引号括起来的单个字符，如 'a'、'9'、'!'。字符常量中的单引号只起定界作用，并不表示字符本身。单引号中的字符不能是单引号（'）和反斜杠（\），它们有特定的表示方法，这将在转义字符中介绍。

在 C 语言中，字符是按其所对应的 ASCII 码值来存储的，一个字符占一个字节。例如，部分字符的 ASCII 码值如下：

!:	33
0:	48
1:	49
9:	57
A:	65
B:	66
a:	97
b:	98

注意：字符'9'和数字 9 的区别，前者是字符常量，后者是整型常量，它们的含义和在计算机中的存储方式截然不同。

由于 C 语言中的字符常量是按短整数（short 型）存储的，因此字符常量可以像整数一样在程序中参与相关的运算。例如，

```
'a' − 32;          /* 执行结果 97−32=65 */
'A' + 32;          /* 执行结果 65+32=97 */
'9' − '0';         /* 执行结果 57−48=9  */
```

4. 字符串常量

字符串常量是指用一对双引号括起来的一串字符。双引号只起定界作用，双引号括起的字符串中不能是双引号（"）和反斜杠（\），它们有特定的表示方法，这将在转义字符中介绍。例如，"China"、"C program"、"YES&NO"、"33312-2341" 等。

在 C 语言中，字符串常量在内存中存储时，系统自动在字符串的末尾加一个"串结束标志"，即 ASCII 码值为 0 的字符 '\0'。因此在程序中，长度为 n 个字符的字符串常量，在内存中占有 n + 1 个字节的存储空间。例如，字符串 "China" 有 5 个字符，作为字符串常量存储于内存中时，共占 6 个字节，系统自动在末尾加上 '\0' 字符，其存储形式为：

'C'	'h'	'i'	'n'	'a'	'\0'

要特别注意字符常量与字符串常量的区别，除了表示形式不同外，其存储性质也不相同，字符常量 'A' 只占 1 个字节，而字符串常量 "A" 占 2 个字节。

5. 转义字符

转义字符是 C 语言中表示字符的一种特殊形式。通常使用转义字符来表示 ASCII 码字符集中不可打印的控制字符和特定功能的字符，如用于表示字符常量的单引号（'）、用于表示字符串常量的双引号（"）、反斜杠（\）等。转义字符以反斜杠（\）开始，后面跟一个字符或一个八进制、十六进制数表示。表 3-3 给出了 C 语言中常用的转义字符。

表 3-3　C 语言中常用的转义字符

转义字符	意义	ASCII 码值
\a	响铃（BEL）	7
\b	退格（BS）	8
\f	换页（FF）	12
\n	换行（LF）	10
\r	回车（CR）	13
\t	水平制表（HT）	9
\v	垂直制表（VT）	11
\\	反斜杠	92
\?	问号字符	63
\'	单引号字符	39
\"	双引号字符	34
\0	空字符（NUL）	0
\o[o[o]]，其中 o 代表一个八进制数字	与该八进制码对应的 ASCII 字符	1～3 个八进制码值
\xh[h]，其中 h 代表一个十六进制数字	与该十六进制码对应的 ASCII 字符	1～2 个十六进制码值

字符常量中使用单引号和反斜杠以及字符串常量中使用双引号和反斜杠时，都必须使用转义字符表示，即在这些字符前加上反斜杠。在 C 程序中使用转义字符 \o[o[o]] 或 \xh[h] 可以方便灵活地表示任意字符。\o[o[o]] 为反斜杠（\）和随后的 1～3 位八进制数字构成的字符序列。例如，'\60'、'\101'、'\141' 分别表示字符 '0'、'A' 和 'a'，因为字符 '0'、'A' 和 'a' 的 ASCII 码的八进制值分别为 60、101 和 141。\xh[h] 为反斜杠（\）和字母 x（或 X）及随后的 1～2 个十六进制数字构成的字符序列。例如，'\x30'、'\x41'、'\X61' 分别表示字符 '0'、'A' 和 'a'，因为字符 '0'、'A' 和 'a' 的 ASCII 码的十六进制值分别为 0x30、0x41 和 0x61。使用转义字符时需要注意以下几点：

1）转义字符中只能使用小写字母，每个转义字符只能看作一个字符。

2）\v 垂直制表符和 \f 换页符对屏幕没有任何影响，但会影响打印机执行相应操作。

3）在 C 程序中，使用不可打印字符时，通常用转义字符表示。

4）'\n' 应该叫回车换行。回车只是回到行首，不改变光标的纵坐标；换行只是换一行，不改变光标的横坐标。

5）转义字符 '\0' 表示空字符 NULL，它的值是 0。而字符 '0' 的 ASCII 码值是 48，因此空字符 '\0' 不是字符 0。另外，空字符不等于空格字符，空格字符的 ASCII 码值为 32 而不是 0。编写程序时，读者应当区别清楚。

6）如果反斜杠之后的字符和它不构成转义字符，则反斜杠不起转义作用，按正常普通字符处理。

6. 符号常量

C 语言允许将程序中的常量定义为一个标识符，称为**符号常量**。符号常量一般使用大写英文字母表示，以区别于一般用小写字母表示的变量。符号常量在使用前必须先定义，其定义形式为：

#define ＜符号常量名＞ ＜常量＞

例如，

```
#define    PI       3.1415926
#define    TRUE     1
#define    FALSE    0
#define    STAR     '*'
```

这里定义 PI、TRUE、FALSE、STAR 为符号常量，其值分别为 3.1415926、1、0、'*'。

#define 是 C 语言的编译预处理指令，它表示经定义的符号常量在程序运行前将由其对应的常量替换。定义符号常量的目的是为了提高程序的可读性，便于程序的调试和修改，因此在定义符号常量名时，应使其尽可能地表达它所表示的常量的含义，例如前面所定义的符号常量名 PI（π），表示圆周率 3.1415926。此外，若要对一个程序中多次使用的符号常量的值进行修改，只需对预处理指令中定义的常量值进行修改即可。

3.3.2 变量

其值可以改变的量称为**变量**。一个变量应该有一个名字（标识符），在内存中占据一定的存储单元，在该存储单元中存放变量的值。请注意区分变量名和变量值这两个不同的概念。

所有 C 语言中的变量必须在使用之前先定义。定义变量的一般形式为：

type variable_list;

这里的 type 必须是有效的 C 数据类型，variable_list（变量表）可以由一个或多个由逗号分隔的多个标识符构成。下面给出一些定义的范例。

```
int i, j, l;
short int si;
unsigned int ui;
double balance, profit, loss;
```

程序员应根据变量的取值范围和含义，选择合理的数据类型。下面详细介绍整型变量、浮点型（实型）变量及字符型变量。

1. 整型变量

C 语言规定在程序中所有用到的变量都必须在程序中指定其类型，即"定义"。例如，

```c
#include <stdio.h>
int main()
{
    int a,b,c,d;               /* 定义 a, b, c, d 为整型变量 */
    unsigned int u;            /* 定义 u 为无符号整型变量 */
    a = 22; b = -11; u = 5;
    c = a + u; d = b + u;
    printf("a+u=%d, b+u=%d\n", c, d);
}
```

运行结果为：

```
a+u=27, b+u=-6
```

可以看到，不同类型的整型数据可以进行算术运算。在本例中是 int 型数据与 unsigned int 型数据进行加减运算。

2. 浮点型变量

浮点型变量分为单精度型（float 型）和双精度型（double 型）。每一个浮点型变量都应该在使用前加以定义，例如，

```c
float x, y;               /* 定义 x, y 为单精度浮点数 */
double z;                 /* 定义 z 为双精度浮点数 */
```

在一般系统中，一个 float 型数据在内存中占 4 个字节（32 位），一个 double 型数据占 8 个字节（64 位）。单精度浮点数提供 7 ～ 8 位有效数字，双精度浮点数提供 15 ～ 16 位有效数字，数值的范围随机器系统而异。值得注意的是，浮点型常量是 double 型，当把一个浮点型常量赋给一个 float 型变量时，系统会截取相应的有效位数。例如，

```c
float a;
a = 111111.111;
```

由于 float 型变量只能提供 7 ～ 8 位有效数字，因此可能损失精度。如果将 a 改为 double 型，则能全部接收上述 9 位数字并将其存储在变量 a 中。

3. 字符变量

字符变量用来存放字符数据。注意：只能存放一个字符，不要以为在一个字符变量中可以存放字符串。字符变量的定义形式为：

```c
char c1, c2;
```

它表示 c1 和 c2 为字符变量，各存放一个字符。因此可以用下面语句对 c1、c2 赋值：

```c
c1 = 'a'; c2 = 'b';
```

又如，

```c
#include <stdio.h>
int main( )
{
    char c1, c2;                    /* 定义 c1、c2 为字符变量 */
    c1 = 97; c2 = 98;              /* 对字符变量 c1、c2 赋值 */
    printf("%c,%c", c1, c2);       /* 输出 c1、c2 */
    return 0;
}
```

其中，c1、c2 被定义为字符变量。但在第 5 行中，将整数 97 和 98 分别赋给 c1 和 c2，它的作用相当于以下两个赋值语句：

```
c1 = 'a'; c2 = 'b';
```

因为字符 'a' 和 'b' 的 ASCII 码分别为 97 和 98。第 6 行将输出两个字符，"%c" 是输出字符的格式控制，最终的程序输出为：

```
a,b
```

又如，

```
#include <stdio.h>
int main ()
{
    char c1, c2;
    c1 = 'a'; c2 = 'b';
    c1 = c1 - 32;              /* 将字符变量 c1 转换为大写字母 */
    c2 = c2 - 32;              /* 将字符变量 c2 转换为大写字母 */
    printf ("%c,%c",c1, c2);
    return 0;
}
```

运行结果为：

```
A,B
```

它的作用是将两个小写字母转换为大写字母。因为 'a' 的 ASCII 码为 97，而 'A' 为 65，'b' 为 98，而 'B' 为 66。从 ASCII 码表中可以看到，每一个小写字母比大写字母的 ASCII 码大 32，即 'a' 值等于 'A' + 32。读者仔细观察 ASCII 表后，可能会发现一个有趣的现象：大小写字母在 ASCII 表中是分别连续的。基于这个观察，上面的小写字母转换为大写字母的表达式可以变化为：c1=c1-（'a' - 'A'）或 c1=c1-（'b' - 'B'），以此类推，还能写出很多变通的表达式，而不需要记牢大小写字母在 ASCII 中的跨度常量 32。同样也能观察到 '0' ~ '9' 在 ASCII 中也是连续的，因此 '9'-'0' 正好得到数字 9 本身。读者还能观察 ASCII 表中的一些其他有趣的现象，这些在以后的编程中可能会作为小技巧用到。

3.3.3 变量的初始化

变量的初始化是指在定义变量的同时给变量赋以初值，使某些变量在程序开始执行时就具有确定的值。

其形式为：

<数据类型>　<变量标识符>＝<常量表达式>;

例如，

```
char c = 'A', ky = 'K';      /* 字符变量 c、ky 初值分别为 'A'、'K' */
int j, i = 1;                /* 整型变量 i 初值为 1, j 没有赋初值 */
float sum = 3.56;            /* 单精度变量 sum 初值为 3.56 */
```

如果对几个变量赋以相同的初值，不能写成：

```
int a = b = c = 3;
```

而应写成：

```
int a = 3, b = 3, c = 3;
```

赋初值相当于一个赋值语句。例如，

```
int a = 3;
```

相当于：

```
int a;                          /* 定义 a 为整型变量 */
a = 3;                          /* 赋值语句，将 3 赋给 a */
```

又如，

```
int a = 4, b, c = 5;
```

相当于：

```
int a, b, c;
a = 4;
c = 5;
```

对变量所赋初值，可以是常量，也可以是常量表达式。例如，

```
double alf = 3.14159 / 180;
```

3.4 表达式和运算符

C 语言的运算符范围很广，具有非常丰富的运算符和表达式运算，为编写程序提供了方便。表达式是由操作数和运算符组成，运算后产生一个确定的值，其中操作数可以是常量、变量、函数和表达式，每个操作数都具有一种数据类型，通过运算得到的结果也具有一种数据类型，结果的数据类型与操作数的数据类型可能相同，也可能不相同。运算符指出了表达式中的操作数如何运算。C 语言中共有 44 种运算符，根据各运算符在表达式中的作用，表达式大致可以分成算术表达式、关系表达式、逻辑表达式、条件表达式、赋值表达式和逗号表达式等。

在一个表达式中，若有多个运算符，其运算次序遵照 C 语言规定的运算优先级和结合性规则，即在一个复杂表达式中，看其运算的顺序，首先要考虑优先级高的运算，当几个运算符优先级相同时，还要按运算符的结合性，自左向右或自右向左计算。下面具体介绍这些运算符。在运算符的学习中，我们要从运算符功能、要求操作数个数、要求操作数类型、运算符优先级别、结合方向以及结果的类型等方面去考虑。

3.4.1 算术运算符

表 3-4 列出了 C 语言中允许的算术运算符。在 C 语言中，运算符"+""-""*"和"/"的用法与大多数计算机语言的相同，几乎可用于所有 C 语言内定义的数据类型。当"/"被用于整数或字符时，结果取整。例如，在整数除法中，10 / 3 = 3，而不是 3.333333。

一元减法的实际效果等于用 -1 乘以单个操作数，即任何数值前放置减号将改变其符号。模运算符"%"在 C 语言中的用法与它在其他语言中的用法相同。切记，模运算取整数除法的余数，所以"%"不能用于

表 3-4 C 语言中允许的算术运算符

运算符	作　用
-	减法，也是一元减法
+	加法
*	乘法
/	除法
%	模运算
--	自减（减 1）
++	自增（增 1）

float 和 double 类型。

下面通过一小段程序来说明 % 的具体用法。

```
int x, y;
x = 10;
y = 3;
printf("%d", x / y );          /* 输出 3 */
printf("%d", x % y );          /* 输出 1, 整数除法的余数 */
x = 1;
y = 2;
printf("%d,%d", x / y, x % y); /* 输出 0,1 */
```

最后 1 行打印一个 0 和一个 1，因为 1 / 2 商为 0，余数为 1，故 1 % 2 取余数 1。

C 语言中有两个很有用的运算符 "++" 和 "--"，其中运算符 "++" 称为自增运算符，表示操作数自身加 1，而 "--" 称为自减运算符，表示操作数自身减 1，换句话说，

```
++x;   同 x = x + 1;
--x;   同 x = x - 1;
```

自增和自减运算符可用在操作数之前，也可放在其后，例如，"x = x + 1;" 可写成 "++x;" 或 "x ++;"，但在表达式中，这两种用法是有区别的。自增或自减运算符在操作数之前，C 语言在引用操作数参与表达式运算之前就先执行加 1 或减 1 操作；运算符在操作数之后，C 语言就先引用操作数的值参与表达式计算，而后再进行加 1 或减 1 操作。通俗地说，自增或自减运算符在操作数之前表示变量先进行自加或自减运算，然后再用新的变量值参与表达式的计算；自增或自减运算符在操作数之后表示用变量原先的值先参与表达式的计算，然后再进行变量自加或自减运算。请看下例：

```
x = 10;
y = ++x;
```

此时，y = 11。如果语句改为：

```
x = 10;
y = x++;
```

则 y = 10。在这两种情况下，x 都被置为 10，但区别在于设置的时刻，这种对自增和自减发生时刻的控制是非常有用的。在大多数 C 编译程序中，为自增和自减操作生成的程序代码比等价的赋值语句生成的代码要快得多，所以尽可能采用加 1 或减 1 运算符是一种好的选择。

下面是算术运算符的优先级：

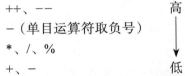

```
++、--                      高

-（单目运算符取负号）

*、/、%

+、-                        低
```

编译程序对同级运算符按从左到右的顺序进行计算。当然，括号可改变计算顺序。C 语言处理括号的方法与几乎所有计算机语言相同，即强迫某个运算或某组运算的优先级升高。

++ 和 -- 的结合方向是 "自右向左"。前面已经提到，算术运算符的结合方向为 "自左向右"，这是大家熟悉的。如果有：

```
-i++;
```

变量 i 的左边是负号运算符, 右边是自增运算符, 两个运算符的优先级相同, 按照"自右向左"的结合方向, 它相当于:

```
-(i++);
```

假如 i = 3, 如果有:

```
printf("%d", -i++);
```

则先取出 i 的值使用, 输出 -i 的值 -3, 然后使 i 增值为 4。

注意: (i++) 是先用 i 的原值进行运算以后, 再对 i 加 1。不要认为先加完 1 以后再加负号, 输出 -4, 这是错误的。

3.4.2 赋值运算符

赋值运算符分为简单赋值运算符和复合赋值运算符两种。

简单的赋值运算的一般形式为:

< 变量标识符 > = < 表达式 >

其中, "="号是赋值运算符。其作用是将一个表达式的值赋给一个变量, 同时将该值作为赋值表达式的结果。如 a = 5 % 3 的作用是首先执行取余运算, 然后执行赋值运算 (因为 % 的优先级高于 = 的优先级), 即把表达式 5 % 3 的结果 2 赋给变量 a, 同时把该值 2 作为这次赋值运算的结果。

说明:

1) 在 C 语言中, 可以同时对多个变量赋值。例如,

```
a = b = c = d = 0;
```

上述语句表示将 a、b、c、d 变量赋零值。根据运算符"自右向左"的结合性, 该表达式从右向左依次赋值。相当于:

```
a =(b =(c =(d = 0)));
```

2) 如果赋值运算符两侧的操作数的类型不一致, 那么在赋值时要进行类型转换, 即将右侧表达式的类型自动转换成左侧变量的类型, 再赋值。最后将表达式类型转换以后的值作为赋值运算的结果。

① 若将浮点型数据 (包括单、双精度数) 赋给整型变量, 则舍去实数的小数部分。例如,

```
int i;
i = 3.56;              /* 变量 i 的值为 3 */
```

② 若将整型数据赋给单、双精度变量, 则数值不变, 但以浮点数形式存储到变量中。例如,

```
float f;
f = 23;               /* 先将 23 转换成 23.00000, 再存储在 f 中 */
```

C 语言中提供的赋值运算符, 除了常用的简单赋值运算符"="外, 还有 10 种复合的赋值运算符。在简单赋值运算符"="之前加上其他运算符, 就构成了复合赋值运算符。如在"="前加一个"+"运算符, 就构成了复合赋值运算符"+="。

例如,

```
a += 3;          等价于    a = a + 3;
x *= y + 8;      等价于    x = x * (y + 8);
```

```
x %= 3;          等价于    x = x % 3;
```

以"a += 3;"为例来说明，它相当于使 a 进行一次自加 3 的操作，即先使 a 加 3，然后再将结果赋给 a。同样，"x *= y + 8;"的作用是使 x 乘以（y + 8），再将结果赋给 x。

说明：

1）复合运算符相当于两个运算符的结合。

例如，a += b 相当于 a = a + b，但并不等价。在 C 语言中，可将复合赋值运算符看作一个运算符，a 只被计算一次，而后一个式子中，a 被计算两次，先运算一次，后赋值一次，所以使用复合赋值运算符，可使程序精练，缩短程序代码，提高执行效率。

2）在复合赋值运算中，若赋值号的右侧是复杂表达式，则将右侧的表达式看作一个整体与 x 进行有关计算。例如，"x *= y + 10 − z;"相当于"x = x * (y + 10− z);"，而不是"x = x * y + 10 − z;"。

用赋值运算符将一个变量和一个表达式连接起来的式子称为"赋值表达式"。

它的一般形式为：

＜变量标识符＞　　＜赋值运算符＞＜表达式＞

如 a = 5 是一个赋值表达式。对赋值表达式的求解过程是：将赋值运算符右侧的"表达式"的值赋给左侧的变量。赋值表达式的值就是被赋值的变量的值。例如，赋值表达式 a = 5 的值为 5（变量 a 的值也是 5）。

上述一般形式的赋值表达式中的"表达式"，也可以是一个赋值表达式。例如，

```
A = (b = 5);
```

括号内的 b = 5 是一个赋值表达式，它的值等于 5，因此"a = (b = 5);"相当于 b = 5，a = 5，a 的值等于 5，整个表达式的值也等于 5。因为赋值运算符的结合方向是"自右向左"，所以 b = 5 外面的括号可以不要，即"a = (b = 5);"和"a = b = 5;"等价。下面是赋值表达式的示例：

```
a = b = c = 5;          /* 赋值表达式的值为 5，a、b、c 的值均为 5 */
a = 5 + (c = 6);        /* 赋值表达式的值为 11，a 的值为 11，c 的值为 6 */
a = (b = 4) + (c = 6);  /* 赋值表达式的值为 10，a 的值为 10，b 的值为 4，c 的值为 6 */
a = (b = 10) / (c = 2); /* 赋值表达式的值为 5，a 的值为 5，b 的值为 10，c 的值为 2 */
```

赋值表达式也可以包含复合赋值运算符。设 a 的初值为 8，表达式

```
a += a -= a * a;
```

也是一个赋值表达式，根据优先级和结合性，此赋值表达式的求解过程为：

1）先进行 a −= a * a 的运算，它相当于 a = a − a * a = 8 − 8 * 8 = − 56。

2）再进行 a += −56 的运算，相当于 a = a + (−56) = (−56) + (−56) = −112。

3.4.3　关系运算符

关系运算是逻辑运算中比较简单的一种。所谓"关系运算"就是"比较运算"，将两个数值进行比较，判断其比较的结果是否符合给定的条件。例如，a > 2 是一个关系表达式，大于号"＞"是一个关系运算符，如果 a 的值为 3，则满足给定的"a > 2"这一条件，因此该关系表达式的值为"真"（即"条件满足"）；如果 a 的值为 1，不满足"a > 2"这一条件，则该关系表达式的值为"假"。

C 语言提供了 6 种关系运算符，见表 3-5。

表 3-5　C 语言的关系运算符

优先级	运算符	意义	例	结果
6	<	小于	'A' < 'B'	真
	<=	小于等于	12.5 <= 10	假
	>	大于	'A' > 'B'	假
	>=	大于等于	'A' + 2 >= 'B'	真
7	==	等于	'A' == 'B'	假
	!=	不等于	'A' != 'B'	真

说明：

1）参加比较的数据可以是整型、浮点型、字符型或者其他类型。

2）前四种关系运算符（<、<=、>、>=）的优先级相同，后两种关系运算符的优先级也相同。前四种运算符的优先级高于后两种。例如，"<"优先于"!="。而">"与"<"优先级相同。

3）关系运算符的优先级低于算术运算符。

4）关系运算符的优先级高于赋值运算符。

用关系运算符将两个数值或数值表达式连接起来的式子，称为**关系表达式**。例如，

```
a + b > c + d
'a' < 'd'
```

关系表达式的值是一个逻辑值，即"真"或"假"。C 语言没有提供逻辑类型数据，而用不等于 0 的数代表逻辑真（true），用整型数 0 代表逻辑假（false）。假如变量 a、b 定义为：

```
int a = 3, b = 1;
```

则表达式 a > b 的值为 1，表示逻辑真（true）。

关系运算符的两侧也可以是关系表达式。如果定义：

```
int a = 3, b = 1, c = -2, d;
```

则表达式

```
a > b != c
```

的值为 1（因为 1 != -2 是正确的，所以 a > b 的值为 1，即逻辑真）；

```
a == b < c
```

的值为 0，表示逻辑假（false）；

```
b + c < a
```

的值为 1，表示逻辑真（true）。

如果有以下表达式：

```
d = a > b
```

则 d 的值为 1；

```
d = a > b < c
```

则 d 的值为 0，因为关系运算符">"和"<"优先级相同，按"自左至右"的方向结合，先执行"a > b"得到的值为 1，再执行关系运算"1 < c"，得到的值为 0，赋给 d，最终 d 的值为 0。

假设变量 x 在 [0, 10] 范围内，对应的数学表达式为 $0 \leqslant x \leqslant 10$，若将此式误写成 C 语言表达式：

```
0 <= x <= 10
```

这时 C 语言的编译系统不会指出错误（而在其他程序设计语言中会编译出错）。其计算结果不管 x 取何值，表达式的值总为 1，请读者思考这是为什么。

3.4.4　逻辑运算符

C 语言提供了三种逻辑运算符：

&&　　　　逻辑与

||　　　　逻辑或

!　　　　逻辑非

"&&" 和 "||" 是双目（元）运算符，它要求有两个操作数（或运算对象）参与运算，运算结果是整型数 1 或 0，分别表示逻辑真（true）或逻辑假（false）。例如，

```
(a > b) && (x > y)
(a > b) || (x > y)
```

"!" 是单目（元）运算符，只要求有一个操作数，如 "! (a>b)"。

表 3-6 给出了三种逻辑运算符的优先级。

表 3-6　C 语言的逻辑运算符

优先级	运算符	意义	例	结果
2	!	逻辑非	!7	0
11	&&	逻辑与	'A' && 'B'	1
12	||	逻辑或	3 || 4	1

逻辑运算举例如下：

```
a && b;    // 若a和b都为真，则结果为真；否则，为假
a || b;    // 若a和b中有一个为真，则结果为真；二者都为假时，结果为假
!a;        // 若a为真，则!a为假；若a为假，则!a为真
```

表 3-7 为逻辑运算的真值表。用它表示当 a 和 b 的值为不同组合时，各种逻辑运算所得到的值。

表 3-7　逻辑运算的真值表

a	b	!a	!b	a && b	a || b	a	b	!a	!b	a && b	a || b
0	0	1	1	0	0	1	0	0	1	0	1
0	1	1	0	0	1	1	1	0	0	1	1

说明：

1）参加逻辑运算的数据类型可以是整型、浮点型、字符型、枚举型等。

2）优先级。

　①当一个逻辑表达式中包含多个逻辑运算符时，优先级如下：

　　!（非）→ &&（与）→ ||（或），即 "!" 是三者中最高的。

　②逻辑运算符中的 "&&" 和 "||" 低于关系运算符，"!" 高于算术运算符。例如，

```
(a > b) && (x > y)      可写作   a > b && x > y
(a == b) || (x == y)    可写作   a == b || x == y
(!a) || (a > b)         可写作   !a || a > b
```

若一个表达式中出现算术、关系、逻辑等多种运算时，要分清优先级。为程序清晰起见，可以通过圆括号以显式规定运算次序。

上面的描述中已经多次提到了 "真" 和 "假" 这一概念，很多读者可能对此感觉非常困惑。下面对这一概念进行梳理。总的来说，C 语言中的 "真" 和 "假" 可以分为广义和狭义两种。狭义的 "真" 和 "假" 的概念中，用 1 表示真，用 0 表示假。C 语言在表示逻辑或关系运算结果时，采用的是狭义的 "真" 和 "假" 的概念，也就是以数值 1 代表 "真"，以 "0"

代表"假"。广义的"真"和"假"中,用非 0 表示真,只有 0 才表示假。C 语言在判断一个用值或表达式表示的条件是否为"真"时,采用的是广义的概念,以 0 代表"假",以非 0 代表"真",即将一个非 0 的数值认作为"真"。事实上,狭义的"真"和"假"的概念基本上只会在表示运算结果时才会用到,其他绝大部分情况用都是广义的"真"和"假"的概念。例如,

1)若 a = 3,则 !a 的值为 0。因为 a 的值为非 0,被认作"真",对它进行"非运算",结果为"假"。"假"以 0 代表。

2)若 a = 3,b = 4,则 a && b 的值为 1。因为 a 和 b 均为非 0,被认为是"真",因此 a && b 的值也为"真",值为 1。

3)若 a = 3,b = 4,a || b 的值为 1。

4)若 a = 3,b = 4,!a && b 的值为 0。

5)若 a = 3,b = 4,!a || b 的值为 1。

6)4 && 0 || 2 的值为 1。

通过这几个例子可以看出,由系统给出的逻辑运算结果不是 0 就是 1,不可能是其他数值。而在逻辑表达式中作为参加逻辑运算的运算对象(操作数)可以是 0("假")或任何非 0 的数值(按"真"对待)。如果在一个表达式中不同位置上出现数值,应区分哪些是作为数值运算或关系运算的对象,哪些是作为逻辑运算的对象。例如,

```
6 > 5 && 0 || 3 < 4 - !2
```

表达式自左至右扫描求解。首先处理"6 > 5"(因为关系运算符">"优先于逻辑运算符"&&")。在关系运算符">"两侧的 6 和 5 作为数值参加关系运算,"6 > 5"的值为 1(代表真),再进行"1 && 0 || 3 < 4 - !2"的运算,此时 0 两侧的运算符"&&"和"||"的优先级相同,由于它们的结合方向为"自左至右",因此先进行"1 && 0"的运算,得到结果 0。再往下进行"0 || 3 < 4 - !2"的运算,3 的左侧为"||"运算符,右侧为"<"运算符,根据优先规则,应先进行"<"的运算,即先进行"3 < 4 - !2"的运算。现在 4 的左侧为"<"运算符,右侧为"-"运算符,而"-"优先于"<",因此应先进行"4 - !2"的运算,由于"!"的优先级别最高,因此先进行"!2"的运算,得到结果 0。然后进行"4 - 0"的运算,得到结果 4,再进行"3 < 4"的运算,得 1,最后进行"0 || 1"的运算,结果为 1。

实际上,逻辑运算符两侧的运算对象可以是 0 和 1,或者是 0 和非 0 的整数,也可以是字符型、浮点型或其他类型。系统最终以 0 和非 0 来判定它们属于"真"或"假"。例如,

```
'A' && 'D'
```

的值为 1(因为 'A' 和 'D' 的 ASCII 值都不为 0,按"真"处理)。

在逻辑表达式求解时,并非所有逻辑运算符都被执行,只是在必须执行下一个逻辑运算符才能求出表达式的解时,才执行该运算符。这种特性被称为短路特性。例如,

```
int a = 1, b = 2, c = 4, d = 5;
a > b && (c = c + d)
```

先计算"a > b",其值为 0,此时已能判定整个表达式的结果为 0,所以不必再进行右边"(c = c + d)"的运算,因此 c 的值不是 9 而仍然保持原值 4。

同样,在进行多个 || 运算时,当遇到操作数为非 0 时,也不必再进行其右面的运算,表达式结果为 1。例如,

```
a - 4 || b < 5 || c > a
```

先计算"a - 4",其值为非 0(代表真),后面两个关系表达式就不需要再判断,因为已经能确定该逻辑表达式的值为 1。反之,继续判断 b < 5 是否为非 0,以此类推。

熟练掌握 C 语言的关系运算符和逻辑运算符后,可以巧妙地用一个逻辑表达式来表示一个复杂的条件。

例如,判别用 year 表示的某一年是否为闰年。闰年的条件是符合下面二者之一:

① 能被 4 整除,但不能被 100 整除,如 2016。

② 能被 400 整除,如 2000。

可以用一个逻辑表达式来表示:

```
(year % 4 == 0 && year % 100 != 0) || year % 400 == 0
```

当 year 为整型时,如果上述表达式的值为 1,则 year 为闰年;否则,为非闰年。

可以加一个"!"用来判别非闰年:

```
!((year % 4 == 0 && year % 100 != 0) || year % 400 == 0)
```

若此表达式值为 1,则 year 为非闰年。

也可以用下面逻辑表达式判别非闰年:

```
(year % 4 != 0) ||(year % 100 == 0 && year % 400 != 0)
```

若表达式值为真,则 year 为非闰年。请注意表达式中不同运算符的运算优先次序。

3.4.5　位运算符

位运算是指按二进制进行的运算。在系统软件中,常常需要处理二进制位的问题。C 语言提供了 6 个位运算符。这些运算符只能作用于整型操作数,即只能作用于带符号或无符号的 char、short、int 与 long 类型。表 3-8 所示即为 C 语言提供的位运算符。

表 3-8　C 语言提供的位运算符

运算符	含义	描述
&	按位与	如果两个相应的二进制位都为 1,则该位的结果值为 1;否则,为 0
|	按位或	两个相应的二进制位中只要有一个为 1,该位的结果值为 1
^	按位异或	若参加运算的两个二进制位值相同,则为 0;否则,为 1
~	取反	~是一元运算符,用来对一个二进制数按位取反,即将 0 变 1,将 1 变 0
<<	左移	用来将一个数的各二进制位全部左移 N 位,右补 0
>>	右移	将一个数的各二进制位右移 N 位,移到右端的低位被舍弃,对于无符号数,高位补 0

1."按位与"运算符(&)

"按位与"是指参加运算的两个数据,按二进制位进行"与"运算。如果两个相应的二进制位都为 1,则该位的结果值为 1;否则,为 0。这里的 1 可以理解为逻辑中的 true,0 可以理解为逻辑中的 false。"按位与"其实与逻辑上"与"的运算规则一致。逻辑上的"与",要求运算数全真,结果才为真。

若 A = true,B = true,则 A & B = true。

例如,求 11 & 9 的值。

11 的二进制编码是 1011,内存存储数据的基本单位是字节(Byte),一个字节由 8 个位(bit)组成。位是用以描述计算机数据量的最小单位。二进制系统中,每个 0 或 1 就是一个位。将 1011 补足成一个字节，则是 00001011。

9 的二进制编码是 1001，将其补足成一个字节，则是 00001001。

对两者进行"按位与"运算：

```
   00001011
&  00001001
   00001001
```

由此可知 11 & 9 = 9。

"按位与"的用途主要有：

（1）清零　若想对一个存储单元清零，即使其全部二进制位为 0，只要找一个二进制数，使其中各个位符合以下条件：原来的数中为 1 的位，新数中的相应位为 0。然后使两者进行 & 运算，即可达到清零的目的。例如整数 93，二进制编码为 01011101，另找一个整数 162，二进制编码为 10100010，将两者"按位与"运算：

```
   01011101
&  10100010
   00000000
```

事实上，一种更加简单的方法就是直接与 0 做"按位与"运算，任何数都将被清零。

（2）取一个数中某些指定位　若有一个整数 a（假设占两个字节），想要取其中的低字节，只需要将 a 与 8 个 1"按位与"即可。

```
a 00101100 10101100
& b 00000000 11111111
c 00000000 10101100
```

（3）保留指定位　与一个数进行"按位与"运算，此数在该位取 1。例如，有一数 84，即 01010100，想把其中从左边算起的第 3、4、5、7、8 位保留下来，则运算如下：

```
   01010100
&  00111011
   00010000
```

即 a = 84，b = 59，c = a & b = 16。

2. "按位或"运算符（|）

"按位或"运算符的规则是：两个数相应的二进制位中只要有一个为 1，则该位的结果值为 1。例如，48 | 15，将 48 与 15 进行"按位或"运算。

```
   00110000
|  00001111
   00111111
```

"按位或"运算常用来将一个数据的某些位定值为 1。例如，如果想使一个数 a 的低 4 位为 1，则只需要将 a 与 15 进行"按位或"运算即可。

3. "按位异或"运算符（^）

"按位异或"运算符的规则是：若参加运算的两个二进制位值相同则为 0，否则为 1，即 0^0=0，0^1=1，1^0=1，1^1=0。

例如，
```
      00111001
^     00101010
```

　　　　00010011

"按位异或"的用途主要有：

（1）使特定位反转　设有二进制数 01111010，想使其低 4 位反转，即 1 变 0、0 变 1，可以将其与二进制数 00001111 进行"异或"运算，即

　　　　01111010

^　　　00001111

　　　　01110101

运算结果的低 4 位正好是原数低 4 位的反转。可见，要使哪几位反转，就将与其进行异或运算的该位置为 1 即可。

（2）与 0 相"异或"，保留原值　例如，10^0=10

　　　　00001010

^　　　00000000

　　　　00001010

因为原数中的 1 与 0 进行异或运算得 1，0^0 得 0，故保留原数。

（3）交换两个值，不用临时变量　例如，a ＝ 3，即二进制 00000011；b ＝ 4，即二进制 00000100。想将 a 和 b 的值互换，可以用以下赋值语句实现：

```
a = a ^ b;
b = b ^ a;
a = a ^ b;
```

　　　　a = 00000011

^　　　b = 00000100,

则　　a = 00000111，转换成十进制，a 已变成 7；

　　　　继续进行

　　　　a = 00000111

^　　　b = 00000100,

则　　b = 00000011，转换成十进制，b 已变成 3；

　　　　继续进行

　　　　b = 00000011

^　　　a = 00000111,

则　　a = 00000100，转换成十进制，a 已变成 4。

执行前两个赋值语句"a = a ^ b;"和"b = b ^ a;"相当于 b = b ^ (a ^ b)。

再执行第三个赋值语句"a = a ^ b;"，由于 a 的值等于（a ^ b），b 的值等于（b ^ a ^ b），因此，该语句相当于 a = a ^ b ^ b ^ a ^ b，即 a 的值等于 a ^ a ^ b ^ b ^ b，等于 b。

4."取反"运算符（～）

"取反"是一个单目运算符，用于求整数的二进制反码，即分别将操作数各二进制位上的 1 变为 0，0 变为 1。

5."左移"运算符（<<）

"左移"运算符是用来将一个数的各二进制位左移若干位，移动的位数由右操作数指定（右操作数必须是非负值），其右边空出的位用 0 填补。若高位左移溢出，则舍弃该高位。

例如，将 a 的二进制数左移 2 位，右边空出的位补 0，左边溢出的位舍弃。若 a=15，即

00001111，左移 2 位得 00111100。

左移 1 位相当于该数乘以 2，左移 2 位相当于该数乘以 2×2=4，15<<2=60，即乘以 4。但此结论只适用于该数左移时被溢出舍弃的高位中不包含 1 的情况。

例如，假设以一个字节（8 位）存一个整数，若 a 为无符号整型变量，则 a = 64 时，左移一位时溢出的是 0 得到 10000000，即 128；而左移 2 位时，溢出的高位中包含 1，并不会得到 256 的二进制数。

6. "右移" 运算符（>>）

右移运算符是用来将一个数的各二进制位右移若干位，移动的位数由右操作数指定（右操作数必须是非负值），移到右端的低位被舍弃，对于无符号数，高位补 0。对于有符号数，某些机器将对左侧空出的部分用符号位填补（即 "算术移位"），另一些机器则对左侧空出的部分用 0 填补（即 "逻辑移位"）。注意：对无符号数，右移时，左侧高位移入 0；对于有符号的值，如果原来符号位为 0（该数为正），则左侧也是移入 0。如果符号位原来为 1（即负数），则左侧移入 0 还是 1 要取决于所用的计算机系统。有的系统移入 0，有的系统移入 1。移入 0 的称为 "逻辑移位"，即简单移位；移入 1 的称为 "算术移位"。

例如，a 的值是十进制数 38893：

a   1001011111101101（用二进制形式表示）

a>>1   0100101111110110（逻辑右移时）

a>>1   1100101111110110（算术右移时）

Visual C++ 和其他一些 C 编译采用的是算术右移，即对有符号数右移时，如果符号位原来为 1，左侧移入高位的是 1。

7. 复合赋值运算符

位运算符与赋值运算符可以组成复合赋值运算符。例如 &=、|=、>>=、<<=、^= 等。

例如，   a &= b 相当于 a = a & b

                a <<= 2 相当于 a = a << 2

3.4.6　逗号运算符

C 语言提供了一种特殊的运算符——逗号运算符，即用逗号将若干个表达式连接起来。例如，

1 + 3，5 + 7

这样的表达式称为逗号表达式。逗号表达式的一般形式为：

<表达式 1>，<表达式 2>，<表达式 3>，…，<表达式 n>

逗号表达式的求解过程：先求解表达式 1，再求解表达式 2，直到求解完表达式 n，最后一个逗号表达式的值作为整个逗号表达式的值。因此，逗号运算符又称为 "顺序求解运算符"。例如上面的逗号表达式 "1 + 3，5 + 7" 的值为 12。又如，逗号表达式

a = 3 * 5，a * 4

先求解 a = 3 * 5，得到 a 的值为 15，然后求解 a * 4，得到 60，整个逗号表达式的值为 60，变量 a 的值为 15。

逗号运算符是所有运算符中级别最低的。因此，下面两个表达式的作用不同：

① x = (a = 3，6 * 3)

② x = a = 3，6 * 3

表达式①是一个赋值表达式，将一个逗号表达式的值赋给 x，x 的值为 18。

表达式②相当于"x = (a = 3), 6 * 3"，是一个逗号表达式，它包括一个赋值表达式和一个算术表达式，x 的值为 3。

其实，逗号表达式无非是把若干个表达式"串连"起来，在许多情况下，使用逗号表达式的目的只是想分别计算各个表达式的值，而并非一定要得到和使用整个逗号表达式的值，逗号表达式常用于循环语句（for）中（详见后面的章节）。

3.4.7 条件运算符

C 语言提供了一个简便易用的条件运算符，可以用来代替某些 if…then…else 语句。条件运算符要求有三个操作对象，为三目（元）运算符，它是 C 语言中唯一的三目运算符。条件表达式的一般形式为：

表达式 1? 表达式 2: 表达式 3

说明：

1）条件运算符的执行顺序：先求解表达式 1，若为非 0（真），则求解表达式 2，此时表达式 2 的值就作为整个条件表达式的值。若表达式 1 的值为 0（假），则求解表达式 3，表达式 3 的值就是整个条件表达式的值。例如，

```
min = (a < b) ? a : b
```

执行结果就是将条件表达式的值赋给 min，也就是 a 和 b 两者中较小者赋给 min。

2）条件运算符优先于赋值运算符，因此上面赋值表达式的求解过程是先求解条件表达式，再将它的值赋给 min。

条件运算符的优先级别比关系运算符和算术运算符都低。因此，"min = (a < b) ? a : b"，其中的括号可以省略，可写成"min = a < b ? a : b"。如果有"a < b ? a : b − 1"，相当于"a < b ? a : (b − 1)"，而不是相当于"(a < b ? a : b) − 1"。

3）条件运算符的结合方向为"自右至左"。假设有条件表达式"a > b ? a : c > d ? c : d"，即相当于"a > b ? a : (c > d ? c : d)"，如果 a = 1、b = 2、c = 3、d = 4，则条件表达式的值等于 4。

4）通常用条件表达式取代简单的条件语句，这部分在后面条件语句中介绍。

3.4.8 运算符的优先级和结合性

表 3-9 列出了 C 语言中所有运算符的优先级和结合性，其中包括本书后面将要讨论的某些运算符。如果一个运算对象两侧的运算符的优先级别相同，则运算次序由规定的"结合方向"决定。例如，"*"与"/"具有相同的优先级别，其结合方向均为自左至右，因此 6 * 7 / 8 的运算次序是先乘后除。"−"和"++"为同一优先级，其结合方向均为"自右至左"，因此 −i++ 相当于 −(i++)。

表 3-9　C 语言中所有运算符的优先级和结合性

优先级	运算符	名称或含义	使用形式	结合方向	说明
1	[ ]	数组下标	数组名 [整型表达式]	自左至右	
	( )	圆括号	(表达式) / 函数名 (形参表)		
	.	成员选择（对象）	对象 . 成员名		
	−>	成员选择（指针）	对象指针 −> 成员名		

（续）

优先级	运算符	名称或含义	使用形式	结合方向	说明
2	–	负号运算符	– 表达式	自右至左	单目运算符
	（类型）	强制类型转换运算符	（数据类型）表达式		单目运算符
	++	自增运算符	++ 变量名 / 变量名 ++		单目运算符
	––	自减运算符	–– 变量名 / 变量名 ––		单目运算符
	*	取值运算符	* 指针表达式		单目运算符
	&	取地址运算符	& 左值表达式		单目运算符
	!	逻辑非运算符	! 表达式		单目运算符
	~	按位取反运算符	~表达式		单目运算符
	sizeof	长度运算符	sizeof（表达式）/sizeof（类型）		
3	/	除法运算符	表达式 / 表达式	自左至右	双目运算符
	*	乘法运算符	表达式 * 表达式		双目运算符
	%	求余（取模）运算符	整型表达式 % 整型表达式		双目运算符
4	+	加法运算符	表达式 + 表达式	自左至右	双目运算符
	–	减法运算符	表达式 – 表达式		双目运算符
5	<<	左移运算符	表达式 << 表达式	自左至右	双目运算符
	>>	右移运算符	表达式 >> 表达式		双目运算符
6	>	大于	表达式 > 表达式	自左至右	双目运算符
	>=	大于等于	表达式 >= 表达式		双目运算符
	<	小于	表达式 < 表达式		双目运算符
	<=	小于等于	表达式 <= 表达式		双目运算符
7	==	等于运算符	表达式 == 表达式	自左至右	双目运算符
	!=	不等于运算符	表达式 != 表达式		双目运算符
8	&	按位与运算符	整型表达式 & 整型表达式	自左至右	双目运算符
9	^	按位异或运算符	整型表达式 ^ 整型表达式	自左至右	双目运算符
10	|	按位或运算符	整型表达式 | 整型表达式	自左至右	双目运算符
11	&&	逻辑与运算符	表达式 && 表达式	自左至右	双目运算符
12	||	逻辑或运算符	表达式 || 表达式	自左至右	双目运算符
13	?:	条件运算符	表达式 1 ? 表达式 2 : 表达式 3	自右至左	三目运算符
14	=	赋值运算符	变量 = 表达式	自右至左	双目运算符
	/=	除后赋值运算符	变量 /= 表达式		双目运算符
	*=	乘后赋值运算符	变量 *= 表达式		双目运算符
	%=	求余后赋值运算符	变量 %= 表达式		双目运算符
	+=	加后赋值运算符	变量 += 表达式		双目运算符
	-=	减后赋值运算符	变量 –= 表达式		双目运算符
	<<=	左移后赋值运算符	变量 <<= 表达式		双目运算符
	>>=	右移后赋值运算符	变量 >>= 表达式		双目运算符
	&=	按位与后赋值运算符	变量 &= 表达式		双目运算符
	^=	按位异或后赋值运算符	变量 ^= 表达式		双目运算符
	|=	按位或后赋值运算符	变量 |= 表达式		双目运算符
15	,	逗号运算符（顺序求值运算符）	表达式 1，表达式 2，表达式 3	自左至右	

　　C 语言规定了各种运算符的结合方向（结合性），其中单目运算符和三目运算符的结合方向都是"自右至左的结合方向"又称"右结合性"，即在运算对象两侧的运算符为同一优

先级的情况下，运算对象先与右侧的运算符结合；除单目运算符、三目运算符和赋值运算符外，其他运算符都是左结合性的。

3.5 各类数值型数据间的混合运算

在 C 语言中，允许不同类型的数据之间进行某些混合运算。前面提到，字符型数据可以和整型通用。不仅如此，C 语言还允许整型、单精度型、双精度型、字符型的数据之间进行混合运算。例如，

```
16 + 'A' + 2.5 - 8765.4321 * 'B'
```

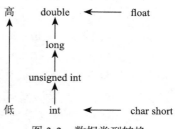

图 3-2 数据类型转换

是合法的。在进行运算时，不同类型的数据要先转换成同一类型，然后进行运算。转换的规则如图 3-2 所示。

图 3-2 中横向向左的箭头表示必定的转换，如字符型（char）参加运算时，不论另一个操作数是什么类型，必定先转换为整型（int）；short 型转换为 int 型，单精度（float）型数据在运算时一律先转换成双精度（double）型，以提高运算精度（即使是两个 float 型数据相加，也要先转换成 double 型，然后再相加）。

图 3-2 中纵向向上的箭头表示当运算对象为不同类型时的转换方向。例如 int 型与 double 型数据进行运算时，应先将 int 型的数据转换成 double 型，然后在两个同类型（double 型）数据间进行运算，结果为 double 型。注意：箭头方向只表示数据类型级别的高低，由低向高转换，不要理解为 int 型先转换成 unsigned 型，再转换成 long 型，再转换成 double 型。也就是说，如果一个 int 型数据与一个 double 型数据进行运算，那么应直接将 int 型转换成 double 型。同样，如果一个 int 型数据与一个 long 型数据进行运算，那么应直接将 int 型转换成 long 型。

假设 i 为 int 型，f 为 float 型变量。运算表达式 10 + 'a' + i * f，运算次序依次为：

1）进行 10 + 'a' 的运算，'a' 自动转换成整型 97，然后执行相加，结果为整型值 107。

2）进行 i * f 的运算，首先 f 自动转换成 double 型，然后把 int 型的 i 转换成 double 型，两个 double 型数据进行算术乘，结果是 double 型。

3）整型值 107 与 i * f 的积相加。由于 i * f 的值是 double 型，先将整型数 107 转换成 double 型，然后再相加，由此最终结果为 double 型。

习题

3.1 写出下面赋值表达式运算后 a 的值，设原来的 a = 10, n = 5。

1) a += a   2) a -= 2   3) a *= 2 + 3

4) a /= a + a   5) a = (n %= 2)   6) a += a-= a *= a

3.2 设 x = 3, y = 1，下列语句执行后，m, x, y 的值是多少？（各小题相互独立）

1）m = ++x - y++;

2）m = ++x - ++y;

3）m = ++x, x++;

4）m = x++, ++x;

5）m = (++x, x++);

6）m = (x++, ++x);

7）m = ++x / ++y;

8）m = x++ / y++;

9）m = x++ / ++y;

3.3　计算出下面各逻辑表达式的值，设 "int a = 3, b = 4, c = 5, x;"。

　　1）a + b > c && b == c

　　2）a || b + x && b − c

　　3）!(a > b) && !c || 1

　　4）!(x = a) && (y = b) && 0

　　5）!(a + b) + c − 1 && b + c / 2

3.4　请编写程序，将 "China" 译成密码。加密方法是：把原来字母用其字典顺序后面的第 4 个字母替换。例如，原来 'a' 用 'e' 替换，原来 'A' 用 'E' 替换。故 "China" 译成密码应为 "Glmre"。试编写一个程序，用赋值的方法使变量 c1、c2、c3、c4、c5 的值分别为 'C'、'h'、'i'、'n'、'a'，经过运算，使 c1、c2、c3 、c4、c5 的值分别为 'G'、'l'、'm'、'r'、'e'，并在屏幕上显示。

3.5　若有定义 "int a = 10, b = 9, c = 8;"，顺序执行下列两条语句后，变量 c 中的值是多少？

　　c = (a − − (b − 5));

　　c = (a % 11) + (b = 3);

3.6　设 x 和 y 均为 int 型变量，且 x = 1, y = 2，则表达式 1.0 + x / y 的值为多少？

3.7　设 y 是 int 型变量，请写出判断 y 为偶数的关系表达式。

3.8　表示整型变量 a 的绝对值大于 5 的 C 语言表达式是什么？

3.9　表示整型变量 a 不能被 5 或 7 整除的 C 语言表达式是什么？

3.10　表示整型变量 a 不能同时被 5 和 7 整除的 C 语言表达式是什么？

第 4 章　输入 / 输出语句

在程序运行过程中，往往需要由用户输入一些数据，这些数据经机器处理后要输出反馈给用户，即通过数据的输入 / 输出来实现人与计算机之间的交互，所以在程序设计中，输入 / 输出语句是一类必不可少的重要语句。在 C 语言中，没有专门的输入 / 输出语句，所有输入 / 输出操作都是通过对标准 I/O 库函数的调用实现。常用的输入 / 输出函数有 scanf()、printf()、getchar() 和 putchar()，本章将分别介绍。

4.1　putchar 函数

如果要把字符一个一个地输出，则可以使用 putchar 函数来实现，它是一个专门输出字符的函数。putchar 函数的一般形式为：

putchar(< 字符表达式 >)

该函数的功能是输出"字符表达式"的值。例如，

```
putchar('A');              // 输出字符 'A'
putchar('A' + 1);          // 输出字符 'B'
```

在使用标准 I/O 库函数时，要用预编译指令"#include"将"stdio.h"文件包含到用户源文件中，即

```
#include <stdio.h>
```

stdio.h 是 standard input & output 的缩写，它包含了与标准 I/O 库函数有关的变量定义和宏定义以及对函数的声明（具体见编译预处理指令章节）。在调用标准 I/O 库中的函数时，应在文件开头使用上述编译预处理指令。

例 4-1

```
#include <stdio.h>
int main()
{
  char a, b, c;
  a = 'V'; b = 'c'; c = '6';
  putchar(a); putchar(b); putchar(c);
  return 0;
}
```

运行结果为：

```
Vc6
```

也可以输出控制字符，如 putchar ('\n') 输出一个换行符。如果将例 4-1 中倒数第二行的代码改为：

```
putchar(a); putchar('\n'); putchar(b); putchar('\n'); putchar(c); putchar('\n');
```

则输出结果为：

V
c
6

也可以输出其他转义字符，例如，

```
putchar('\101');          // 输出字符 'A'
putchar('\x62');          // 输出字符 'b'
putchar('\'');            // 输出单引号字符 '
putchar('\015');          // 输出回车，不换行
```

4.2 printf 函数

在前面章节中，我们已用到了 printf 函数，它是用来向终端（如显示器）输出若干个任意类型的数据。从上述代码可以看到，putchar 函数和 printf 函数的主要区别是：putchar 只能输出字符，而且只能是一个字符；printf 则可以输出多个数据，且为任意类型。

4.2.1 printf 函数的形式

printf 函数的一般形式为：

printf（<格式控制>，<输出列表>）

"输出列表"是需要输出的一些数据，可以是表达式。例如，

```
printf("%d,%d", a + 2, b);
```

"格式控制"是用双引号括起来的字符串，也称"转换控制字符串"，简称"格式字符串"，它用于控制输出数据的格式，包括两种信息：

1）格式说明。由"%"和格式说明字符组成，如 %d、%f 等，printf 的格式说明字符见表 4-1。它的作用是将输出的数据转换为指定的格式然后输出。格式说明总是由"%"字符开始。输出列表中有多少个数据项，格式字符串中就应该有多少个格式说明，它们依次对应，如前面的 printf 中，第一个"%d"控制表达式 a + 2，第二个"%d"控制表达式 b。

2）普通字符。除了格式说明字符外，所有其他字符都为普通字符，这些字符按原样输出。例如，

```
printf("a=%d,b=%d", a, b);
```

在上面双引号中的字符除了"%d"和"%d"以外，还有非格式说明的普通字符（如"a="和"，b="），它们均按原样输出。计算机在执行该语句时，首先输出格式字符串中的"a="，然后碰到第 1 个格式说明"%d"，就从输出列表中取第 1 个数据项 a，按格式说明输出该数据项值，然后原样输出格式字符串中的"，b="，又碰到第 2 个格式说明"%d"，取输出列表中的第 2 个数据项 b，按格式说明输出其值。

如果 a 和 b 的值分别为 3 和 4，则输出为：

```
a=3,b=4
```

其中"a="和"，b="是 printf 函数"格式控制字符串"中的普通字符按原样输出的结果。3 和 4 是 a 和 b 的值。假如 a=12，b=345，则输出结果为：

```
a=12,b=345
```

由于 printf 是函数，因此"格式控制字符串"和"输出列表"实际上都是函数的参数，

可以表示为：

```
printf(参数1，参数2，参数3,…，参数n);
```

printf 函数的功能是将参数 2～参数 n 按参数 1 所指定的格式输出。参数 1 是必须有的，参数 2～参数 n 是可选的。

4.2.2　格式说明字符

不同类型的数据应该用不同的格式说明字符。即使同一类型的数据，也可以用不同的格式说明，以使数据以不同的形式输出。如一个整型数，我们可以要求它以十进制形式输出，也可以要求它以十六进制或八进制形式输出。格式说明字符有以下几种。

（1）d 格式符　它以十进制数形式输出整型数据，其用法有以下几种。

1）%d。按十进制整型数据的实际长度输出，正数的符号不输出。

2）%md。m 为指定的输出数据的域宽（所占的列数）。如果数据的位数（包括符号）小于 m，则右对齐，左端补以空格；如果大于 m，则按实际位数输出。例如，

```
printf("%4d,%4d,%4d", a, b, c);
```

若 int a = 12, b = −12, c = 12345，则输出的结果为：

```
⎵ ⎵ 12, ⎵ −12,12345
```

3）%-md。m 为指定的输出数据的宽度。如果数据的位数小于 m，则左对齐，右端补以空格；如果大于 m，则按实际位数输出。例如，

```
printf("%-4d,%-4d,%-4d", a, b, c);
```

若 int a = 12, b = −12, c = 12345，则输出的结果为：

```
12 ⎵ ⎵ ,−12 ⎵ ,12345
```

4）%ld。输出长整型数据。例如，

```
long a = 135790;
printf("%ld", a);
```

输出为：

```
135790
```

对于 long（长整型）数据应当用"%ld"格式符控制输出。同样的，对长整型数据也可以指定输出数据的宽度，如将上面 printf 函数中的"%ld"改为"%8ld"，则输出共 8 列，即

```
⎵ ⎵ 135790
```

int 型数据可以用 %d 或 %ld 格式输出。

以上介绍的 m、−、l 称为附加格式说明字符，又称为修饰符，起补充说明的作用。

下面对整型数据使用 d 格式符做一小结：

1）如按标准十进制整型的实际位数输出，不加修饰符（如 %d）。

2）如按长整型输出，加修饰符"1"（如 %ld），否则按标准整型输出。

3）如控制输出数据的宽度，加修饰符"m"（如 %8d），否则按实际宽度输出。

4）如在指定输出数据的宽度内"左对齐"输出，加修饰符"−"（如 %-8d），否则"右对齐"输出。

以上控制输出的方法对下面讲到的格式符 o、x、u 也同样适用。

（2）o 格式符　它以八进制数形式输出整型数据。例如，

```
int a = 15;
printf("%d,%o", a, a);
```

输出为：

```
15,17
```

由于是将内存单元中的各位的值（0 或 1）按八进制形式输出，因此输出的数值不带符号，即将符号位也一起作为八进制数的一部分输出。例如，−1 在内存单元中（以补码形式）存放如下：11111111111111111111111111111111（假设占 4 个字节）。例如，

```
int a = -1;
printf("%d,%o", a, a);
```

输出为：

```
-1,37777777777
```

八进制整数是不会带负号的。对长整数（long 型）可以用 %lo 格式输出。同样可以指定输出数据的宽度，如 printf ("%12o"，a) 输出为 "⎵ 37777777777"。

o 格式符一般用于输出正整数或无符号类型的整数。

（3）x 格式符　它以十六进制数形式输出整型数据。例如，

```
int a = 26;
printf("%d,%x", a, a);
```

输出为：

```
26,1a
```

同样不会出现负的十六进制数。例如，

```
int a = -1;
printf("%x,%o,%d", a, a, a);
```

输出结果为：

```
ffffffff,37777777777,-1
```

同样可以用 %lx 输出长整型数，也可以指定输出数据的宽度，如 %12x。

x 格式符一般用于输出正整数或无符号类型的整数。

（4）u 格式符　它用来输出无符号（unsigned）型数据，以十进制数形式输出。一个有符号整型数（int 或 long 型）也可以用 %u 格式输出，此时把符号位当作数值看待。反之，一个无符号型数据也可以用 %d 格式输出，按相互赋值的规则处理。无符号型数据也可用 %o 或 %x 格式输出。

例 4-2

```
#include <stdio.h>
int main()
{
    unsigned int a = 4294967295;
    int b = -2;
    printf("a = %d,%o,%x,%u\n", a, a, a, a);
```

```
    printf("b = %d,%o,%x,%u\n", b, b, b, b);
    return 0;
}
```

运行结果为：

```
a=-1,37777777777,ffffffff,4294967295
b=-2,37777777776,fffffffe,4294967294
```

（5）c 格式符　　它用来输出一个字符。例如，

```
char c = 'a';
printf("%c", c);
```

输出字符 'a'，注意："%c" 的 c 是格式符，逗号右侧的 c 是变量名，切勿混淆。

如果一个整数的值在 0 ～ 127 范围内，也可以用 %c，使之按字符形式输出，在输出前系统会将该整数作为 ASCII 码转换成相应的字符；反之，一个字符数据也可以用 %d（或 %o、%x、%u），使之按整数形式输出其 ASCII 码值。

例 4-3

```
#include <stdio.h>
int main()
{
    char c = 'A';
    int i = 65;
    printf("%c,%d\n", c, c);
    printf("%c,%d\n", i, i);
    return 0;
}
```

运行结果为：

```
A,65
A,65
```

也可以指定输出数据的宽度，如果有：

```
printf("%3c", c);
```

则输出：

␣␣A

即变量 c 输出占 3 列，前两列补空格。

（6）s 格式符　　它用来输出一个字符串。其用法有以下几种：

1）%s。例如，

```
printf("%s", "HELLO");
```

输出"HELLO"字符串（不包括双引号）。

2）%ms。输出的字符串至少占 m 列，若字符串长度小于 m，则右对齐，左侧补空格。若字符串本身长度大于 m，则突破 m 的限制，将字符串全部输出。

3）%-ms。若字符串长度小于 m，则在 m 列范围内左对齐，右侧补空格。若字符串本身长度大于 m，则突破 m 的限制，将字符串全部输出。

4）%m.ns。截取字符串前 n 个字符并输出，占 m 列，右对齐，左侧补空格。

5）%-m.ns。截取字符串前 n 个字符并输出，占 m 列，左对齐，右侧补空格。

后两种情况下，如果 m 省略或 n > m，则 m 自动取作 n 值，即保证 n 个字符的正常输出。

例 4-4

```
#include <stdio.h>
int main()
{
    printf("%3s,%7.2s,%.4s,%-5.3s\n", "HELLO", "HELLO", "HELLO", "HELLO");
    return 0;
}
```

输出如下：

HELLO, ⌴ ⌴ ⌴ ⌴ ⌴ HE,HELL,HEL ⌴ ⌴

其中第 3 个输出项的格式说明为 "%.4s"，即仅指定了 n，省略 m，则自动使 m = n = 4，故占 4 列。

（7）f 格式符　它用来输出浮点型数（包括单、双精度浮点数），以小数形式输出。其用法有以下几种：

1）%f。不指定输出数据的宽度，由系统自动指定，使其整数部分全部输出，并输出 6 位小数。应当注意的是，并非输出的所有数字都是有效数字。单精度数的有效位数一般为 7 ~ 8 位，也就是说，单精度数用 %f 格式输出，只有前 7 位是精确有效的。双精度数的有效位数一般为 15 ~ 16 位，也就是说，双精度数用 %f 格式输出时，只有前 15 位是精确有效的。

例 4-5

```
#include <stdio.h>
int main()
{
    float x, y, z;
    x = 111111.111; y = 222222.222; z = 99999991;
    printf("%f,%f\n", x + y, z);
    return 0;
}
```

运行结果为：

333333.328125,**99999999**2.000000

显然，只有前 7 位数字是有效数字。千万不要以为计算机输出的所有数字都是绝对精确有效的。双精度数如果用 %f 格式输出，它的有效位数一般为 15 位，同样输出 6 位小数。

例 4-6

```
#include <stdio.h>
int main()
{
    double x, y;
    x = 9007199254740993.0; y = 1.0;
    printf("%f,%f\n", x, x + y);
    return 0;
}
```

运行结果为：

9007199254740992.000000,**9007199254740992**.000000

可以看到，在例 4-6 中只有前 15 位数字是有效的，第 16 位以后的数字并不保证是绝对精确有效的。

2）%m.nf。指定输出的数据共占 m 列，其中有 n 位小数。如果数据长度（包括小数点和负号）小于 m，则采用右对齐输出，左侧补空格。如果 m 省略，则整数部分按实际宽度输出。

3）%-m.nf 与 %m.nf 基本相同，只是使输出的数据左对齐，右侧补空格。

例 4-7

```c
#include <stdio.h>
int main()
{
    float f = 123.456;
    printf("%f,%11f,%10.2f,%.2f,%-10.2f\n", f, f, f, f, f);
    return 0;
}
```

运行结果为：

123.456001, ⎵ 123.456001, ⎵ ⎵ ⎵ 123.46,123.46,123.46 ⎵ ⎵ ⎵

f 的值应为 123.456，但输出为 123.456001，这是由于浮点数在内存中的存储误差引起的。

（8）e 格式符　它以指数形式输出实数，可用以下形式：

1）%e。不指定输出数据的宽度和数字部分的小数位数，由系统自动指定给出 6 位小数，指数部分占 5 列（如 e+002），其中“e”占 1 列，指数符号占 1 列，指数占 3 列。数值按标准化指数形式输出（即小数点前必须有而且只有 1 位非零数字）。例如，

printf("%e", 123.456);

输出：

1.234560e+002

也就是说，用 %e 格式所输出的实数共占 13 列宽度（注：不同系统的规定略有不同）。

2）%m.ne 和 %-m.ne。m、n 及“−”字符含义与之前相同，此处 n 为小数位数。如省略 n，则 n = 6；如省略 m，则自动使 m 等于数据应有的长度，即 m = 7 + n。

例如，f = 123.456，则：

printf("%e,%10e,%10.2e,%-10.2e,%.2e\n", f, f, f, f, f);

输出如下：

1.234560e+002,1.234560e+002, ⎵ 1.23e+002,1.23e+002 ⎵ ,1.23e+002

第 2 个输出项按 %10e 格式输出，只指定了 m = 10，省略 n 的值，凡未指定 n，自动使 n = 6，整个数据宽度为 13 列，超过指定的 10 列，则突破 10 列的限制，按实际长度输出。第 3 个数据按 %10.2e 格式输出，右对齐，小数部分占 2 列，整数部分占 1 列，小数点占 1 列，加上 5 列指数共 9 列，指定输出 10 列，故左侧补 1 个空格。第 4 个数据按 %−10.2e 格式输出，数据共 9 列，指定输出 10 列，故数据左对齐，右侧补 1 个空格。第 5 个数据按 %.2e 格式输出，仅指定 n = 2，未指定 m，自动使 m 等于数据应有的长度，即 9 列。

（9）g 格式符　它用来输出浮点数，系统自动选择 f 格式或 e 格式输出，选择其中长度较短的格式，且不输出无意义的 0。例如，

```
float f = 123.458;
printf("%f,%e,%g", f, f, f);
```

输出：

123.458000,1.234580e+002,123.458

用 %f 格式输出占 10 列；用 %e 格式输出占 13 列；用 %g 格式时，自动从前面两种格式中选择短者，即采用 %f 格式输出，且小数位最后 3 位为无意义的 0，不输出。%g 格式用得比较少。

printf 函数中用到的格式字符见表 4-1。可以看出，格式字符 d、o、x、u 用于输出有符号或无符号整型数据，其中 d 用于输出有符号整数，而 o、x、u 用于输出无符号整数；c 用于输出字符数据；s 用于输出字符串；f、e、g 用于输出浮点数。

表 4-1　printf 函数中用到的格式字符

格式字符	说　　明
d,i	以带符号的十进制形式输出整数（正数不输出符号）
o	以八进制无符号形式输出整数（不输出前导符 0）
x,X	以十六进制无符号形式输出整数（不输出前导符 0x），若用 x，则输出十六进制数的 a～f 时以小写形式输出。若用 X，则以大写形式输出
u	以无符号十进制形式输出整数
c	以字符形式输出，只输出一个字符
s	输出字符串
f	以小数形式输出单、双精度数，默认输出 6 位小数
e,E	以标准指数形式输出单、双精度数，数字部分的小数位数为 6 位
g,G	自动选用 %f 或 %e 格式中输出宽度较短的一种格式，不输出无意义的 0

在格式说明中，在 % 和上述格式字符间可以插入表 4-2 所列的几种附加符号。

用 printf 函数输出时，需要注意的是，输出数据的类型应与上述格式说明匹配，否则将会出错。

在使用函数 printf 函数时，还有几点要说明：

1）除 X、E、G 之外，其他格式字符要用小写字母，如 %d 不能写成 %D。

表 4-2　附加格式说明字符

字符	说明
字母 l	用于长整型数，可加在格式符 d、o、x、u 前面
m（正整数）	数据最小宽度
n（正整数）	对浮点数表示输出 n 位小数；对字符串表示截取的字符个数
−	输出的数字或字符在域内向左对齐

2）可以在 printf 函数中的"格式控制字符串"内包含前面章节介绍过的转义字符，如"\n""\t""\b""\r""\f""\377"等。

3）上面介绍的 d、i、o、x、u、c、s、f、e、g、X、E、G 等字符，如不是用在 % 后面，就作为普通字符原样输出。一个格式说明以 % 开头，以上述 13 个格式字符之一为结束，例如，

```
printf("c=%cf=%fs=%s", c, f, s);
```

第 1 个格式说明为 "%c" 而不包含其后的字母 f；第 2 个格式说明为 "%f"，不包括其后

的字母 s；第 3 个格式说明为 "%s"。其他字符为原样输出的普通字符。

4）如果想输出字符 %，可以在"格式控制字符串"中用连续两个 % 表示，例如，

```
printf("%f%%", 1.0/3);
```

输出：

```
0.333333%
```

5）不同的系统在格式输出时，输出结果可能会有一些小的差别，例如用 %e 格式符输出浮点数时，有些系统输出的指数部分为 4 位（如 e+02）而不是 5 位（如 e+002），前面数字的小数部分为 5 位而不是 6 位等。

4.3 getchar 函数

getchar 函数的作用是从键盘输入一个字符，并把这个字符作为函数的返回值。getchar 函数没有参数，其一般形式为：

getchar()

例 4-8

```
#include <stdio.h>
int main()
{
    char c;
    c = getchar();
    putchar(c);
    return 0;
}
```

在运行时，如果从键盘输入字符 a，

a   （输入 a 后，按〈Enter〉键，才能真正读到该字符）

a   （输出变量 c 的值 a）

注意：getchar() 只能接收一个字符。getchar 函数得到的字符可以赋给一个字符变量或整型变量，也可以不赋给任何变量。它可以作为表达式的一部分，例如，例 4-8 第 5、6 行可以用下面 1 行代替：

```
putchar(getchar());
```

因为 getchar() 的值为 a，也可以调用 printf() 函数：

```
printf("%c",getchar());
```

在一个函数中调用 getchar 函数，应该在函数的前面（或本文件开头）加上：

```
#include <stdio.h>
```

因为在使用标准 I/O 库中的函数时需要用到 stdio.h 文件中包含的一些信息。

4.4 scanf 函数

getchar 函数只能用来输入一个字符，scanf 函数可以用来输入任何类型的多个数据。

4.4.1 一般形式

scanf 函数的一般形式是：

scanf（＜格式控制＞，＜地址列表＞）

其中，"地址列表"是由若干个地址组成的列表，是可以接收数据的变量的地址或者字符串的首地址。"格式控制"的含义同 printf 函数，但 scanf 中的"格式控制"是控制输入的数据。

例 4-9

```
#include <stdio.h>
int main()
{
    int a, b, c;
    scanf("%d%d%d", &a, &b, &c);
    printf("%d,%d,%d\n", a, b, c);
    return 0;
}
```

运行时按以下方式输入 a，b，c 的值：

```
3  4  5
3,4,5
```

&a、&b、&c 中的"&"是地址运算符，&a 指 a 在内存中的地址。有关地址运算将在第 9 章详细介绍，这里读者先记住，当要输入一个数据给变量 a 时，应表示成"&a"，上面 scanf 函数的作用是：输入 3 个十进制整型数给变量 a，b，c。a，b，c 的地址是在定义变量 a，b，c 之后就确定的（在编译阶段分配的）。

"%d%d%d"表示按十进制整数形式输入 3 个数据，然后把输入数据依次赋给后面地址列表中的项目。输入数据是在两个数据之间以一个或多个空格间隔，也可以用〈Enter〉键或跳格键。用"%d%d%d"格式输入时，不能以逗号作为两个数据间的分隔符，如下面的输入不合格：

```
3,4,5                    （按〈Enter〉键）
```

4.4.2 格式说明

和 printf 函数中的格式说明相似，scanf 函数中的格式说明也以 % 开始，以一个格式字符结束，中间可以插入附加格式说明字符。scanf 函数中所用到的格式字符见表 4-3，scanf 附加的格式说明字符见表 4-4。

表 4-3 scanf 函数中所用到的格式字符

格式字符	说明
d,i	用来输入有符号的十进制整数
u	用来输入无符号的十进制整数
o	用来输入无符号的八进制整数
x,X	用来输入无符号的十六进制整数
c	用来输入单个字符
s	用来输入字符串，将字符串送到一个字符数组中，在输入时以非空白字符开始，以第一个分隔字符结束。系统自动把字符串结束标志 '\0' 加到字符串尾部
f	用来输入浮点数，可以用小数形式或指数形式输入
e,E,g,G	与 f 作用相同，e 与 f、g 可以互相替换（大小写作用相同）

表 4-4　scanf 附加的格式说明字符

字符	说明
l	用于输入长整型数据（可用 %ld、%lo、%lx）以及 double 型数据（用 %lf 或 %le）
h	用于输入短整型数据（可用 %hd、%ho、%hx）
m（正整数）	指定输入数据所占宽度（列数）
*	表示本输入项在读入后不赋给相应的变量

说明：

1）可以指定输入数据所占列数，系统自动按该值截取所需数据。例如，

```
scanf("%3d%3d", &a, &b);
```

输入：123456
系统自动将 123 赋给 a，456 赋给 b。
也可以用于字符型，例如，

```
scanf("%3c", &ch);
```

输入 3 个字符，把第 1 个字符赋给 ch，例如输入 abc，ch 得到字符 a。

2）% 后的附加说明符"*"，用来表示跳过相应的数据。例如，

```
scanf("%2d%*3d%2d", &a, &b);
```

如果输入如下数据：

```
12 345 67
```

将 12 赋给 a，67 赋给 b，即输入的第 2 个数据 345 被跳过不赋给任何变量。在利用现成的一批数据时，有时不需要其中某些数据，可用此法"跳过"它们。

3）输入数据时不能规定精度，例如，

```
scanf("%7.2f", &a);
```

这是不合法的，不能企图输入 1234567，而使 a 的值为 12345.67。

4.4.3　执行 scanf 函数过程中应注意的问题

执行 scanf 函数时，应注意以下问题：

1）scanf 函数中的"格式控制字符串"后面应当是变量地址，而不是变量名。例如，如果 a、b 为整型变量，则：

```
scanf("%d,%d", a, b);
```

是不对的，应将"a, b"改为"&a, &b"。这是 C 语言的规定。

2）如果在"格式控制字符串"中除了格式说明字符外还有其他字符，则输入数据时应在对应的位置上输入与这些字符相同的字符，即原样输入。例如，

```
scanf("%d,%d", &a, &b);
```

输入时应使用如下形式：

```
3,4
```

注意：3 后面是逗号，它与 scanf 中的"格式控制字符串"中的逗号相对应。如果输入时不用逗号而用空格或其他字符，则是不对的。

```
3  4      （不对）
3: 4      （不对）
```

如果是:

```
scanf("%d %d", &a, &b);
```

则输入时两个数据间应有一个或多个空白符。

如果是:

```
scanf("%d:%d:%d", &h, &m, &s);
```

则输入时应使用以下形式:

```
11:22:33
```

如果是:

```
scanf("a = %d,b = %d,c = %d", &a, &b, &c);
```

输入时应使用以下形式:

```
a = 12,b = 24,c = 36
```

程序员如果希望让用户在输入数据时有必要的提示信息,可以用 printf 函数。例如,

```
printf("Please input a,b,c:");
scanf("%d,%d,%d", &a, &b, &c);
```

3)在用 "%c" 格式说明输入字符时,空格字符和 "转义字符" 中的字符都将作为有效字符输入:

```
scanf("%c%c%c", &c1, &c2, &c3);
```

如输入:

```
a␣b␣c
```

字符 a 送给 c1,字符 ␣ 送给 c2,字符 b 送给 c3,因为 %c 已限定只读入一个字符,因此 ␣ 作为下一个字符送给 c2。在连续输入字符时,在两个字符之间不要插入空格或其他分隔符,除非在 scanf 函数中的格式字符串中有普通字符,这时在输入数据时要在原位置插入这些字符。

4)在输入数据时,遇到以下情况时,则认为该数据结束:

- 遇空格,或〈 Enter 〉键或〈 Tab 〉键(跳格键)。
- 遇宽度结束时,如 "%3d",只取 3 列。
- 遇非法输入。例如,

```
scanf("%d%c%f", &a, &b, &c);
```

若输入:

```
1234a123o.26
```

第 1 个数据对应 %d 格式,输入 1234 之后遇到字符 a,因此系统认为数值 1234 后已没有数字了,第 1 个数据应到此结束,则将 1234 送给变量 a。把其后的字符 a 送给字符变量 b,由于 %c 只要求输入一个字符,系统判定该字符已输入结束,因此输入字符 a 之后不需要加空格,则将后面的数值送给变量 c。如果由于疏忽把 1230.26 错打成 123o.26,由于 123 后面出现字符 'o',就认为该数值数据到此结束,则将 123 送给变量 c。

4.5   程序示例

例 4-10   求 $ax^2+bx+c=0$ 方程的根。a、b、c 由键盘输入，为简单起见，设 $b^2-4ac > 0$。
程序如下：

```
#include <stdio.h>
#include <math.h>
int main()
{
      double a, b, c, disc, x1, x2, p, q;
      scanf("%lf%lf%lf", &a, &b, &c);     // 输入双精度变量的值要用 %f 格式说明符
      disc = b * b - 4 * a * c;
      if (disc > 0)                        // 判别式 b*b-4*a*c > 0，方程有两个实根
      {
         p = - b / (2 * a);
         q = sqrt(disc) / (2 * a);
         x1 = p + q;                       // 求出方程的两个根
         x2 = p - q;
         printf("x1=%7.2f\nx2=%7.2f\n", x1, x2);
      }
      return 0;
   }
```

运行结果如下：

```
2 5 3
x1 = ⎵ ⎵ -1.00
x2 = ⎵ ⎵ -1.50
```

程序中用了预处理指令 #include <math.h>，因为本程序中用到了函数 sqrt，所以需要将
数学函数库包含进来。

例 4-11   从键盘输入一个小写字母，要求把它转换成大写字母，然后在屏幕上显示。
程序如下：

```
#include <stdio.h>
int main()
{
    char c1, c2;
    c1 = getchar();            // 从键盘读入一个小写字母，赋给字符变量 c1
    printf("%c,%d\n", c1, c1); // 输出该小写字母及其 ASCII 码值
    c2 = c1 - 32;              // 求对应大写字母的 ASCII 码值，赋给字符变量 c2
    printf("%c,%d\n", c2, c2); // 输出对应大写字母及其 ASCII 码值
    return 0;
}
```

运行情况如下：

```
a
a,97
A,65
```

例 4-12   从键盘输入三个学生的成绩，计算他们的平均成绩，并输出。

```
#include <stdio.h>
void main()
{
    float score1, score2, score3;
    float avgScore;
    scanf("%f%f%f", &score1, &score2, &score3);
```

```
        avgScore = (score1 + score2 +score3) / 3;
        printf("%7.2f\n", avgScore);
    }
```

运行结果如下:

```
65.4 78.3 94.3
⌣ ⌣ 79.33
```

习题

4.1 若 a = 3, b = 4, c = 5, x = 1.2, y = 2.4, z = −3.6, u = 51274, n = 4294967295, c1 = 'a', c2 = 'b'。
    想要得到以下格式的输出结果, 请写出程序 (包括定义变量类型和设计输出)。

```
a = 3 ⌣ ⌣ b = 4 ⌣ ⌣ c = 5
x = 1.200000,y = 2.400000,z = - 3.600000
x + y = 3.60 ⌣ ⌣ y + z = -1.20 ⌣ ⌣ z+ x = - 2.40
u = 51274 ⌣ ⌣ n=4294967295
c1 = 'a' ⌣ or ⌣ 97(ASCII)
c2 = 'b' ⌣ or ⌣ 98(ASCII)
```

4.2 写出下面程序的输出结果:

```c
#include <stdio.h>
int main()
{
    int a = 5, b = 7;
    float x = 67.8564, y = -789.124;
    char c = 'A';
    long n = 1234567;
    unsigned u = 4294967295;
    printf("%d%d\n", a, b);
    printf("%3d%3d", a, b);
    printf("%f,%f\n", x, y);
    printf("%-10f,%-10f\n", x, y);
    printf("%8.2f,%8.2f,%.4f,%.4f,%3f,%3f\n", x, y, x, y, x, y);
    printf("%e,%10.2e\n", x, y);
    printf("%c,%d,%o,%x\n", c, c, c, c);
    printf("%ld,%lo,%x\n", n, n, n);
    printf("%u,%o,%x,%d\n", u, u, u, u);
    printf("%s,%5.3s\n", "COMPUTER", "COMPUTER");
    return 0;
}
```

4.3 用下面的 scanf 函数输入数据, 使 a = 5, b = 9, x = 4.5, y = 95.27, c1 = 'B', c2 = 'd', 问在键盘
    上如何输入?

```c
#include <stdio.h>
int main()
{
    int a, b;
    float x, y;
    char c1, c2;
    scanf("a = %d,b = %d", &a, &b);
    scanf("x = %f,y = %e", &x, &y);
    scanf("c1 = %c,c2 = %c", &c1, &c2);
    return 0;
}
```

4.4 用下面的 scanf 函数输入数据，使 a = 10，b = 20，c1 = 'A'，c2 = 'a'，x = 1.5，y = −3.75，z = 67.8，请问在键盘上如何输入？

```
scanf("%5d%5d%c%c%f%f%*f,%f", &a, &b, &c1, &c2, &x, &y, &z);
```

4.5 输入一个华氏温度，要求输出相应的摄氏温度。两者间的转换公式为

$$C=5/9*(F-32)$$

其中，F 代表华氏温度，C 代表摄氏温度。输出时要求有文字说明，取小数点后两位数字。请编写程序。

4.6 假设我国国民生产总值的年增长率为 6.7%，计算 10 年后我国国民生产总值与现在相比增长多少百分比。计算公式为 $p=(1+r)^n$，其中 r 为年增长率，n 为年数，p 为与现在相比的倍数。

4.7 用 scanf 函数输入圆柱体高度和底面半径，计算底面圆周长、圆面积、圆柱体积，输出计算结果，输出时要求有文字说明，取小数点后两位数字。请编写程序。

4.8 输入一行字符，分别统计出其中英文字母、空格、数字和其他字符的个数。

第 5 章 C 语言程序结构

5.1 C 语句

一般来说，程序是由一系列命令组成的，可用于完成一定的功能。那么，C 语言程序的结构是什么样的呢？一个 C 程序可以由一个或若干个源程序文件（分别编译的文件模块）组成，而一个源程序文件可以由一个或若干个函数组成。一个函数由数据描述和数据处理两部分组成：数据描述的任务是定义和说明数据结构（用数据类型表示）以及数据赋初值；数据处理的任务是对已提供的数据进行各种加工。

描述和处理都是由若干条语句组成的。C 语言的语句用来向计算机系统发出各种命令，控制计算机的操作和对数据如何进行处理。其中用于数据操作的语句可以分为以下五类。

1）控制语句。控制程序中语句的执行。C 语言有如下 9 种控制语句：

- if()…else… （条件语句）
- for()… （循环语句）
- while()… （循环语句）
- do…while() （循环语句）
- continue （结束本次循环语句）
- break （中止执行 switch 或循环语句）
- switch （多分支选择语句）
- goto （转向语句）/* 不建议使用 */
- return （从函数返回语句）

上面 9 种语句的括号内是一个条件，…表示内嵌的语句。例如，"if()…else…"的具体语句可以写成："if(x > y) z = x; else z = y;"。

2）函数调用语句。由一次调用加一个分号构成一个语句。例如，

```
printf("This is a C statement.");
```

3）表达式语句。由一个表达式构成一个语句最典型的是：由赋值表达式构成一个赋值语句。例如，

```
a = 3;
```

这是一个赋值语句，其中的"a = 3"是一个赋值表达式。可以看到，一个表达式的末尾加一个分号就变成了一个语句。一个语句的末尾必须出现分号，分号是语句中不可缺少的一部分。例如，"i = i + 1"是表达式而不是语句，"i = i + 1;"则是语句。任何表达式都可以加上分号构成语句。例如，

```
i++;
```

这是 C 语言语句，其作用是使 i 值加 1。又如，

```
x + y;
```

这也是一个语句，其作用是完成 x + y 的操作，它是合法的，但是并没有把 x+y 的值赋给另一个变量，所以它并无实际意义。

表达式能构成语句是一个特色。其实"函数调用语句"也属于表达式语句，因为函数调用也属于表达式的一种。只是为了便于理解和使用，把"函数调用语句"和"表达式语句"分开来说明。由于 C 程序中大多数语句是表达式语句（包括函数调用语句），因此有人把 C 语言称作"表达式语言"。

4）空语句。下面是一个空语句：

```
;
```

即只有一个分号的语句，它什么也不做。

5）复合语句，可以用 { } 把一些语句括起来成为复合语句。例如，

```
{
    z = x + y;
    t = z / 100;
    printf("%f", t);
}
```

这是一个复合语句，该语句又由三个语句组成。注意：在复合语句的最后一个语句中，其末尾的分号不能省略。

C 语言允许一行写几个语句，也允许一个语句拆开写在几行上，书写格式无固定要求。但是一个语法单位（如变量名、常量、运算符、函数名等）不能分写在两行上。

5.2 程序设计基础

在介绍其他语句和较为复杂程序的设计之前，我们先介绍一下程序设计步骤的概念。

所谓**程序设计**，就是根据具体的处理（或计算）任务，按照计算机能够接受的方式，编制一个正确完成任务的计算机处理程序。程序设计过程一般包括以下几个步骤。

（1）明确问题　对需要解决的问题以及与之有关的输入数据和输出结果进行详细而确切的了解，并尽可能清晰、完整地整理成文字说明。

（2）分析问题，建立数学模型　对程序需要解决的具体问题进行分析，分析问题的关键，确定程序需要的变量以及变量之间的关系，把变量之间的关系用数学表达式表达出来，即建立数学模型。

（3）确定处理方案，即进行算法设计　确定怎样使计算机一步一步地进行各种操作，最终得出需要的结果，这就是算法设计。

（4）绘制流程图　流程图又称为程序框图，它用规定的符号描述算法，是一种普遍使用的表达处理方案的方法和手段。绘制流程图可使程序编制人员的思路清晰，从而减少或避免编写程序时的错误。

（5）编写程序　用选定的程序设计语言，根据流程图指明的处理步骤写出程序。

（6）调试和测试程序　通过测试查出并纠正程序执行过程中出现的错误。一个复杂的程序，往往要经过各种测试。通过测试，确定程序在各种可能的情况下都能正确工作，输出准确的结果，然后才能投入运行。

（7）编写文档资料　交付运行的程序应具有完整的文档资料。文档资料如下。

1）程序的编写说明书，如程序设计的技术报告、数学模型、算法及流程图、程序清单

以及测试记录等。

2）程序的使用说明书，如程序运行环境、操作说明。

（8）程序的运行和维护　程序通过测试以后，尽管测试得很细致、很全面，但是对于一个十分复杂的程序来说，很难保证不出现任何漏洞，因此这种程序在正式投入运行之前，要在实际工作中用真实数据对其进行验证，这一过程称为试运行。试运行主要检查程序的功能是否还有缺陷、程序的操作和执行的响应速度是否满足设计要求等，在确信其可靠性之后才能投入正式运行。

在运行过程中可能会发现新的问题、提出新的要求，因此需对程序进行修改或补充，这称为程序的维护。

5.3　结构化程序设计的三种基本结构

结构化程序设计的概念起先是针对以往编程过程中无限制地使用转移语句 goto 而提出的。转移语句可以使程序的控制流程强制性地转向程序的任意一处，如果一个程序中多处出现这种转移情况，将会导致程序流程无序可寻，程序结构杂乱无章，这样的程序是令人难以理解和接受的，并且容易出错。尤其是在实际软件产品的开发中，更多地追求软件的可读性和可修改性，就会产生这种结构和风格的程序，这是不允许出现的。

1996 年，计算机科学家 Bohm 和 Jacopini 证明了这样的事实——任何简单或复杂的算法都可以由顺序结构、选择（分支）结构和循环结构这三种基本结构组成，因此在构造一个算法时，也仅以这三种基本结构作为"建筑单元"，遵守三种基本结构的规范，基本结构之间可以并列，可以相互包含，但不允许交叉，不允许从一个结构直接转到另一个结构的内部。正因为整个算法都是由三种基本结构组成的，就像用模块构建的一样，所以结构清晰，易于正确性验证，易于纠错，这种方法就称为**结构化方法**。遵循这种方法的程序设计，就是**结构化程序设计**。

5.3.1　顺序结构

顺序结构表示程序中的各操作是按照它们出现的先后顺序执行的，其流程如图 5-1 所示。图中的 S1 和 S2 表示两个处理步骤，这些处理步骤可以是一个非转移操作或多个非转移操作序列，甚至可以是空操作，也可以是三种基本结构中的任一结构。整个顺序结构只有一个入口点 a 和一个出口点 b。这种结构的特点是：程序从入口点 a 开始，按顺序执行所有操作，直到出口点 b 处，所以称为顺序结构。事实上，不论程序中包含什么样的结构，程序的总流程都是顺序结构的。

图 5-1　顺序结构

5.3.2　选择结构

选择结构表示程序的处理步骤出现了分支，它需要根据某一特定的条件选择其中的一个分支执行。选择结构有单选择、双选择和多选择三种形式。

单选择结构如图 5-2 所示，双选择是典型的选择结构形式，其结构如图 5-3 所示，图中的 S1 和 S2 与顺序结构中的说明相同。可以看到，在结构的入口点 a 处是一个判断框，表示程序流程出现了两个可供选择的分支，如果条件满足执行 S1 处理，否则执行 S2 处理。值得注意的是，在这两个分支中只能选择一条且必须选择一条执行，但不论选择了哪一条分支执行，最后流程都一定到达结构的出口点 b 处。

当 S1 和 S2 中的任意一个处理为空时，说明结构中只有一个可供选择的分支，如果条件满足执行 S1 处理，否则顺序向下到达流程出口 b 处。也就是说，当条件不满足时，什么也没执行，所以称为单选择结构，如图 5-2 所示。

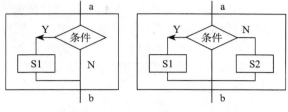

图 5-2　单选择结构　　　　图 5-3　双选择结构

多选择结构是指程序流程中遇到图 5-4 所示的 S1，S2，…，Sn 等多个分支，程序执行方向将根据条件确定。如果满足条件 1，则执行 S1 处理；如果满足条件 n，则执行 Sn 处理……总之，要根据判断条件选择多个分支的其中之一执行。不论选择了哪一条分支，最后流程都要到达同一个出口处。如果所有分支的条件都不满足，则直接到达出口处。有些程序语言不支持多选择结构，但所有结构化程序设计语言都是支持的，C 语言是面向过程的结构化程序设计语言，它可以非常简便地实现这一功能。

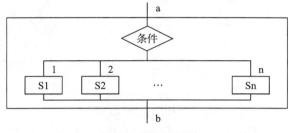

图 5-4　多选择结构

5.3.3　循环结构

循环结构表示程序反复执行某个或某些操作，直到某条件为假（或为真）时才终止循环。在循环结构中，最重要的是确定什么情况下执行循环，以及哪些操作需要循环执行。循环结构的基本形式有两种：当型循环和直到型循环，其流程如图 5-5 所示。图中虚线框内的操作称为循环体，是指循环入口点 a 和循环出口点 b 之间的处理步骤，这就是需要循环执行的部分。而什么情况下执行循环，则要根据条件判断。

（1）"当型"循环结构　表示先判断条件，当满足给定的条件时执行循环体，并且在循环终端处流程自动返回循环入口；如果条件不满足，则退出循环体直接到达流程出口处。因为是"当条件满足时执行循环"，即先判断后执行，所以称为**"当型"循环**。其流程如图 5-5a 所示。

（2）"直到型"循环结构　表示从结构

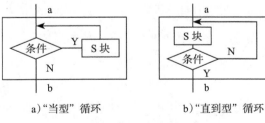

a）"当型"循环　　　b）"直到型"循环

图 5-5　循环结构

入口处直接执行循环体，在循环终端处判断条件，如果条件不满足，则返回入口处继续执行循环体，直到条件为真时再退出循环到达流程出口处，是先执行后判断。因为是"直到条件为真时为止"，所以称为**"直到型"循环**。其流程如图 5-5b 所示。同样，循环型结构也只有一个入口点 a 和一个出口点 b，循环终止是指流程执行到了循环的出口点。图中所表示的 a 处理可以是一个或多个操作，也可以是一个完整的结构或一个过程。

通过上述三种基本控制结构可以看到，结构化程序中的任意基本结构都具有唯一入口和唯一出口，并且程序不会出现死循环。

5.4 if 分支语句

到目前为止，本书所介绍的程序都是从第一条语句开始，一步一步地顺序执行到最后一条语句。但在实际情况中，往往会碰到在一定的条件下要完成某些操作，而在另一个条件下要完成另一些操作，这时就需要用到条件语句，即 if 语句。

if 语句用来判断所给定的条件是否满足，然后根据判定的结果（真或假）决定执行给出的哪一部分操作。

C 语言提供了三种形式的 if 语句。

5.4.1 第一种 if 语句形式

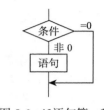

```
if (< 表达式 >)
    < 语句 >
```

当表达式的值为真时，执行语句。其流程图如图 5-6 所示。
例如，

图 5-6   if 语句第一种
形式流程图

```
if (x > y) printf("%d", x);
```

若 x > y，则执行 printf 语句；否则，就执行下一语句。

例 5-1 （例 4-12 的扩展） 输入三个学生的成绩，按降序输出各个学生的成绩。

```
#include <stdio.h>
int main()
{
    float score1, score2, score3, temp;
    scanf("%f%f%f", &score1, &score2, &score3);
    if(score1 < score2)
      { temp = score1; score1 = score2; score2 = temp; }
    if(score1 < score3)
      { temp = score1; score1 = score3; score3 = temp; }
    if(score2 < score3)
      { temp = score2; score2 = score3; score3 = temp; }
    printf("%7.2f,%7.2f,%7.2f\n", score1, score2, score3);
    return 0;
}
```

运行结果为：

```
78.3 65.4 94.3
␣ ␣ 94.30, ␣ ␣ 78.30, ␣ ␣ 65.40
```

执行完第一个 if 语句后，使 score1 ≥ score2；执行完第二个 if 语句后，使 score1 ≥ score3；第三个 if 语句重排 score2、score3 的顺序，使得语句执行完后 score2 ≥ score3，即 score1 ≥ score2 ≥ score3。

5.4.2 第二种 if 语句形式

```
if(< 表达式 >)
    < 语句 1 >
else
    < 语句 2 >
```

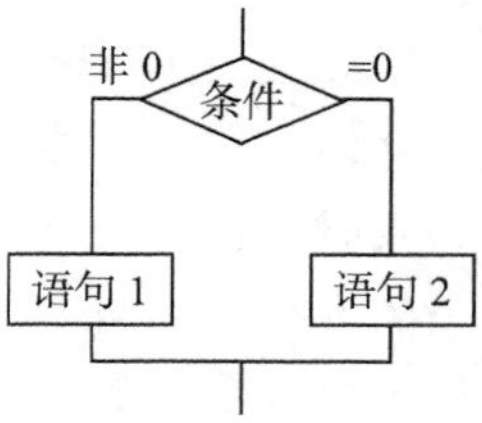

当表达式的值为真时，执行语句 1；否则，执行语句 2。其流程图如图 5-7 所示。

图 5-7   if 语句第二种
形式流程图

例如，

```
if (x > y)
    printf("%d", x);
else
    printf("%d", y);
```

当 x > y 时，显示 x 的值；否则，显示 y 的值。

例 5-2　用 if 语句的第二种形式改写例 5-1。

```
#include <stdio.h>
int main()
{
    float score1, score2, score3, temp;
    scanf("%f%f%f", &score1, &score2, &score3);
    if(score1 < score2)
        { temp = score1; score1 = score2; score2 = temp; }
    if(score1 < score3)
        { temp = score1; score1 = score3; score3 = temp; }
    if(score2 < score3)
        printf("%7.2f,%7.2f,%7.2f\n", score1, score3, score2);
    else
        printf("%7.2f,%7.2f,%7.2f\n", score1, score2, score3);
    return 0;
}
```

5.4.3　第三种 if 语句形式

```
if (< 表达式 1>)
    < 语句 1>
else if (< 表达式 2>)
    < 语句 2>
else if (< 表达式 3>)
    < 语句 3>
...
else  if (< 表达式 m>)
    < 语句 m>
else
    < 句 m+1>
```

如果表达式 1 成立，则执行语句 1，否则判断表达式 2 是否成立；如果表达式 2 成立，则执行语句 2，若表达式 2 也不成立，则判断表达式 3 是否成立；如果表达式 3 成立，则执行语句 3，以此类推。如果所有 if 后面的表达式都不成立，则执行语句 m+1。其流程图如图 5-8 所示。

例如，

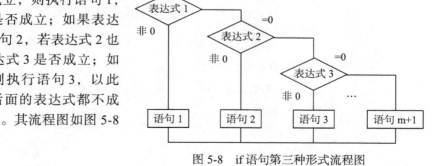

图 5-8　if 语句第三种形式流程图

```
if       (number > 500)        cost = 0.15;
else if  (number > 300)        cost = 0.10;
else if  (number > 100)        cost = 0.075;
else if  (number > 50)         cost = 0.05;
else                           cost = 0;
```

说明：

1）三种形式的 if 语句中，在 if 后面都有"（＜表达式＞）"，一般为逻辑表达式或关系表达式，但也可以是算术表达式和赋值表达式等。例如，

```
if(a == b && x == y)  printf("a=b,x=y");
```

系统对表达式的值进行判断，若为 0，按"假"处理；若为非 0，按"真"处理，执行指定的语句。例如，

```
if(3)  printf("OK");
```

这是合法的，执行输出结果 "OK"，因为表达式的值为 3，按"真"处理。由此可见，表达式的类型不限于逻辑表达式，可以是任意的数值类型（包括整型、实型、字符型）。例如，下面的 if 语句：

```
if('a')  printf("%d", 'a');
```

也是合法的，输出 'a' 的 ASCII 码 97。

2）第二、第三种形式的 if 语句中，在每个 else 前面有一分号，整个语句结束处有一分号。例如，

```
if(x > 0)
    printf("%f", x);          ⎫
else                          ⎬  各有一个分号
    printf("%f", -x);         ⎭
```

这是由于分号是 C 语句中不可缺少的部分，它是 if 语句中的内嵌语句所要求的。如果无此分号，则出现语法错误。但应注意，不要误认为上面是两个语句（if 语句和 else 语句），它们都属于同一个 if 语句，else 子句不能作为语句单独使用，它必须是 if 语句的一部分，与 if 语句配对使用。

3）在 if 和 else 后面可以只含一个内嵌的操作语句（如上例），也可以含有多个操作语句，此时用花括号"{ }"将几个语句括起来成为一个复合语句。例如，

```
if (a + b > c && b + c > a && c + a > b)
{
    s = 0.5 * (a + b + c);
    area = sqrt(s * (s - a) * (s - b) * (s - c));
    printf("Area=%6.2f", area);
}
else
    printf("It is not a trilateral");
```

注意：在 { } 外面不需要再加分号。因为 { } 内是一个完整的复合语句，无需外加分号。

例 5-3　用 if 语句的第三种形式改写例 5-2。

```
#include <stdio.h>
int main()
{
    float score1, score2, score3, temp;
    scanf("%f%f%f", &score1, &score2, &score3);
    if(score1 < score2)
        { temp = score1; score1 = score2; score2 = temp; }
    if(score1 < score3)
        printf("%7.2f,%7.2f,%7.2f\n", score3, score1, score2);
```

```
    else if(score3 < score2)
        printf("%7.2f,%7.2f,%7.2f\n", score1, score2, score3);
    else
        printf("%7.2f,%7.2f,%7.2f\n", score1, score3, score2);
    return 0;
}
```

5.4.4 if 语句的嵌套

从 if 语句的格式可以看出，当条件成立或不成立时将执行某一语句，而该语句本身也可以是一个 if 语句。在 if 语句中又包含一个或多个 if 语句的现象称为 **if 语句的嵌套**。事实上，前面介绍的 if 语句的第三种形式就是 if 语句的嵌套，由于比较常用，我们把它单独列出来。但嵌套不仅仅限于此，例如，

```
if(条件1)
    if(条件2)      语句1
    else           语句2
else                       /*  内嵌 if  */
    if(条件3)      语句3
    else           语句4
```

由于 if 语句中的 else 部分是可选的，因此应当注意 if 与 else 的配对关系。从最内层开始，else 总是与它上面最近的（未曾配对的）if 配对。例如，

```
if(条件1)
    if(条件2)      语句1
else
    if(条件3)      语句2
    else           语句3
```

编程者把 else 写在第一个 if（外层 if）同一列上，希望 else 与第一个 if 对应，但实际上这个 else 与第二个 if 配对，因为它们相距最近。上述语句等价于：

```
if(条件1)
{
    if(条件2)      语句1
    else
    {
        if(条件3)  语句2
        else       语句3
    }
}
```

因此最好使内嵌的 if 语句也包含 else 部分，这样 if 的数目和 else 的数目相同，从内层到外层一一对应，不易出错。

如果 if 与 else 的数目不一样，为实现程序设计者的设想，可以加花括号来确定配对关系。例如，

```
if(条件1)
{
    if(条件2)      语句1
}
else
    语句2
```

这时，{ } 限定了内嵌 if 语句的范围，因此 else 与第一个 if 配对。

例 5-4 有一函数

$$y = \begin{cases} 1 - x & x < 0 \\ 0 & x = 0 \\ 1 + x & x > 0 \end{cases}$$

试编写程序，输入一个 x 值，要求输出相应的 y 值。
有以下几种写法，请读者判断哪些是正确的。
程序 1：

```c
#include <stdio.h>
int main()
{
    int x, y;
    scanf("%d", &x);
    if(x < 0)
        y = 1 - x;
    else if(x == 0)
        y = 0;
    else
        y = 1 + x;
    printf("x=%d,y=%d\n", x, y);
    return 0;
}
```

程序 2：将上述 if 语句改写为

```c
#include <stdio.h>
int main()
{
    int x, y;
    scanf("%d", &x);
    if(x >= 0)
        if(x > 0)
            y = 1 + x;
        else
            y = 0;
    else
        y = 1 - x;
    printf("x=%d,y=%d\n", x, y);
    return 0;
}
```

程序 3：将上述 if 语句改写为

```c
#include <stdio.h>
int main()
{
    int x, y;
    scanf("%d", &x);
    y = 1 - x;
    if(x != 0)
        if(x > 0)
            y = 1 + x;
    else
        y = 0;
    printf("x=%d,y=%d\n", x, y);
    return 0;
}
```

程序 4：将上述 if 语句改写为

```c
#include <stdio.h>
int main()
{
    int x, y;
    scanf("%d", &x);
    y = 0;
    if(x >= 0)
        if(x > 0)
            y = 1 + x;
    else
        y = 1 - x;
    printf("x=%d,y=%d\n", x, y);
    return 0;
}
```

请读者画出相应的流程图，并进行必要的分析。最终答案是：只有程序 1 和程序 2 是正确的。一般把内嵌的 if 语句放在外层的 else 子句中（如程序 1 那样），这样由于有外层的 else 相隔，内嵌的 else 不会和外层的 if 配对，而只能与内嵌的 if 配对，从而不会混淆，像程序 3、4 那样就容易混淆。

5.4.5　程序示例

例 5-5　从键盘输入任一年的公元年号，编写程序，判断该年是否是闰年。

分析：设 year 为任意一年的公元年号，若 year 满足下面两个条件中的任意一个，则该年是闰年。若两个条件都不满足，则该年不是闰年。闰年的条件是：

1）能被 4 整除，但不能被 100 整除。

2）能被 400 整除。

用变量 leap 代表是否为闰年。若 year 年是闰年，则令 leap=1；否则，leap=0。最后根据 leap 的值输出"闰年"或"非闰年"的信息。

程序如下：

```c
#include <stdio.h>
int main()
{
    int year, leap;
    scanf("%d", &year);
    if(year % 4 == 0)
    {
        if(year % 100 == 0)
        {
            if(year % 400 == 0)
                leap = 1;
            else
                leap = 0;
        }
        else
            leap = 0;
    }
    else
        leap = 0;
    if(leap)
        printf("%d is ", year);
    else
        printf("%d is not ",year);
    printf("a leap year.\n");
    return 0;
}
```

运行结果为:

```
1989
1989 is not a leap year.
2000
2000 is a leap year.
```

也可以将程序中第 6 ~ 19 行改写成以下的 if 语句:

```
if (year %4 != 0)
   leap = 0;
else if (year % 100 != 0)
   leap = 1;
else if (year % 400 !=0)
   leap = 0;
else
   leap = 1;
```

也可以用一个逻辑表达式包含所有闰年条件,将上述 if 语句用下面的 if 语句代替:

```
if ((year % 4 == 0 && year % 100 != 0) || (year % 400 == 0))
   leap = 1;
else
   leap = 0;
```

5.5　switch 分支语句

　　if 语句只有两个分支可供选择,而实际问题中常常会用到多分支的选择。例如,学生成绩分类(90 分以上为 A 等,80 ~ 89 分为 B 等,70 ~ 79 分为 C 等);人口统计分类(按年龄分为老、中、青、少、儿童);工资统计分类;银行存款分类等。当然,这些都可以用嵌套的 if 语句来处理,但分支越多,则嵌套的 if 语句层数越多,这样会使程序冗长而且可读性降低。为此,C 语言提供了 switch 语句,可供用户直接处理多分支选择,其一般形式为:

```
switch (< 表达式 >)
{
   case   < 常量表达式 1>:    < 语句 1>
   case   < 常量表达式 2>:    < 语句 2>
   ...
   case   < 常量表达式 n>:    < 语句 n>
   [default:                < 语句 n+1>]      //[] 中的内容表示可选内容
}
```

　　例如,根据学生成绩打印学生成绩等级。等级划分方法为:90 分以上为优秀,80 ~ 89 分为良好,70 ~ 79 分为中等,60 ~ 69 分为及格,60 分以下为不及格。程序如下:

```
if (score < 60 && score > 0)                 //score 和 grade 都是整型变量
{
   grade = 5;
}
else
{
   grade = score / 10;
}
switch(grade)
{
   case 9: printf(" 优秀 \n");
   case 8: printf(" 良好 \n");
```

```
   case 7: printf(" 中等 \n");
   case 6: printf(" 及格 \n");
   case 5: printf(" 不及格 \n");
   default: printf(" 错误 \n");
}
```

说明：

1）switch 后面括号内的表达式和 case 后的常量表达式，可以是整型表达式或字符型表达式。

2）每一个 case 的常量表达式的值必须互不相同，否则就会出现相互矛盾的现象（即对表达式的同一个值有两种或多种执行方案）。

3）default 是可选的。当所有 case 中常量表达式的值都与表达式的值不匹配时，如果 switch 中有 default，就执行 default 后面的语句。如无 default，则一条语句也不执行。

4）在执行 switch 语句时，用 switch 后面括号内的表达式的值依次与各个 case 后面常量表达式的值比较，当表达式的值与某个 case 后面常量表达式的值相等时，就从这个 case 后面的语句开始执行，不再进行比较，这称为 switch 语句的贯穿特性。如上述例子中，如果 score 的值等于 85，则将连续输出：

```
良好
中等
及格
不及格
错误
```

这与大多数实际应用要求不相符合，为了解决这种问题，可以在执行完一个 case 后面的语句后，使它不再执行其他 case 后面的语句，跳出 switch 语句，即终止 switch 语句的执行。采用的方法是：在恰当的位置增加 break 语句。break 语句的作用就是跳出 switch 语句。将上面的 switch 语句改写如下：

```
switch(grade)
{
   case 9: printf(" 优秀 \n");
           break;
   case 8: printf(" 良好 \n");
           break;
   case 7: printf(" 中等 \n");
           break;
   case 6: printf(" 及格 \n");
           break;
   case 5: printf(" 不及格 \n");
           break;
   default: printf(" 错误 \n");
}
```

最后一个分支（default）可以不加 break 语句。修改后，如果 score 的值等于 85，则只输出"良好"。

5）多个 case 可以共用一组执行语句。还是上面的例子，最初的程序段可以去掉最开始的 if…else…语句，而改成如下程序：

```
grade = score / 10;
switch(grade)
{
```

```
case 9: printf(" 优秀 \n");
        break;
case 8: printf(" 良好 \n");
        break;
case 7: printf(" 中等 \n");
        break;
case 6: printf(" 及格 \n");
        break;
case 5:
case 4:
case 3:
case 2:
case 1:
case 0:
        printf(" 不及格 \n");
        break;
default: printf(" 错误 \n");
}
```

即 grade 的值为 5、4、3、2、1、0 都是执行同一组语句，也即代表所有这些 case 都对应的是 score 小于 60 的情况。

例 5-6 运输公司对用户计算运费。距离（s）越远，每千米运费越低。标准如下：

s ＜ 250 km	没有折扣
250km ≤ s ＜ 500km	2% 折扣
500km ≤ s ＜ 1000km	5% 折扣
1000km ≤ s ＜ 2000km	8% 折扣
2000km ≤ s ＜ 3000km	10% 折扣
3000km ≤ s	15% 折扣

设每吨货物每千米的基本运费为 p（price 的缩写），货物重为 w（weight 的缩写），距离为 s，折扣为 d（discount 的缩写），则总运费 f（freight 的缩写）的计算公式为

$$f = p * w * s * (1 - d)$$

通过分析此问题可以发现，折扣的变化是有规律的：折扣的"变化点"都是 250 的倍数（250，500，1000，2000，3000）。利用这一特点，可以设置变量 c，它代表 250 的倍数。c ＜ 1 时，无折扣，即 d = 0；1 ≤ c ＜ 2 时，d = 2%；2 ≤ c ＜ 4 时，d = 5%；4 ≤ c ＜ 8 时，d = 8%；8 ≤ c ＜ 12 时，d = 10%；c ≥ 12 时，d = 15%。据此编写程序：

```
#include <stdio.h>
int main()
{
    int c, s;
    float p, w, d, f;
    scanf("%f,%f,%d", &p, &w, &s);
    if(s >= 3000)
        c = 12;
    else
        c = s / 250;
    switch(c)
    {
        case 0: d = 0; break;
        case 1: d = 2; break;
        case 2:
        case 3: d = 5; break;
        case 4:
```

```
        case 5:
        case 6:
        case 7: d = 8; break;
        case 8:
        case 9:
        case 10:
        case 11: d = 10; break;
        case 12: d = 15; break;
    }
    f = p * w * s * (1 - d / 100);
    printf("freight=%10.2f\n", f);
    return 0;
}
```

运行结果如下：

```
100,20,300
freight= ␣ 588000.00
```

请注意：c、s 是整型变量，因此 s/250 为整数。当 s ≥ 3000 时，令 c=12，而不是 c 随 s 增大，这是为了在 switch 语句中便于处理，即用一个 case 就可以处理所有 s ≥ 3000 的情况。

5.6 while 循环语句

while 语句用来实现"当型"循环结构。其一般形式为：

while(< 表达式 >)

< 语句 >

其中"表达式"为循环控制表达式，当"表达式"的值为非 0 值时，执行 while 语句中的内嵌套语句。其流程图如图 5-9 所示。其执行特点是：先计算"表达式"的值，若为 0，则不进入循环执行语句，若为非 0，则执行"语句"，然后再计算"表达式"的值，重复上述过程。其中"表达式"必须加括号，"语句"是循环体，即程序中被反复执行的部分，可以是一条语句，也可以是用花括号括起来的复合语句。

例 5-7　计算 10！。

这里定义两个变量 i 和 product。其中 i 是循环变量，既用来表示每次乘的数值，又用来控制循环次数；product 用来存放连乘值，它们的初值都为 1，放在循环的外面。进入循环后先判定" i < =10"这一条件，若条件成立，执行 product * i，做连乘，再做 i = i + 1；将循环变量加 1，该次循环结束后，将变量 i 和 10 比较，若 i ≤ 10，则再执行循环的两条语句，如此重复，直到 i=11（即 i > 10）时，结束循环。

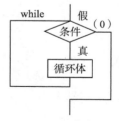

图 5-9　"当型"循环流程图

其程序如下：

```
#include <stdio.h>
int main( )
{
    int i = 1, product = 1;
    while(i <= 10)
    {
        product = product * i;
        i++;
```

```
    }
    printf("%d\n", product);
    return 0;
}
```

运行结果为

```
3628800
```

下面说明例 5-7 的执行过程:

循环次数	循环变量 i	与终值比较	是否执行循环体	连乘值 product	循环变量 i 新值
1	1	i ≤ 10	执行	1	2
2	2	i ≤ 10	执行	2	3
3	3	i ≤ 10	执行	6	4
4	4	i ≤ 10	执行	24	5
			…		
10	10	i ≤ 10	执行	3628800	11
11	11	i > 10	不执行 (出循环)		

注意:在循环体中应有使循环趋于结束的语句,本例循环结束的条件是"i > 10",因此在循环体中应有使 i 增值以最终导致 i>10 的语句,现用"i++;"语句达到此目的。如果没有这条语句,则 i 的值始终不改变,会造成死循环,循环永远都不能结束。

例 5-8   计算 1!+2!+3!+4!+…+10!。

其程序如下:

```
#include <stdio.h>
int main()
{
    int i = 1, t = 1, sum = 0;
    while(i <= 10)
    {
        t = t * i;
        sum = sum + t;
        i++;
    }
    printf("%d\n", sum);
    return 0;
}
```

运行结果为:

```
4037913
```

从以上几个例子中可以看到,在用循环语句实现累加或连乘时,循环控制变量(上面几例中的 i)以及用以存放累加和连乘的变量(如以上几例中 product、t、sum)的赋初值语句,应放在循环语句的外面。请读者思考一下,若输出语句 printf 放在循环语句里面,其输出形式将会如何?

在循环语句中,有三种基本语句:

```
t = t * i;
sum = sum + t;
i++;
```

当它们出现在循环体内时，"i++;"实现计数运算；"sum = sum + t;"实现累加运算；"t = t * i;"实现连乘运算。其中，计数运算和累加运算的初值一般赋为 0（也可视具体问题而定），连乘运算的初值一般赋为 1，赋初值应放在循环语句的前面，通过循环来实现各自的功能。

5.7 do…while 循环语句

"直到型"循环语句的一般形式为：

do　　　　< 语句 >

while　　（< 表达式 >）；

该语句的功能是：先执行一次 do 后面内嵌的"语句"，然后判断"表达式"，当"表达式"的值为非 0（"真"）时，返回重新执行该"语句"，如此反复，直到"表达式"的值等于 0 时结束循环。其流程图如图 5-10 所示。

例 5-9　用 do…while 语句计算 10！。

程序如下：

图 5-10　"直到型"循环流程图

```c
#include <stdio.h>
int main()
{
    int i = 1, product = 1;
    do
    {
        product = product * i;
        i++;
    }while(i <= 10);
    printf("%d", product);
    return 0;
}
```

例 5-10　求斐波那契数列 1，1，2，3，5，8，… 的前 40 个数。斐波那契数列的前两个数为 1，从第 3 个数开始，每个数总是它前面两个数之和，即

$F_1=1$　　　　　　　　　　　　（n=1）

$F_2=1$　　　　　　　　　　　　（n=2）

$F_n=F_{n-1}+F_{n-2}$　　　　　　　（n≥3）

程序如下：

```c
#include <stdio.h>
int main()
{
    int f1 = 1, f2 = 1;
    int i = 1;
    do
    {
        printf("%10d%10d", f1, f2);
        if(i % 2 == 0) printf("\n");
        f1 = f1 + f2;
        f2 = f2 + f1;
        i++;
    }while(i <= 20);
    return 0;
}
```

运行结果为：

1	1	2	3
5	8	13	21
34	55	89	144
233	377	610	987
1597	2584	4181	6765
10946	17711	28657	46368
75025	121393	196418	317811
514229	832040	1346269	2178309
3524578	5702887	9227465	14930352
24157817	39088169	63245986	102334155

if 语句的作用是每输出 4 个数后换行。因为 i 是循环变量，当 i 为偶数时换行，而 i 每增值 1，就要计算和输出两个数（f1，f2），因此 i 每隔 2 换一次行相当于每输出 4 个数后换行。请读者思考一下，若每行输出 6 个数，if 语句的条件应如何写？

在一般情况下，用 while 语句和 do…while 语句处理同一问题时，若两者的循环体部分一样，则它们结果也一样。但在 while 后面的表达式一开始就为假（0 值）时，两种循环的结果是不同的。

例 5-11　while 和 do…while 循环的比较。

1）

```c
#include <stdio.h>
int main()
{
    int i, product = 1;
    scanf("%d", &i);
    while(i <= 10)
    {
        product *= i;
        i++;
    }
    printf("%d\n", product);
    return 0;
}
```

2）

```c
#include <stdio.h>
int main()
{
    int i, product = 1;
    scanf("%d", &i);
    do
    {
        product *= i;
        i++;
    }while(i <= 10);
    printf("%d\n", product);
    return 0;
}
```

第一段代码的运行结果为：

1　　　　　（输入数据）

```
3628800    （结果）
11         （输入数据）
1          （结果）
```
第二段代码的运行结果为：
```
1          （输入数据）
3628800    （结果）
11         （输入数据）
11         （结果）
```

可以看到，当输入 i 的值小于等于 10 时，由于循环控制条件相同，两者得到的结果也相同，如上例输入 1 时，结果均为 3628800。但当输入一个大于 10 的数时，两者循环条件虽然相同，但结果就不相同了。如输入 i=11，对 while 循环来说，因 i≤10 的条件为假，循环体一次也不执行，输出 product 的结果仍为 1；而对 do…while 循环来说，则要先执行一次循环体" product *= i; i++;"，此时 product 等于 11，i 等于 12，然后再对循环条件 i≤10 进行判定，结束循环，故输出为 product 值为 11。可以得到这样的结论：当两者为相同的循环体时，若 while 后面的表达式的第一次值为"真"，则两种循环得到的结果相同；否则，两者的结果不相同。

5.8 for 循环语句

"步长型"循环结构的一般形式为：

for（< 表达式 1>; < 表达式 2>; < 表达式 3>)
　 < 语句 >;

for 语句循环控制部分的三个成分都是表达式，三个部分之间都用";"隔开。for 语句允许它们出现各种变化形式。其执行过程如下：

1）先求解表达式 1。

2）再求解表达式 2，若其值为真（非 0），则执行 for 语句指定的内嵌语句（循环体），然后执行下面第 3 步。若表达式 2 为假（0），则转到第 5 步。

3）求解表达式 3。

4）转至上面第 2 步继续执行。

5）结束循环，执行 for 语句后面的一个语句。

其流程图如图 5-11 所示。

从上述执行过程中可以看到：

1）表达式 1 完成初始化工作，它一般是赋值语句，用来建立循环控制变量和赋初值。

2）表达式 2 是一个关系表达式，它表示一种循环控制条件，决定什么时候退出循环。

3）表达式 3 定义了循环控制变量每次循环时是如何变化的。

for 语句最简单的应用形式为：

```
for( 循环变量赋值 ； 循环条件 ； 循环变量增值）
    循环体
```

其中，表达式 1 用来给循环变量赋初值。表达式 2 是循环的控制条件，满足条件，即表达式 2 的值为真（非 0）时，执行循环体；当表达式 2 的值为假（0）时，结束循环，执行

for 后面的一条语句。表达式 3 是在执行了循环体后，给循环变量增值，即增加一个步长，然后再去判断表达式 2 的值。有了循环变量的步长变化，才会改变循环变量的值，也才能确保循环变量在经过若干次循环后，使得表达式 2 的值不再为真，循环结束。表达式 3 的应用，使得循环变量会通过步长发生变化，而不需要像 while 语句和 do…while 语句那样，必须在循环体内有改变循环变量的语句。这种结构使循环的控制更简洁，所以我们把 for 语句称为"步长型"循环语句。

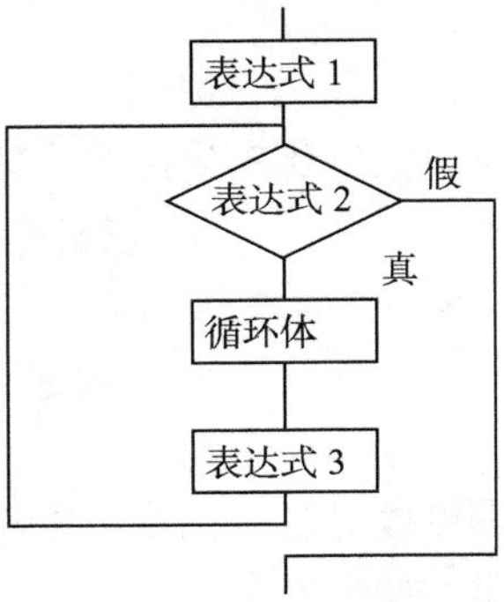

例 5-12　计算 10！，用 for 语句来实现。

程序如下：

```
#include <stdio.h>
int main()
{
    int i, product = 1;
    for(i = 1; i <= 10; i++)
    product *= i;
    printf("%d\n", product);
    return 0;
}
```

图 5-11　"步长型" for 循环流程图

下面介绍 for 语句简单应用形式的几种方式。

（1）步长为正值　当步长为正值时，要求循环变量的初值小于控制表达式的终值，通过循环变量的递增，最终结束循环。

例 5-13　步长为正值，计算 1 ～ 10 中所有偶数之和。

```
#include <stdio.h>
int main()
{
    int i, sum = 0;
    for(i = 2; i <= 10; i = i + 2)
    {
        sum = sum + i;
    }
    printf("sum=%d\n", sum);
    return 0;
}
```

运行结果为：

```
sum=30
```

该程序循环 5 次，实现 2+4+6+8+10，当执行第 6 次时，i 的值等于 12，而 12 ＞ 10，故结束循环。

（2）步长为负值　当步长为负值时，要求循环变量的初值大于控制表达式中的终值，通过循环变量的递减最终结束循环。

例 5-14　步长为负值，计算 1 ～ 10 中所有偶数之和。

```
#include <stdio.h>
int main()
{
    int i, sum = 0;
    for(i = 10; i >= 1; i -= 2)
```

```
        sum += i;
    printf("sum=%d\n", sum);
    return 0;
}
```

运行结果为：

```
sum=30
```

该题循环的初值 i 为 10，每经过一次循环，i 的值就减 2，循环 4 次后 i=2，它还没有"走过"终值 1，还要执行"sum += 2;"，执行完该语句后，接着执行"i −= 2;"，此时 i=0，再判别循环控制时，i 超过了终值 1，结束循环。最后该程序实现为 10+8+6+4+2=30，输出 sum=30。

（3）步长为 0　例 5-15 即为步长为 0 的情况。

例 5-15　步长为 0 的情况。

```
#include <stdio.h>
int main()
{
    int i, sum = 0;
    for(i = 1; i <= 10;)
        printf("%d ", i);
    return 0;
}
```

运行结果为：

```
1 ⌣ 1 ⌣ 1 ⌣ 1 ⌣ 1 ⌣ 1 ⌣ 1 ⌣ 1 ⌣ 1 ⌣ 1 …
```

在上述程序中，由于 for 语句省略了表达式 3，程序中缺少改变循环控制变量值的语句，于是 i 始终为 1，不超过终值 10，程序将一直循环下去，重复输出 1，产生死循环，因此必须强行中断程序的执行。为了解决该问题，必须修改程序，然后再运行。

循环程序可以按条件执行若干次，也可能出现"死循环"，也可以是循环体一次也不执行。

例 5-16　循环体一次也不执行的例子。

```
#include <stdio.h>
int main()
{
    int i, sum = 0;
    for(i = 1; i > 2; i++)
        sum += i;
    printf("sum=%d\n ", sum);
    return 0;
}
```

执行该程序后，输出：

```
sum=0
```

由于初值 i=1，不满足控制表达式中 i > 2 这一条件，故循环体一次也不执行，输出 sum 原来的值 0。

事实上，for 语句中的三个表达式可以出现各种变化形式，还可以省略，它的使用十分灵活。说明如下：

1）表达式 1 可以是设置循环变量初值的赋值表达式，也可以是和循环变量无关的其他表达式。例如，

```
i = 1;
for(sum = 0; i <= 10; i++)
    sum = sum + i;
```

其中，表达式 1 是与循环变量 i 无关的表达式，而将赋 i 初值的语句"i = 1;"放到了循环的前面，也可以写作：

```
for(i = 1, sum = 0; i <= 10; i++)
    sum = sum + i;
```

此时表达式 1 是个逗号表达式，是由循环变量 i 赋初值的表达式与累加和变量（sum）赋初值的表达式组成的"i = 1, sum = 0;"逗号表达式。

表达式 1 也可以省略，但其后的分号不能省略。例如，

```
for(; i <= 10; i++)
    sum = sum + i;
```

执行时，跳过"求表达式 1"这一步，其他不变。

2）表达式 2 一般是关系表达式或逻辑表达式，但也可以是其他类型的表达式，只要其值为非 0，就执行循环体。例如，

```
for(i = 0; (c = getchar()) != '\n'; i += c)
    printf("%d", i);
```

在表达式 2 中，先从终端接收一个字符 c，然后判断 c 的值是否等于 '\n'，如果不等于 '\n'，就执行循环体，输出 i 的值。该段程序的作用是不断输入字符，将它们的 ASCII 码相加并输出，直到输入一个换行符为止。

表达式 2 也可以省略，此时不进行循环条件的判断，循环将无终止地进行下去（死循环），即认为表达式 2 的值恒为真。例如，

```
for(i = 1;;i++)
    sum = sum + i;
```

相当于：

```
i = 1;
while(1)
{
    sum = sum + i;
    i++;
}
```

此时将产生死循环，可以在循环体内加 break 语句（见 5.9 节）来终止循环，并控制程序流向。

3）表达式 3 也可以省略，但此时程序设计者应另外设法保证循环能正常结束。例如，

```
for(sum = 0, i = 0; i <= 10;)
{
    sum = sum + i;
    i++;
}
```

在上述代码中，没有把"i++;"放在 for 语句的表达式 3 的位置处，而作为循环体的一部分，效果是一样的，可以使循环正常结束。

4）可以省略表达式 1 和表达式 3，而只有表达式 2。例如，

```
for(; i <= 10;)
{
    sum = sum + i;
    i++;
}
```

相当于：

```
while(i <= 10)
{
    sum = sum + i;
    i++;
}
```

5）使用逗号表达式，可以用两个或两个以上的变量共同实现对循环的控制。例如，

```
for(i = 1, j = 1; i <= 10 || j <= 10; i++)
{
    sum = sum + i + j;
    j++;
}
```

又如，

```
for(i = 1; i <= 100; i++, i++) sum = sum + i;
```

相当于：

```
for(i = 1; i <= 100; i = i + 2) sum = sum + i;
```

6）三个表达式均省略，例如，

```
for(;;)
```

相当于：

```
while(1)
```

此时也会产生死循环。

7）若 for 语句的循环体是空语句，则成为空循环体 for 语句，利用它可以实现某些特殊功能，比如产生时间延迟等。例如，

```
for(t = 0; t < value; t++);
```

5.9 break 语句和 continue 语句

在循环结构中，无论采用 while 语句、do…while 语句，还是 for 语句，都有循环条件的控制，当循环条件为非 0 值时，继续循环，当循环条件为 0 值时，结束循环。我们把这种正常结束循环的情况称为**循环的正常出口**。但是，在循环中还有一种情况，就是循环条件仍为非 0 值，但当满足另一条件时，将结束循环，一般地，这种条件往往写在一个 if 语句中。我们把这种非正常结束循环的方法称为**循环的非正常出口**。C 语言中用 break 语句来实现这一功能。

5.9.1 break 语句

break 语句的一般形式为：

```
break;
```

在 switch 结构中，可以用 break 语句使流程跳出 switch 结构，继续执行 switch 下面的一条语句。使用 break 语句，还可以使流程从循环体内跳出，即提前结束循环，接着执行循环下面的语句。

例 5-17 有程序如下：

```
#include <stdio.h>
int main()
{
    int  r;
    double  pi = 3.14159, area;
    for(r = 1; r <= 10; r++)
    {
        area = pi * r * r;
        if(area > 100) break;
    }
    printf("%f\n", area);
    return 0;
}
```

该程序中，循环变量 r 的初值为 1，终值为 10，步长为 1，理论上应循环 10 次，当循环变量为 11 时，结束循环。但该题有另一条件，当 area 的值大于 100 时应结束计算，因此，将这一条件写在一个 if 语句中，即

```
if(area > 100) break;
```

在 area 大于 100 时，强行中止循环，执行循环语句后面的输出语句，这就是循环非正常出口的一个例子。

例 5-18 将下列 for 循环写成一个循环体为空的 for 语句。

```
for(i = 2; i < n; i++)
    if(n % i == 0)  break;
```

据题意，该循环的结束条件有两个：一个是正常出口，即 i = n 时结束循环；另一个条件是非正常出口，即 "n％i == 0"，当 n 能被 i 整除时也可以结束循环。因此，可以将这两个条件合并在一起，即 "i ＜ n && n％i != 0"，故可以将 for 语句写作：

```
for(i = 2; i < n && n % i != 0; i++);
```

5.9.2 continue 语句

continue 语句的一般形式为：

```
continue;
```

该语句的作用是提前结束本次循环，即跳过循环体中 continue 语句后面的语句，接着执行表达式 3（在 for 语句中），进行下一次是否循环的判定。

continue 语句和 break 语句的区别是：continue 语句只结束本次循环，而不是终止整个循环的执行；break 语句则是结束循环，不再进行条件判断。故 break 语句可看成循环的非正常出口，而 continue 语句只是实现本次循环的 "短路"。

例 5-19 将 0 ～ 100 之间不能被 3 或者 5 整除的数输出。

程序如下：

```c
#include <stdio.h>
int main()
{
    int i;
    for(i = 0; i <= 100; i++)
    {
        if(i % 3 == 0 || i % 5 == 0)
            continue;
        printf("%d\n", i);
    }
    return 0;
}
```

当 i 能被 3 或者 5 整除时，执行 continue 语句，结束本次循环，即跳过 printf 语句，不输出，然后进入下次循环。

例 5-20 阅读下列程序，问：执行该段程序后，x 和 i 的值各为多少？

```c
int i, x;
for(i = 1, x = 1; i <= 50; i++)
{
    if(x >= 10)  break;
    if(x % 2 == 1)
    {
        x += 5;
        continue;
    }
    x -= 3;
}
```

该程序段的执行过程为：

当 i = 1 时 x = 1，则 x % 2 == 1 成立，执行 " x += 5;" 语句后 x = 6，再执行 continue 语句，中断本次循环，不执行 " x -= 3;" 语句。

增加步长后，i = 2，此时 x % 2 == 1 不成立，故执行 " x -= 3;" 后 x = 3。

增加步长后，i = 3，此时 x % 2 == 1 成立，执行 " x += 5;" 语句后 x = 8，执行 continue，结束本次循环。

增加步长后，i = 4，此时 x % 2 == 1 不成立，执行 " x -= 3;" 语句后 x = 5。

增加步长后，i = 5，此时 x % 2 == 1 成立，执行 " x += 5;" 后 x = 10，执行 continue，结束本次循环。

增加步长后，i = 6，此时 x = 10，则 x >= 10 条件成立，执行 break 语句，强行结束循环，非正常退出。

故执行该程序段后，x = 10，i = 6。

5.10 多重循环的嵌套

一个循环体内又包含另一个循环结构，称为**循环的嵌套**。内嵌循环中又可以再嵌循环，这就是**多层循环**。每种循环都可以进行嵌套，三种循环（for 循环、while 循环、do…while 循环）也可以相互嵌套。

例 5-21

```
#include <stdio.h>
int main()
{
    int i, j;
    for(i = 1; i <= 3; i++)
    {
        for(j = 1; j <= 5; j++)
            printf( "%d--%d#", i, j);
        printf("\n");
    }
    return 0;
}
```

执行该程序后，输出下列结果：

```
1--1#1--2#1--3#1--4#1--5#
2--1#2--2#2--3#2--4#2--5#
3--1#3--2#3--3#3--4#3--5#
```

例 5-21 为双重循环结构的程序，其中，从 for(i = 1; i <= 3; i++) 开始的花括号内的语句构成外循环，循环控制变量为 i，循环体包括一个内循环（程序中用虚线框起来的部分）和"printf("\n");"语句。for(j = 1; j <= 5; j++) 开始的是内循环，循环控制变量为 j，循环体中只有一条 printf 语句。

当 switch 语句与循环语句相互嵌套使用时，break 语句只对最接近它的那个循环语句或 switch 语句起作用，例如，

```
switch(ch)
{
    case 1: sum = 0;
            for(;;)
            {
                sum++;
                if(sum > 100) break;
            }
            ...
}
```

本程序段中的 break 语句只对 for 语句起作用，对外层的 switch 语句不起作用。再如，

```
for(; sum < 100;)
{
    switch(ch)
    {
        case 1: sum++; break;
        case 2: sum += 3;
    }
    ...
}
```

本程序段中的 break 语句只对 switch 语句起作用，对外层的 for 语句不起作用。

多重循环的执行过程与单循环的执行过程是类似的，只要把内层循环看作外层循环体的一部分即可。下面是多重循环的一些规定：

1）多重循环控制变量不得重名。例如，

```
for(i = 1; i <= 5; i++)
for(i = 1; i <= 10; i++)
```

上述代码是错误的，因为内外循环的控制变量使用了同一个变量名 i。

2）在循环语句和条件语句或 break、continue 语句联合使用时，可以从循环体内转到循环体外，但不允许从循环体外转入循环体内，如果是多重循环，则允许从内循环转到外循环，不允许从外循环转入内循环。

3）当有多重循环嵌套时，break 只对最接近它的那个循环语句起作用。

5.11　程序示例

例 5-22　一个单位下设 3 个班组，每个班组人数不固定，需要统计每个班组的平均工资。分别输入 3 个班组所有职工的工资，若输入 −1，则表示该班组的输入结束。请输出班组号和该班组的平均工资。

程序如下：

```
#include <stdio.h>
#include <math.h>
int main()
{
    int i, n;
    float pay, sum, aver;
    for(i = 1; i <= 3; i++)                      // 针对 3 个班组，执行 3 次循环
    {
        sum = 0;                                 // 班组总工资初始化为 0
        n = 0;                                   // 班组人数初始化为 0
        scanf("%f", &pay);                       // 输入职工的工资
        while(fabs(pay + 1.0) >= 1e-6)
        {
            sum = sum + pay;                     // 班组总工资累加
            n++;                                 // 班组人数加 1
            scanf("%f", &pay);                   // 输入职工的工资
        }
        aver = sum / n;                          // 计算序号为 i 的班组的平均工资
        printf("%d--%6.2f\n", i, aver);
    }
    return 0;
}
```

执行程序时，输入下列数据：

```
80   75   91   86   66   -1
77   89   65   79   -1
90   95   64   87   75   83   -1
```

其输出结果为：

```
1-- ⌴ ⌴ 79.60
2-- ⌴ ⌴ 77.50
3-- ⌴ ⌴ 82.33
```

变量 sum 存放累加和，用于存放每个班组的总工资，变量 n 统计每个班组的实际人数，每个职工的工资存放在变量 pay 中。外循环的循环变量控制班组数，内循环读取每个职工的工资并进行累加，设每个班组的人数分别为 5、4、6 人。在输入时用 while 语句来判断是否退出内循环，即当输入为 −1 时（−1 为任一远离有效数据的一个结束标志数。由于实型数

据的表示有误差，程序中用"|pay − (−1)| > = 0.000001"作为结束条件，而不用"pay == −1"），结束内循环工作，并进入内循环下面的语句，计算整个班组的平均工资，并打印输出，然后外循环 i 增加 1，处理下一个班组的工资，这时又重新将 sum 和 n 置为 0。要注意"sum = 0;"和"n = 0;"这两个赋初值语句的位置。

本例的打印输出语句放在内循环的外面，即内循环结束之后，放在外循环的里面，故共执行 3 次，输出 3 个班组的平均工资。请读者思考一下：若将其放到外循环的外面，则该语句执行几次，是否与题意相符？

例 5-23   输出以下图案。

```
   *
  ***
 *****
*******
 *****
  ***
   *
```

程序如下：

```
#include <stdio.h>
int main()
{
    int i, j, k;
    for(i = 0; i <= 3; i++)                    // 输出上面 4 行 *
    {
        for(j = 0; j <= 2 - i; j++)
            printf(" ");                       // 输出 * 前的空格
        for(k = 0; k <= 2 * i; k++)
            printf("*");                       // 输出一行（若干个）*
        printf("\n");                          // 输出完一行 * 后换行
    }
    for(i = 0; i <= 2; i++)                    // 输出下面 3 行 *
    {
        for(j = 0; j <= i; j++)
            printf(" ");                       // 输出 * 前的空格
        for(k = 0; k <= 4 - 2 * i;k++)
            printf("*");                       // 输出一行（若干个）*
        printf("\n");                          // 输出完一行 * 后换行
    }
    return 0;
}
```

对图案的打印，程序通过双重循环来实现：用外循环来控制它的行，即外循环每循环一次，打印一行；用内循环控制它的列，即内循环每循环一次，打印某行中的一列。内循环结束后，某行就被打印出来了。两个外循环结束后，分别打印出图案的上下两部分：上半部分为一个正三角形，共有 4 行；下半部分为一个倒三角形，共有 3 行。

在程序中，每个外循环用了两个内循环，第一个内循环输出一行中的前导空格，用来确定打印图案的起始位置，第二个内循环用来打印图案中该行的符号 *。

例 5-24   猴子吃桃问题。猴子第一天摘下若干个桃子，当即吃了一半，觉得不过瘾，又多吃了一个；第二天早上又将剩下的桃子吃掉一半，又多吃一个；以后每天早上都吃了前一天剩下的一半零一个；到第 10 天早上想再吃的时候，只剩一个桃子了。求猴子第一天共摘了多少个桃子。

程序如下：

```
#include <stdio.h>
int main()
{
    int day, x1, x2;
    day = 9;
    x2 = 1;
    while(day > 0)
    {
        x1 = (x2 + 1) * 2;   // 某一天的桃子数是后一天桃子数加 1 后的 2 倍
        x2 = x1;
        day--;
    }
    printf(" 桃子总数 =%d\n", x1);
    return 0;
}
```

运行结果为：

桃子总数 =1534

由题意可知，9 天后只剩下一个桃子，故将表示天数的变量 day 设为 9，剩下桃子数 x2 设为 1，为了计算总桃子数，从第 10 天的桃子数向前推算，前一天的桃子数 x1 = (x2 + 1) * 2，而该 x1 又改成了再前一天的剩下数，故 x2 = x1，通过 9 次循环，当天数为 0 时，x1 即为总桃子数。

习题

5.1 以下程序打印如下图案（每行有 10 个前导空格），程序运行后，输入 4 给变量 n。请填空。

```
       *
      ***
     *****
    *******
     *****
      ***
       *

#define S         ' '
#include <stdio.h>
int main()
{
    int  n, i, j;
    printf("Enter n: ");
    scanf(_____);
    for(i = 1; i <= n; i++)
    {
        for(j = 1; j <= 10; j++) putchar(S);
        for(j = 1; _____; j++) putchar(S);
        for(j = 1; _____; j++) putchar('*');
        _____;
    }
    for(i = 1; i <= n - 1; i++)
    {
        for(j = 1; j< = 10; j++) putchar(S);
```

```
        for(j = 1; _____ ; j++) putchar('*');
        _____ ;
    }
    return 0;
}
```

5.2 编写一个程序，实现的功能是：输入一个五位整数，将它反向输出。例如输入 12345，输出应为 54321。

5.3 输出所有 "水仙花数"，所谓 "水仙花数" 是指一个 3 位数，其各位数字立方和等于该数本身。例如，153 是一水仙花数，因为 $153=1^3+5^3+3^3$。

5.4 编写程序输出 2 ～ 1000 之间所有亲密数对。说明：若 a、b 为一对亲密数，则 a 的因子和等于 b，b 的因子和等于 a，且 a ≠ b。例如，48 和 75 就是一对亲密数。

5.5 一个数如果恰好等于它的因子之和，这个数就称为 "完数"。例如，6 的因子为 1、2 和 3，而 6=1+2+3，因此 6 是 "完数"。编程序找出 1000 之内的所有完数，并按下面的格式输出其因子。

6 its factors are 1,2,3

5.6 利用泰勒级数

$$\sin(x) \approx x - \frac{x^3}{3!} + \frac{x^5}{5!} - \frac{x^7}{7!} + \frac{x^9}{9!} - \cdots$$

编程并计算 sin(x) 的值。要求最后一项的绝对值小于 10^{-6}，并统计出此时累加了多少项。

5.7 输入两个正整数 m 和 n，求其最大公约数和最小公倍数。

5.8 求 $\sum_{k=1}^{100} k + \sum_{k=1}^{50} k^2 + \sum_{k=1}^{10} \frac{1}{k}$。

5.9 连续整数的固定和。编写一个程序，读入一个正整数，把所有那些连续的和为给定的正整数的正整数找出来。例如，如果输入 27，发现 2 ～ 7、8 ～ 10、13 ～ 14 的和是 27，这就是解答；如果输入的是 10000，应该有 18 ～ 142、297 ～ 328、388 ～ 412、1998 ～ 2002 这 4 组。注意：不见得一定会有答案，比如 4、16 就无解；另外，排除只有一个数的情况，否则每一个输入就都至少有一个答案，就是它自己。

5.10 从键盘任意输入一个 4 位数 x，编程计算 x 的每一位数字相加之和（忽略整数前的正负号）。例如，输入 x 为 1234，则由 1234 分离出其千位 1、百位 2、十位 3、个位 4，然后计算 1+2+3+4=10，并输出 10。

5.11 爱因斯坦数学题。爱因斯坦曾出过这样一道数学题：有一条长阶梯，若每步跨 2 阶，最后剩下 1 阶；若每步跨 3 阶，最后剩下 2 阶；若每步跨 5 阶，最后剩下 4 阶；若每步跨 6 阶，最后剩下 5 阶；只有每步跨 7 阶，最后才正好 1 阶不剩。请问，这条阶梯共有多少阶？

5.12 编程解决三色球问题。若一个口袋中放有 12 个球，其中有 3 个红色球，3 个白色球，6 个黑色球，从中任取 8 个球，问共有多少种不同的颜色搭配？

5.13 有一个分数序列 $\frac{2}{1}$, $\frac{3}{2}$, $\frac{5}{3}$, $\frac{8}{5}$, $\frac{13}{8}$, $\frac{23}{13}$, …，求这个数列前 20 项之和。

5.14 编制程序，将下列数列 1、1、1、1、2、1、1、3、3、1、1、4、6、4、1、1、5、10、10、5、1、…、延长到第 55 个。

5.15 100 匹马驮 100 担货，大马一匹驮 3 担，中马一匹驮 2 担，小马一匹驮 1 担，编程计算大、中、小马的数目。

5.16 一根长度为 133m 的材料，需要截成长度为 19m 和 23m 的短料，求两种短料各截多少根时，剩余的材料最少？

5.17 编写程序：某次大奖赛，有 7 个评委打分，编写程序对一名参赛者，输入 7 个评委的打分分数，去掉一个最高分和一个最低分，求出平均分为该参赛者的得分。

5.18 求 S_n=a+aa+aaa+⋯+n 个 a 的值，其中 a 是一个数字，n 表示 a 的位数，例如，当 a=2，n=4 时，
$\underbrace{}_{aa\cdots a}$
S_n=2+22+222+2222+。a 和 n 由键盘输入。

5.19 一个球从 100m 高度自由落下，每次落地后反弹回原高度的一半，再落下，再反弹。求它在第 10 次落地时，共经过多少米？第 10 次反弹多高？

5.20 有一数字灯谜如下：

$$\begin{array}{r} ABCD \\ -\ \ CDC \\ \hline ABC \end{array}$$

ABCD 均为一位非负整数，要求找出 ABCD 各值。

5.21 一位百万富翁遇到一陌生人，陌生人找他谈一个换钱计划，该计划如下：我每天给你十万元，而你第一天只需给我一分钱；第二天我仍给你十万元，你给我二分钱；第三天我仍给你十万元，你给我四分钱；以此类推，你每天给我的钱是前一天的两倍，直到满一个月（30 天）。百万富翁很高兴，欣然接受了这个契约。请编写一个程序，计算这一个月中陌生人给了百万富翁多少钱，百万富翁又给了陌生人多少钱。

5.22 编写程序，实现的功能为：输入 n，输出 n 的所有质数因子（如 n=13860，则输出 2、2、3、3、5、7、11）。

第6章　数　　组

本书第 3 章介绍了整型、浮点型、字符型等基本数据类型。这些数据类型可用于定义变量。然而在实际应用中，数据的处理量往往相当大，如果一个一个地标识变量，无疑是很不方便的。特别是很难处理那些数据类型相同且彼此之间还有一定联系的数据。回顾例 5-1、例 5-2 和例 5-3，题目要求输入三个学生的成绩并按降序输出。如果需要扩展这些示例，使得它们更实用一点，例如，要求输入和排序的是一个班、一个年级甚至是整个学校的学生成绩，那么仅用本书前面介绍的知识，是不是感觉非常棘手？庆幸的是，对于这类问题，C 语言提供了数组这种解决方法。

数组是 C 语言的一种构造数据类型。在 C 语言中，通常通过构造数据类型来描述实际应用中更加复杂的数据结构，它主要包含数组、结构、联合等类型。构造数据类型是以基本类型为基础，将一系列元素按照一定的规律组织构造。构造数据类型结构中的每一个元素相当于一个简单变量，每一个元素都可像简单变量一样被赋值或在表达式中使用。本章主要介绍数组这种构造数据类型。

数组类型是一些具有相同类型的数据的集合，数组中的数据按照一定的顺序排列存放。同一数组中的每个元素都具有相同的数据类型，有统一的标识符（即数组名），用不同的序号（即下标）来区分数组中的各元素。根据组织数组的结构不同，又将其分为一维数组、二维数组、多维数组等。另外，还有用于处理字符类型数据的字符数组。C 语言允许使用任意维数的数组。若要处理大量的同类型数据，则利用数组可以提供很大的方便。此外，数组同其他类型的变量一样，也必须先定义后使用。

6.1　一维数组

6.1.1　一维数组的定义

具有一个下标的数组称为**一维数组**。一维数组的定义格式为：

数据类型　数组标识符 [常量表达式]；

例如，

```
int name[20];
char ch[26];
```

又如定义数组，描述 100 个整数：`int number[100];`

一年中每月的天数：`int month[12];`

100 种商品的价格：`float price[100];`

针对数组的定义，特别做以下说明：

1）数据类型用于说明数组中元素的数据类型，其可以是简单类型、指针类型，也可以是结构体、联合体等构造类型。

2）数组标识符是用于说明数组的名称，如上面示例中的 name、ch 均为数组标识符。

定义数组标识符的规则与定义变量名相同。数组标识符的作用和变量名也相似，主要用于唯一地标识一个数组。

3）常量表达式是用来说明数组元素的个数，即数组的长度，它可以是正的整型常量、字符常量或有确定值的表达式。C 语言编译系统在处理该数组语句时，会根据常量表达式的值在内存中分配一块连续的存储空间。

4）数组元素的下标由 0 开始。例如，由 3 个元素组成的 name 数组，则这 3 个元素依次是 name[0]、name[1]、name[2]。

5）数组名表示数组存储区的首地址，即数组第一个元素存放的地址。

6）相同类型的数组可在同一语句行中定义，数组之间用逗号分隔，即可同时定义多个同类型数组。

7）C 语言中不允许定义动态数组，即数组的长度不能根据运行过程中变量值的变化而变化。

下面这样的数组定义是错误的：

```
int i;
scanf("%d", &i);
int array[i];
```

不难看出，定义数组时首先必须给数组取一个名字，即数组标识符；其次要说明数组的数据类型，即定义类型说明符，表明数组的数据性质；最后还要说明数组的结构，即规定数组的维数和数组元素的个数。

6.1.2　一维数组元素的引用

定义数组之后，数组元素就能够被引用。但需要特别注意的是，不能将数组作为整体引用，而只能通过逐个引用数组元素来实现。因此，数组下标对数组的操作就特别重要，利用数组下标的变化，就可方便地实现对数组元素的引用。

数组元素的引用形式为：

数组名 [下标表达式]

若数组定义为：

```
int array[10];
```

则表明 array 整型数组中共有 10 个元素，array[0] 是数组中的第 1 个元素，array[9] 是数组中的第 10 个元素。数组一经定义，对各数组元素的操作，就如同对基本类型的变量操作一样。例如，

```
array[2] = 105;                    /* 对数组第 3 个元素赋值 */
scanf("%d", &array[4]);            /* 输入数组第 5 个元素的值 */
printf("%d", array[5]);           /* 输出数组第 6 个元素的值 */
```

数组下标往往对应于循环控制变量，通过循环和下标的变化完成对数组所有元素的操作，即对整个数组的操作。需要注意的是，C 语言的编译程序不进行语法检查，也就是说，如果下标越界，也不会被检查出来。

6.1.3　一维数组元素的初始化

数组元素的初始化，是指在定义数组时或在程序的开始位置为数组元素赋初值。在程序

中的开始位置对数组元素进行初始化的方法如下：

1）直接用赋值语句赋初值。

2）用输入语句赋初值。

3）用输入函数赋初值。

一维数组元素在定义数组时初始化的格式为：

数据类型　数组标识符 [常量表达式] = { 常量表达式 }；

其中，{ } 中各常量表达式是对应的数组元素初值，相互之间用逗号分隔。例如，

```
int array[5] = {1, 2, 3, 4, 5};
```

相当于

```
int array[5];
array[0] = 1; array[1] = 2; array[2] = 3; array[3] = 4; array[4]= 5;
```

需要说明的是：

1）对数组元素赋初值时，可以不指定数组长度，其长度由常量表达式表中初值的个数自动确定。例如，

```
int array[ ] = {1, 2, 3, 4, 5};
```

初值有 5 个，故系统自动确定 array 数组的长度为 5。

2）不允许对数组元素整体赋值。例如，

```
int array[5] = {2 * 5};
```

这种描述在语法上是正确的，但在逻辑上是错误的，此语句只给 array[0] 赋初值为 10，其他为 0。

3）不允许数组确定的元素个数少于赋值个数。例如，

```
int array[5] = {1, 2, 3, 4, 5, 6, 7};
```

4）当数组确定的元素个数多于初值个数时，说明只给部分数组元素赋初值，未赋值的元素为相应类型的默认值。在前面的讲解中已经提到，对于变量，如果没有赋初值，其初值为随机值。但是在 VC++ 环境中（且源程序的扩展名为 .cpp），对于没有初始化的数组元素，如果是 int 类型，其初值会置为 0；如果是 char 类型，其初值会置为空字符。

例如，int array[5] = {1, 2, 3};

相当于 int array[5] = {1, 2, 3, 0, 0};

例 6-1　从键盘输入 10 个数，求其中的最大数和最小数，并按逆序打印出该数组。

```
#include <stdio.h>
int main( )
{
    float a[10];
    int i;
    float max, min;
    for(i = 0; i <= 9; i++)
        scanf("%f", &a[i]);
    max = min = a[0];
    for(i = 1; i <= 9; i++)
    {
        if(a[i] > max) max = a[i];
        if(a[i] < min) min = a[i];
```

```
    }
    printf("max=%6.2f,min=%6.2f\n", max, min);
    for(i = 9; i >= 0; i--)
        printf("%7.2f", a[i]);
    return 0;
}
```

运行结果为：

```
12 34 532 4.45 45.9 -45 45 65 45 4
max=532.00,min=-45.00
   ␣ ␣ 4.00 ␣ ␣ 45.00 ␣ ␣ 65.00 ␣ ␣ 45.00 ␣ -45.00 ␣ ␣ 45.90 ␣ ␣ ␣ 4.45 ␣ 532.00 ␣ ␣
34.00 ␣ ␣ 12.00
```

例 6-2　学生成绩统计。以下是一个统计学生成绩的程序，用于统计得 100 分的学生有几名，得 90 ～ 99 分的学生有几名，得 80 ～ 89 分的学生有几名，……

利用数组 s[i] 记录得分的人数。s[0] 记录成绩为 0 ～ 9 分的学生人数，s[1] 记录成绩为 10 ～ 19 分的学生人数，s[2] 记录成绩为 20 ～ 29 分的学生人数，……，s[10] 记录得 100 分的学生人数。

在程序中，把学生成绩逐一读入变量 q 中，如学生的成绩是 85，则 q=85，r 用来作 s 数组元素的下标，语句 " r = (int)(q / 10); " 使 r=8，这里采用强制类型转换，将 q/10 的结果去尾后转为整数，作为 s 数组的下标。语句 " s[r] = s[r] + 1; " 使得下标变量 s[8] 的数值增加 1，如果成绩是 77，则 r = 7，使得下标变量 s[7] 的数值加 1，以此类推。由于读入 q 的数值不同，经除以 10 再取整后，变量 r 的数值也不同，因此，对于 " s[r] = s[r] + 1; " 这样的语句，随着 r 的不同，该语句相当于下列 11 条语句

```
s[0] = s[0] + 1;        r = 0
s[1] = s[1] + 1;        r = 1
s[2] = s[2] + 1;        r = 2
s[3] = s[3] + 1;        r = 3
s[4] = s[4] + 1;        r = 4
s[5] = s[5] + 1;        r = 5
s[6] = s[6] + 1;        r = 6
s[7] = s[7] + 1;        r = 7
s[8] = s[8] + 1;        r = 8
s[9] = s[9] + 1;        r = 9
s[10] = s[10] + 1;      r = 10
```

在数据输入循环中，用 −99 作为结束标志。由于浮点型数据的表示有误差，程序中用 " fabs（q + 99）>0.001" 作为循环重复条件，而不用 " q != −99"，这里 fabs 表示求绝对值的函数。

程序如下：

```
#include <stdio.h>
#include <math.h>
int main()
{
    int  i, r, s[11];
    float  q;
    for(i = 0; i <= 10; i++)
    {
        s[i] = 0;
    }
    scanf("%f", &q);
```

```
    while(fabs(q + 99) > 0.001)
    {
        r = (int)(q / 10);
        s[r] = s[r] + 1;
        scanf("%f", &q);
    }
    for(i = 0 ; i <= 10; i++)
    {
        if(i <= 9)
            printf("%d--%d\t%d\n", 10 * i, i * 10 + 9, s[i]);
        else
            printf("%d\t%d\n", i * 10, s[i]);
    }
    return 0;
}
```

程序运行时输入：

65 57 71 75 80 90 91 88 78 82 77 86 45 38 44 46 83 82 79 85 70 68 83 59 98 92 100
97 85 73 80 77 -99

运行结果为：

```
0--9     0
10--19   0
20--29   0
30--39   1
40--49   3
50--59   2
60--69   2
70--79   8
80--89   10
90--99   5
100      1
```

例 6-3　用冒泡法将 10 个整数按由小到大的顺序排列。

排序方法是一种重要、基本的算法。排序的方法很多，本例用"冒泡法排序"。"冒泡法"的基本思路是：每次将相邻两个数比较，将小的调到前面。若有 6 个数 9、8、7、6、5、4，第 1 次先将最前面的两个数 9 和 8 对调，第 2 次将第 2 和第 3 个数（9 和 7）对调，…… 如此共进行 5 次，得到 8-7-6-5-4-9 的顺序，可以看到：最大的数 9 已"沉底"，成为最下面的一个数，而小的数"上升"。经过第 1 趟（共 5 次比较与交换），已得到最大的数 9。

然后进行第 2 趟比较，对余下的前面 5 个数（8，7，6，5，4）进行新一轮的比较，以便使次大的数"沉底"。按以上方法进行第 2 趟的比较，经过 4 次比较与交换，得到次大的数 8，顺序为 7-6-5-4-8-9。

按此规律进行下去，可以推知，对 6 个数要比较 5 趟，才能使 6 个数按大小顺序排列。在第 1 趟中要进行两个数之间的比较与交换共 5 次，在第 2 趟过程中比较 4 次……则第 5 趟只须比较 1 次。

如果有 n 个数，则要进行 n−1 趟比较。在第 1 趟比较中要进行 n−1 次两两比较，在第 j 趟比较中要进行 n−j 次两两比较。

程序如下：

```
#include <stdio.h>
int main()                                    // 冒泡法排序
{
```

```
    int  i, j, t, a[10];
    printf(" 请输入十个数据: \n");
    for(i = 0; i < 10; i++)                    // 循环输入 10 个数据
    {
        printf("a[%d]=", i);
        scanf("%d", &a[i]);
    }
    for(i = 0; i < 9; i++)                     // 进行 9 次循环, 实现 9 趟比较
        for(j = 0; j < 9 - i; j++)             // 在每一趟中进行 9-i 次比较
        {
            if(a[j] > a[j+1])                  // 相邻两个数比较
            {
                t = a[j];
                a[j] = a[j+1];
                a[j+1] = t;
            }
        }
    printf(" 排序结果如下: \n");                  // 输出排序结果
    for(i = 0; i < 10; i++)
        printf("%d ", a[i]);
    printf("\n");
    return 0;
}
```

运行结果为:

```
请输入 10 个数据:
a[0]=9
a[1]=8
a[2]=7
a[3]=6
a[4]=5
a[5]=4
a[6]=3
a[7]=2
a[8]=1
a[9]=0
排序结果为:
0 1 2 3 4 5 6 7 8 9
```

该程序由三部分组成。第一部分是输入部分,包括第 1 个 for 循环,用于给数组 a 输入数据。第二部分的双重循环,用于对数组 a 的元素进行冒泡排序。当执行外循环的第 1 次循环时,i = 0,然后执行第 1 次内循环,此时 j = 0,在 if 语句中将 a[j] 和 a[j+1] 比较,就是将 a[0] 和 a[1] 比较。执行第 2 次内循环时,j = 1,将 a[1] 和 a[2] 比较……执行最后一次内循环时,j = 8,将 a[8] 和 a[9] 比较。这时,第 1 趟排序过程就完成了,a[9] 为最大数。当执行第 2 次外循环时,i = 1,开始第 2 趟排序过程。内循环继续的条件是 j < 9 - i,由于 i = 1,因此相当于 j < 8,即 j 由 0 变到 7,要执行内循环 8 次,第 2 趟排序完成后得到次大数 a[8]。其他趟排序过程以此类推。第三部分用一个 for 循环输出排好序的数组 a。

例 6-4 C 语言程序设计期末考试考完,请编写一个程序,输出计算机科学专业 1604 班中不及格的人数以及课程平均成绩,并将成绩按降序输出。若输入 −1,则表示成绩输入结束。

程序如下:

```
#include <stdio.h>
#define STU_COUNT 34
```

```
int main()
{
    int i, j, t1, n = 0, no[STU_COUNT];
    float total = 0;
    int count = 0;
    float t2, Scores[STU_COUNT];
    for(i = 0; i < STU_COUNT; i++)
    {
        scanf("%d%f", &no[i], &Scores[i]);
        if (no[i] == -1) break;
        total += Scores[i];
        if (Scores[i] < 60)
        {
            count++;
        }
        n++;
    }
    printf("    i    no    Scores\n");
    for(i = 0; i < n; i++)
    {
        for(j = i + 1; j < n; j++)
            if(Scores[i] < Scores[j])
            {
                t1 = no[i]; no[i] = no[j]; no[j] = t1;
                t2 = Scores[i]; Scores[i] = Scores[j]; Scores[j] = t2;
            }
        printf("%5d%6d%10.2f\n", i + 1, no[i], Scores[i]);
    }
    printf("\nThe average score is %5.1f \n", total/n);
    printf("The number of student failed to pass the exam is %5d\n", count);
    return 0;
}
```

上述程序中, 通过 #define 定义了班级人数为 34 个人。no 数组存放学生学号, Scores
数组存放学生成绩。程序通过第一个 for 循环将 no 数组和 Scores 数组的各元素清零, 然后
通过一个 for 循环输入学生学号和 C 语言成绩, 在循环中, 变量 n 用来计算实际输入的学生
人数, 并即时进行不及格人数统计和成绩累加操作。后面用一个双重循环来实现选择排序,
按学生成绩从高到低排序。需要特别注意的是, 在 Scores 数组交换时, no 数组也要同时交
换, 以保证学生学号和成绩的一致。

程序运行时输入:

```
26 90
30 45
9 78
11 86
15 57
18 83
7 63
1 71
33 93
-1 -1
```

运行结果为:

```
    i    no    Scores
    1    33      93.00
    2    26      90.00
    3    23      89.00
```

```
    4      11       86.00
    5      18       83.00
    6       9       78.00
    7       1       71.00
    8       7       63.00
    9      15       57.00
   10      30       45.00
The average score is 75.5
The number of student failed to pass the exam is    2
```

例 6-5　某地区 6 个商店在一个月内电视机的销售数量见表 6-1，试编写程序，计算并打印电视机销售汇总表。

表 6-1　某地区 6 个商店一个月内电视机的销售数量

商店代号	熊猫牌	西湖牌	金星牌	梅花牌	商店代号	熊猫牌	西湖牌	金星牌	梅花牌
1	52	34	40	40	4	35	20	40	25
2	32	10	35	15	5	47	32	50	27
3	10	12	20	15	6	22	20	28	20

说明：用数组 a 存放一个商店 4 种电视机的销售量。第一个商店的 4 种电视机销售量输入 a[1] ～ a[4] 中，要及时进行统计并打印输出，因第二个商店的 4 种电视机销售量一旦输入 a[1] ～ a[4] 中，前一组数据将被破坏掉。用数组 y 累计每种电视机的销售量之和（纵向统计），如熊猫牌销售量总量存放于 y[1]，西湖牌销售量总量存放于 y[2]，等等。用变量 s 统计每个商店的电视机销售量（横向统计），s0 为 6 个商店的电视机总销售量。由于是用一维数组实现，为了打印出要求的效果，程序中添加了 6 行控制光标位置的相关语句。如果用后面学到的二维数组来实现，则可以将这 6 行控制光标位置的相关语句去掉。

程序如下：

```c
#include <stdio.h>
#include <windows.h>
int main()
{
    int i, j, s, s0, a[5], y[5];

    /* 下面的三行主要用于控制输出时的光标位置 */
    HANDLE hOut;
    COORD pos;
    hOut=GetStdHandle(STD_OUTPUT_HANDLE);

    for(i = 1; i <= 4; i++)
        y[i] = 0;
    s0 = 0;
    printf(" 商店代号  熊猫牌  西湖牌  金星牌  梅花牌  合计 \n");
    printf("------------------------------------------\n");
    for(i = 0; i < 6; i++)
    {
        s = 0;
        for(j = 1; j <= 4; j++)
        {
            scanf("%d", &a[j]);
            s = s + a[j];
            y[j] = y[j] + a[j];
        }
        s0 = s0 + s;
        /* 下面的三行主要用于控制输出时的光标位置 */
        pos.X = 0;        // 光标的 X 位置
        pos.Y = i + 2;    // 光标的 Y 位置
        SetConsoleCursorPosition(hOut, pos);    // 将光标定位到 pos 所指定的位置
```

```
        printf("%8d", i + 1);
        for(j = 1; j <= 4; j++)
            printf("%8d", a[j]);
        printf("%6d\n", s);
    }
    printf("-------------------------------------------\n");
    printf("  合 计  ");
    for(j = 1; j <= 4; j++)
        printf("%8d", y[j]);
    printf("%6d\n", s0);
    return 0;
}
```

运行结果为：

商店代号	熊猫牌	西湖牌	金星牌	梅花牌	合计
1	52	34	40	40	166
2	32	10	35	15	92
3	10	12	20	15	57
4	35	20	40	25	120
5	47	32	50	27	156
6	22	20	28	20	90
合计	198	128	213	142	681

每次外循环对一个商店进行数据处理，其中包括以下内容：

1）将统计一个商店销售合计的变量 s 赋初值 0，即"s = 0;"，它放在外循环的里面，内循环的外面。

2）内循环用于控制每一行表格中的列，每循环一次，读入一种电视机的销售量到 a[j]，一方面用语句"s = s + a[j];"进行横向统计求和（累计每个商店的电视机销售量），另一方面用语句"y[j] = y[j] + a[j];"进行纵向统计求和。内循环过程中，随着控制变量 j 的变化，"y[j] = y[j] + a[j];"等价于：

```
y[1] = y[1] + a[1];
y[2] = y[2] + a[2];
y[3] = y[3] + a[3];
y[4] = y[4] + a[4];
```

这 4 条语句把该商店存于 a[1]、a[2]、a[3]、a[4] 中对应品牌的电视机销量数据累加到对应的品牌总数中。其中每个元素只加一次，直到外循环结束后，y[1]、y[2]、y[3]、y[4] 的值才真正是每种品牌电视机的销售量。

3）在外循环中，"s0 = s0 + s;"用于累计总销售量。

4）输出每一商店代号、各种品牌电视机的销售量及其总和。

5）外循环执行 6 次后结束，跳出循环，输出各种电视机的累计和 y[1]、y[2]、y[3]、y[4]，同时也输出总销售量 s0。

6.2　二维数组

在用一维数组处理二维表格时，必须将数据输入、处理和打印输出放在一个循环中，如例 6-5，需要用到比较复杂的光标控制语句，而且程序模块化不够好，下标变量在使用时产生了覆盖。可以用两个下标的下标变量（双下标变量）来表示二维表格的元素，即二维数组。

6.2.1 双下标变量

首先来看一个双下标变量的例子：

S[2][3]

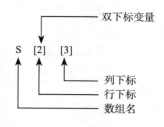

其中 S 是数组名，后面跟两个方框号，方框号内分别放行下标和列下标。和单下标一样，下标可以用数值，也可以用变量或表达式。下标的规则与单下标变量的相同。

例如，以下是一个二元一次联立方程组：

$$\begin{cases} 7 * x_1 - 4 * x_2 = 7 \\ -2 * x_1 + 3 * x_2 = -1 \end{cases}$$

它的一般表达式为：

```
a11 * x1 + a12 * x2 = b1
a21 * x1 + a22 * x2 = b2
```

其中 x1 的解为：

```
x1 = (b1 * a22 - b2 * a12)/(a11 * a22 - a21 * a12)
```

以上方程式的系数可以用双下标变量表示：

a11 可写成 a[1][1]，表示方程组第一个方程中 x1 的系数。

a12 可写成 a[1][2]，表示方程组第一个方程中 x2 的系数。

同理，a21 可写成 a[2][1]，a22 可写成 a[2][2]。

因此，求 x1 的表达式可写成以下形式：

```
x1 = (b[1] * a[2][2] - b[2] * a[1][2])/(a[1][1] * a[2][2] - a[2][1] * a[1][2])
```

又如，a[2][3]、a[i+1][j]、a[b[3]][b[4]] 均为合法的双下标变量。

例 6-6 某商店 3 个商品在四个季度的销售量见表 6-2。

表 6-2 某商店 3 个商品在四个季度的销售量

商品 / 季度	第一季度	第二季度	第三季度	第四季度
1	167	200	156	120
2	210	250	180	190
3	112	150	130	125

这 12 个数可以用 12 个双下标变量表组成，分为 3 行 4 列，该数组名为 k，各数据可表示为：

k[1][1]   k[1][2]   k[1][3]   k[1][4]
k[2][1]   k[2][2]   k[2][3]   k[2][4]
k[3][1]   k[3][2]   k[3][3]   k[3][4]

用双下标变量来表示一张二维表，使下标变量的行列下标正好与数据在表格中的位置相对应，形象直观地反映了二维表格。

6.2.2 二维数组及其定义

由双下标变量组成的数组称为二维数组，双下标变量是数组的元素。如 6.2.1 节的 a 数组、k 数组，它们均由双下标变量组成，故称为**二维数组**。

二维数组定义的一般形式为：

< 类型标识符 > < 数组名标识符 > [< 常量表达式 >] [< 常量表达式 >]

例如，

```
float a[3][4], b[5][6];
```

定义 a 为 3*4（3 行 4 列）的数组，b 为 5*6（5 行 6 列）的数组。注意：不能写成

```
float a[3,4], b[5,6];
```

一个 a[m][n] 的二维数组（m、n 均为正整数），其行下标从 0 ~ m-1，共 m 个。注意：行下标不能等于 m。列下标从 0 ~ n-1，共 n 个。注意：列下标不能等于 n。数组的所有元素均为 float 型。

C 语言对二维数组采用这样的定义方式，使我们可以把二维数组看作一种特殊的一维数组——该特殊一维数组中的元素又是一个一维数组。例如，对于 a[3][4]，可以把 a 看作一个一维数组，它有三个元素：a[0]，a[1]，a[2]，每个元素又是一个包含 4 个元素的一维数组，如下所示：

a[0]   a[0][0]   a[0][1]   a[0][2]   a[0][3]

a[1]   a[1][0]   a[1][1]   a[1][2]   a[1][3]

a[2]   a[2][0]   a[2][1]   a[2][2]   a[2][3]

把 a[0]、a[1]、a[2] 看作 3 个一维数组的名字。上面定义的二维数组可以理解为定义了 3 个一维数组，即相当于：

```
float a[0][4], a[1][4], a[2][4];
```

此处把 a[0]、a[1]、a[2] 看作 3 个一维数组的名字。C 语言的这种二维数组降维理解方法在数组初始化和用指针表示时显得很方便，读者在以后的学习中会体会到。

在 C 语言中，二维数组中元素排列的顺序是：按行存放，即在内存中先顺序存放第 1 行的元素，再存放第 2 行的元素……图 6-1 显示了对二维数组 a[3][4] 的存放顺序。

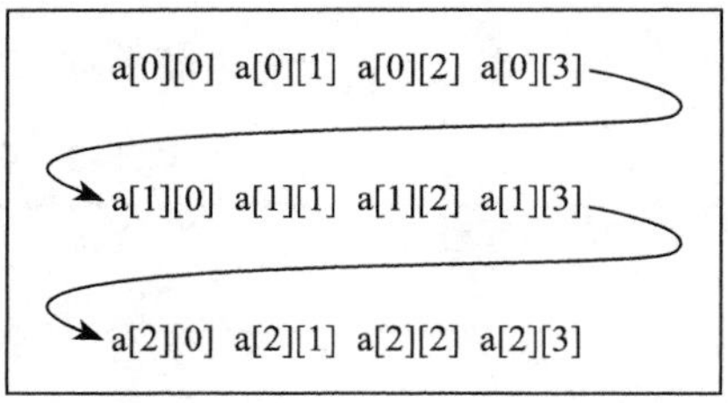

二维数组的元素是双下标变量，数组元素可以出现在表达式中，也可以被赋值，例如，

图 6-1   二维数组存放顺序

```
b[1][2] = a[1][2]/ 2;
```

但是使用数组元素时，应注意下标值应在已定义的数组大小的范围内。常出现的错误是：

```
int a[5][6];
...
a[5][6] = 8;
```

这里数组元素 a[5][6] 是不存在的。

请读者严格区分在定义数组时用的 a[5][6] 和引用元素时的 a[5][6] 的区别。前者 a[5][6] 用来定义数组的维数和各维的大小；后者 a[5][6] 代表某一数组元素。

6.2.3   二维数组的初始化

对二维数组的初始化有以下几种方法：

1）分行给二维数组赋值。例如，

```
int a[2][3] = {{1, 2, 3},{4, 5, 6}};
```

此语句将第 1 个花括号内的数据赋给第 1 行的元素，将第 2 个花括号内的数据赋给第 2 行的元素，即按行赋初值。

2）可将所有数据放在一个花括号内，按数组元素在内存中的排列顺序对各元素赋初值。例如，

```
int a[2][3] = {1, 2, 3, 4, 5, 6};
```

3）对部分元素赋初值。例如，

```
int a[2][3] = {{1}, {4}};
```

该语句只对各行第 1 列的元素赋初值，其余的元素值自动为 0（这里以 VC++6.0 环境为例）。赋初值后数组各元素为：

```
1 0 0
4 0 0
```

也可以只对某行元素赋初值：

```
int a[2][3] = {{1}};
```

赋初值后数组各元素为：

```
1 0 0
0 0 0
```

即第 2 行不赋初值，均为 0。

也可以不对第 1 行的元素赋初值：

```
int a[2][3] = {{}, {4}};
```

4）如按第 2 种方法对全部元素都赋初值，则定义数组时对第 1 维的长度可以不指出，但第 2 维的长度不能省略。例如，

```
int a[2][3] = {1, 2, 3, 4, 5, 6};
```

可以写为：

```
int a[][3] = {1, 2, 3, 4, 5, 6};
```

系统会根据数据总个数分配存储空间，一共 6 个数据。每行 3 列，显然可以确定行数为 2。

在定义时，也可以只对部分元素赋初值而省略第 1 维的长度，但应分行赋初值。例如，

```
int a[][3] = {{},{0, 0, 3}};
```

这种写法表示数组共有 2 行，每行 3 列元素，数组元素为：

```
0 0 0
0 0 3
```

6.2.4　二维数组应用示例

例 6-7　用二维数组改编例 6-5 的汇总表程序。

由于采用二维数组，表 6-1 中的原始数据存放在二维数组 a 中，在程序处理时，可以把数据按输入、计算和输出分别放在几个程序段中，这样可使程序的结构更加清晰，易于阅

读、理解。但由于采用二维数组，多占用了内存空间。

程序如下：

```c
#include <stdio.h>
#include <stdlib.h>
int main()
{
    int i, j, s;
    int y[5] = {0};
    int a[6][6] = { {1, 52, 34, 40, 20, 0},
                    {2, 32, 10, 35, 15, 0},
                    {3, 10, 12, 20, 15, 0},
                    {4, 35, 20, 40, 25, 0},
                    {5, 47, 32, 50, 27, 0},
                    {6, 22, 20, 28, 20, 0}};
    s = 0;
    for(i = 0; i < 6; i++)
    {
        for(j = 1; j < 5; j++)
            a[i][5] = a[i][5] + a[i][j];
        s = s + a[i][5];
    }
    for(j = 1; j < 5; j++)
        for(i = 0; i < 6; i++)
            y[j] = y[j] + a[i][j];
    system("cls");                                  // 清屏
    printf(" 商店代号  熊猫牌  西湖牌  金星牌  梅花牌  合计 \n");
    printf("---------------------------------------------\n");
    for(i = 0; i < 6; i++)
    {
        for(j = 0; j < 6; j++)
            printf("%8d", a[i][j]);
        printf("\n");
    }
    printf("---------------------------------------------\n");
    printf("  合计   ");
    for(i = 1; i < 5; i++)
        printf("%8d", y[i]);
    printf("%8d\n", s);
    return 0;
}
```

上述程序用两个数组存放数据：二维数组 a 用于存放表格原始数据和横向累加后一个商店的合计销售量（存储在 a[i][5] 单元）；一维数组 y 用于存放表格的纵向累计值。程序中置初值的方法将纵向累计数组各元素赋 0；第 1 个双重循环累计每个商店的销售量，将销售累计也存放在二维数组 a 中。语句 " a[i][5] = a[i][5] + a[i][j];"，当 i = 0 时，内循环 4 次后 a[0][5] = a[0][1] + a[0][2] + a[0][3] + a[0][4]，即一个商店 4 种商品的累计销售量。s 为总销售统计。进行纵向累加的双重循环中外循环变量 j 为列坐标，内循环变量 i 为行坐标，因而执行 1 次外循环，内循环 6 次统计完一种商品（1 列）的数据，并存于 y[i]，第 3 个双循环将原始表格和横向统计数据按表格形式打印输出，最后输出总计 s 的值。

6.3 综合应用示例

通过对 C 语言数组功能的介绍可知，C 语言的语句种类并不复杂，但它们有很强的控制功能，使用 C 语言编写的程序能充分满足结构化程序的要求。本节再讨论几个综合应用示例，以便读者进一步熟悉 C 语言的各种语句，为编写结构良好的程序打好基础。

例 6-8　打印输出以下的杨辉三角形（要求打印出 10 行）。

1
1　1
1　2　1
1　3　3　1
1　4　6　4　1
1　5　10　10　5　1
…

杨辉三角形第 n 行的元素是（x+y）的 n−1 次幂的展开式各项的系数，例如，

第 1 行　　n=1　　　$(x+y)^0$　　　　　　　　　　　　只有常数项 1
第 2 行　　n=2　　　$(x+y)^1=x+y$　　　　　　　　　x 和 y 前面的系数各为 1
第 3 行　　n=3　　　$(x+y)^2=x^2+2xy+y^2$　　　　　三项的系数分别为 1, 2, 1
第 4 行　　n=4　　　$(x+y)^3=x^3+3x^2y+3xy^2+y^3$　四项的系数分别为 1, 3, 3, 1
…

在上面的杨辉三角形中，各行的第 1 列和最后 1 列（对角线）的元素均为 1，其他各列都是上一行中同 1 列和前 1 列元素之和。如果用二维数组 a[i][j] 表示，则有：

　　a[i][j] = a[i−1][j−1] + a[i−1][j];
即当前行当前列元素 = 上一行上一列元素 + 上一行当前列元素

　　按上述原则编写程序如下：

```
/* 打印杨辉三角形 */
#include <stdio.h>
#define N 11
int main()
{
    int i, j, a[N][N];
    for(i = 1; i < N; i++)
    {
        a[i][i] = 1;
        a[i][1] = 1;
    }
    for(i = 3; i < N; i++)
        for(j = 2; j <= i - 1; j++)
            a[i][j] = a[i-1][j-1] + a[i-1][j];
    for(i = 1; i < N; i++)
    {
        for(j = 1; j <= i; j++)
            printf("%6d", a[i][j]);
        printf("\n");
    }
    return 0;
}
```

运行结果为：

```
1
1     1
1     2     1
1     3     3     1
1     4     6     4     1
1     5    10    10     5     1
1     6    15    20    15     6     1
```

```
1      7     21     35     35     21      7      1
1      8     28     56     70     56     28      8      1
1      9     36     84    126    126     84     36      9      1
```

定义 N 为 11。首先用一个单循环将每行的对角线元素和第 1 个元素置为 1；然后用一个双重循环产生杨辉三角形其他元素的值，这里外循环控制行，内循环控制列；最后用一个双重循环，输出杨辉三角形。

例 6-9 有 15 个数存放在一个有序数组中，输入一个数，要求用折半法查找是数组中第几个元素的值。如果该数不在数组中，则打印出"不在表中"。

变量说明：

top、bott——查找区间两端点的下标。

loca——查找成功的下标或 −1（表示该数在表中不存在）。

flag——决定是否继续查找的特征变量。

程序如下：

```c
#include<stdio.h>
#define N 15
int main()
{
    int i, num, top, bott, mid, loca, a[N], flag;
    char c;
    printf(" 请输入 15 个数 (a[i]>a[i-1]): \n");                // 建立有序数组
    scanf("%d", &a[0]);
    i = 1;
    while(i < N)
    {
        scanf("%d", &a[i]);
        if(a[i] >= a[i-1])
            i++;
        else
            printf(" 请重新输入 a[i]，必须大于 %d\n", a[i-1]);
    }
    for(i = 0; i < N; i++)
    printf("%4d", a[i]);
printf("\n");
flag = 1;
while(flag)
{
    printf(" 请输入要查找的数据: ");
    scanf("%d", &num);
    bott = 0;
    top = N - 1;
    while(bott <= top)
    {
        if(num < a[bott] || num > a[top])
        {
            loca = -1;
            break;
        }
        mid = (bott + top) / 2;
        if(num == a[mid])
        {
            loca = mid;
            printf("%d 位于表中第 %d 个数。\n", num, loca + 1);
            break;
        }
        else if(num < a[mid])
            top = mid - 1;
        else
            bott = mid + 1;
    }
```

```
        if(loca == -1)
            printf("%d 不在表中。\n", num);
        printf(" 是否继续查找？Y/N ");
        fflush(stdin);                          // 清除键盘缓冲区的内容
        c = getchar();
        if(c == 'N' || c == 'n')
            flag = 0;
    }
    return 0;
}
```

运行结果为：

```
请输入 15 个数 (a[i]>a[i-1]):
1 3 4 5 6 8 12 23 34 44 45 56 57 58 68
    1    3    4    5    6    8    12    23    34    44    45    56    57    58    68
请输入查找数据：7
7 不在表中。
是否继续查找？Y/N y
请输入查找数据：12
12 位于表中第 7 个数。
是否继续查找？Y/N n
```

具体过程如下：首先，建立一个有 15 个元素的有序数组 a，在输入过程中，若元素无序，则要求重新输入，然后将该有序数组输出。其次，进入折半查找过程，设置了特征变量 flag，用一个 while 循环语句进行控制，若 flag = 1，继续查找，flag = 0，结束查找。用特征变量 loca 表示查找成功与否，loca = −1 表示该数在表中不存在，查找不成功；若查找成功，则 loca 被赋值为该元素在表中的坐标。查找时，输入待查找的数赋给变量 num，并将查找区域的下界 bott 置为 0，上界 top 置为 N − 1，即第一个元素和最后一个元素。若查找的数小于下界单元的数据或大于上界单元的数据，将 loca 设置为 −1，表示查不到。否则，进入内循环进行折半查找，取中间单元 mid = (bott + top) / 2，若 num = a[mid]，查找成功，显示该数在数组中的位置。若 num < a[mid]，则到数组前半部分继续查找，这时下界不变，上界改为 mid − 1；若 num > a[mid]，则到数组的后半部分查找，这时上界不变，下界改为 mid + 1。最后，继续上述查找过程，直至找到该数或下界坐标大于上界坐标时，查找结束，最后显示查找结果。

采用折半查找法检索数据，检索源必须事先经过排序。折半检索的方法是：把数据区先进行二等分，如果中点的数据正好是被检索的数据，则查找结束。若被检索的数据大于中点数据，即被检索的数据只可能位于检索区的后半部分，对后半部分检索区再进行折半检索。若被检索的数据小于中点的数据，即被检索的数据只可能位于数据区的前半部分，则对前半部分数据区再进行折半检索。重复以上的过程，直至找到或者检索失败为止。由于每次检索范围缩小一半，因此检索速度大大提高。数据越多，折半查找的速度越快。

6.4　字符数组

字符数组是指每个元素存放一个字符型数据的数组。该数组元素的数据类型为字符型。字符数组的定义形式和元素引用方法与一般数组相同，例如，

```
char line[80];
```

这是定义了一个长度为 80 的一维字符数组。

```
char m[2][3];
```

这是定义了一个 2 行 3 列的二维字符数组。

如下所示的字符数组：

| T | h | i | s | | i | s | | a | | b | o | o | k | . |

表示一个长度为 15 的一维数组，其元素下标从 0 开始到 14，共有 15 个元素，每个数组元素存放：

a[0]='T',a[1]='h',a[2]='i',a[3]='s',a[4]=' ',a[5]='i',a[6]='s',a[7]=' ',
a[8]='a',a[9]=' ',a[10]='b',a[11]='o',a[12]='o',a[13]='k',a[14]='.';

初始化字符数组的方法有以下两种：

1）将字符逐个赋给数组中的每个元素，例如，

```
char c[5] = {'C', 'h', 'i', 'n', 'a'};
```

把 5 个字符分别赋给 c[0] ～ c[4] 这 5 个元素。

2）直接用字符串常量给数组赋初值，例如，

```
char c[6] = "China";
```

无论用哪种方法对字符数组进行初始化，若提供的字符个数大于数组长度，则系统会进行语法错误处理；如提供的字符个数小于数组长度，则只将这些字符赋给数组中前面的那些元素，其余元素自动设置为 0（即 '\0'）。例如，

```
char a[10] = {'C', 'h', 'i', 'n', 'a'};
```

上述数组的状态如下：

| C | h | i | n | a | \0 | \0 | \0 | \0 | \0 |

可以通过赋初值默认数组长度。例如，

```
char str[] = "China";
```

默认 str 数组的长度为 6，即 str[6]，系统自动在末尾加一个 '\0'。

也可以定义和初始化一个二维数组，例如，

```
char a[3][3] = {{'0', '1', '2' }, {'1', '2', '1'}, {'2', '3', '2'}};
```

对字符数组的处理可以通过引用字符数组中一个个的元素来实现，不过这时处理的对象是一个字符。

例 6-10　输出一个字符串。

```
#include <stdio.h>
int main()
{
    char str[5] = {'H', 'e', 'l', 'l','o'};
    int i;
    for(i = 0; i < 5; i++)
        printf("%c", str[i]);
    printf("\n");
    return 0;
}
```

运行结果为：

```
Hello
```

6.4.1　字符串和字符串结束标志

前面已经知道，**字符常量**是用单引号括起来的一个字符。在 C 语言中，把用双引号括起来的一串字符称为**字符串常量**，简称字符串。C 语言约定用 '\0' 作为字符串的结束标志，它占内存空间，但不计入串的长度。如果有一个字符串 " China"，则字符串的有效长度为 5，但实际上还有第 6 个字符为 '\0'，它不计入有效长度，也就是说，在遇到 '\0' 时，表示字符串结束，由它前面的字符组成字符串。

在程序中，常用 '\0' 来判断字符串是否结束，当然，所定义的字符数组长度应大于字符串的实际长度，这样才足以存放相应的字符串。应当说明的是，'\0' 代表 ASCII 码值为 0 的字符，这是一个不可显示的字符，表示一个"空字符"，即它什么也没有，只是一个供识别的标志。

于是，前面提到的给字符数组初始化的第 2 种方法，实际上是直接对字符数组元素赋值。对省略长度的字符数组初始化，也可写成：

```
char str[] = "China";
```

这时数组的长度不是 5，而是 6，因为字符串常量的最后由系统自动加一个 '\0'。这时，数组的元素为：

```
str[0] = 'C'  str[1] = 'h'  str[2] = 'i'  str[3] = 'n'  str[4] = 'a'  str[5] = '\0'
```

相当于：

```
char str[] = {'C', 'h', 'i', 'n', 'a', '\0'};
```

或　
```
char str[6] = {'C', 'h', 'i', 'n', 'a', '\0'};
```

需要说明的是，字符数组并不要求它的最后一个字符必须为 '\0'，甚至可以不包括 " \0"，但只要是字符串常量，它就会自动在末尾加一个 '\0'。因此，当用字符数组表示字符串时，为了便于测定字符串的长度，以及用字符串相关的函数在程序中做相应的处理，在字符数组中也需人为地加一个 '\0'。

6.4.2　字符数组的输入/输出

与整型数组等一样，字符数组不能用赋值语句整体赋值。例如，

```
char str[12];
str[12] = "the string";
```

上述代码是错误的。一般字符数组的输入，只能对数组元素逐个进行，字符数组的输出可以逐个进行，也可以一次性成串输出。

（1）逐个字符输入/输出　在逐个字符输入/输出中用标准输入/输出函数 scanf / printf 时，使用格式符"%c"，或使用 getchar() 和 putchar() 函数。例如，

```
for(i = 0; i < 10; i++)
    scanf("%c", &str[i]); /* 或 str[i] = getchar();*/
for(i = 0; i < 10; i++)
    printf("%c", str[i]); /* 或 putchar(str[i]);*/
```

（2）字符串整体输入/输出　与其他类型的数组不一样，字符数组的输入/输出能够逐个元素进行，也可以整体输入/输出。在用标准输入/输出函数 scanf / printf 时，使用格式符"%s"，这时函数中的输入/输出参数必须是数组名。例如，

输入形式：

```
char str[6];
scanf("%s", str);
```

其中，str 是一个已经定义的字符数组名，它代表 str 字符数组的首地址。输入时系统自动在每个字符串后加入结束符 '\0'，若同时输入多个字符串，则以空格或回车符分隔。例如，

```
char s1[6], s2[6], s3[6], s4[6];
scanf("%s%s%s%s", s1, s2, s3, s4);
```

输入数据：This is a book.

输入后，s1、s2、s3、s4 数据如下所示：

```
s1   This\0
s2   is\0
s3   a\0
s4   book.\0
```

注意：在字符串整串输入时，字符数组名不加地址符号 &，例如，

```
scanf("%s", &str);
```

这是错误的。

输出：

```
char str[] = "china";
printf("%s", str);
```

数组 str 在内存中的状态如下所示。

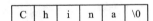

输出时，遇到结束符 '\0' 就停止输出，输出结果为"China"。

应当指出的是：

1）输出字符不包括结束符 '\0'。

2）用格式符"%s"时，输出项应是数组名，不是数组元素，以下写法是错误的：

```
printf("%s", str[0]);
```

3）如数组长度大于字符串实际长度，也只输出到 '\0' 结束。例如，

```
char str[10] = {"china"};
printf("%s", str)
```

输出结果也是"china"这 5 个字符。

4）如字符数组中包含一个以上的 '\0'，则遇到第一个 '\0' 时即结束输出。

5）还可以用字符串处理函数 gets 和 puts 实现字符串整串的输入 / 输出。

6.4.3　字符串函数

C 语言有一批字符串处理函数，它们包含在头文件 string.h 中。使用时，应用 #include <string.h> 进行文件包含（gets 和 puts 除外）。下面介绍常用的 8 个字符串函数。

1. 整行输入函数 gets()

其一般形式为：

gets（字符数组）

该函数用于从终端输入一个字符串到字符数组，并得到一个函数值，其函数值是字符数组的起始地址。这里的"字符数组"一般用字符数组名表示，例如，

```
gets(str);
```

执行上述语句时，gets 函数从键盘读入一串字符，直至遇到换行符 '\n' 为止。注意：换行符不是字符串的内容。字符串输入后，系统自动用 '\0' 置于串的尾部，以代替换行符。若输入字符串的长度超过字符数组定义的长度，系统显示出错信息。

2. 整行输出函数 puts()

其一般形式为：

puts（字符数组）

该函数用于将字符串的内容显示在终端的屏幕上。这里的"字符数组"是一个已存放有字符串的字符数组名。在输出时，遇到第一个字符串结束符 '\0'，则停止输出并自动换行。例如，

```
char str[] = "string";
puts(str);
```

则输出：

```
string
```

用 puts 函数输出的字符串中可以包含转义字符，用以实现某些格式控制。例如，

```
char str[] = "Zhe jiang\nHang zhou";
puts(str);
```

输出：

```
Zhe jiang
Hang zhou
```

在输出结束时，将字符串结束标志 '\0' 转换成 '\n'，即输出字符串后自动换行。

3. 字符串长度函数 strlen()

其一般形式为：

strlen（字符数组）

该函数用于测试字符串的长度，即计算从字符串开始到结束标志 '\0' 之间的 ASCII 码字符的个数，此长度不包括最后的结束标志 '\0'。这里的"字符数组"可以是字符数组名，也可以是一个字符串。例如，

```
strlen("string"); /* 直接测试字符串常量的长度 */
```

该字符串的长度是 6 而不是 7。

又如，

```
char str[10] = "string";
printf("%d", strlen(str));
```

输出结果不是 10，也不是 7，而是 6。

4. 字符串连接函数 strcat()

其一般形式为：

strcat（字符数组 1，字符数组 2）

该函数用于连接两个字符数组中的字符串。也就是说，将字符数组 2 的字符串接到字符数组 1 的后面，自动删去字符数组 1 中字符串后面的结束标志 '\0'，并将结果放在字符数组 1 中。该函数的函数值是字符数组 1 的地址。例如，

```
char str1[15] = {"I am "};
char str2[] = {"student"};
printf("%s", strcat(str1, str2));
```

输出：

```
I am student
```

连接前后的状况如下：

```
str1   I am \0 \0 \0 \0 \0 \0 \0 \0 \0 \0
str2   student\0
str1   I am student\0 \0 \0
```

注意：字符数组 1 的长度应足够大，以能够容纳字符数组 2 中的字符串。若字符数组 1 的长度不够大，连接会产生错误。

5. 字符串复制函数 strcpy()

其一般形式为：

strcpy（字符数组 1，字符数组 2）

该函数用于将字符数组 2 中的字符串复制到字符数组 1 中，函数值是字符数组 1 的首地址。例如，

```
strcpy(str1, "China");
```

将一个字符串 "China" 复制到 str1 中去。注意：不能直接用赋值语句对一个数组整体赋值，下面语句是非法的：

```
str1 = "China";
```

如果想把 "China" 这 5 个字符放到字符数组 str1 中，可以逐个对字符赋值。例如，

```
str[0] = 'C'; str[1] = 'h'; str[2] = 'i'; str[3] = 'n'; str[4] = 'a'; str[5] = '\0';
```

当字符数组元素很多时，这显然不方便，此时可以用 strcpy 函数给一个字符数组赋值。

说明：

1）在向 str1 数组复制（或认为是"赋值"）时，字符串结束标志 "\0" 也一起被复制到 str1 中。假设 str1 中原有字符"computer&c"，如图 6-2a 所示，在执行"strcpy(str1, "China");"语句后，str1 数组中的情况如图 6-2b 所示，可以看到，str1 中的前 6 个字符被取代了，后面 5 个字符保持原状。此时 str1 中有两个 '\0'，如果用"printf("%s", str1);"输出 str1，则只能输出"China"，后面的内容不输出。

2）可以将一个字符数组中的一个字符串复制

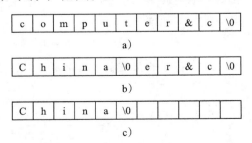

图 6-2 字符串复制函数示例

到另一个字符数组中去，如定义两个字符数 str1，str2，则可执行：

```
strcpy(str1, str2);
```

设 str2 的内容如图 6-2b 所示，str1 原来全是空格，在执行了 strcpy 函数后，str1 的内容如图 6-2c 所示。注意：不能用以下语句来实现赋值（将 str2 的值传给 str1）：

```
str1 = str2;
```

6. 字符串比较函数 strcmp()

其一般形式为：

strcmp（字符串 1，字符串 2）

该函数用于比较两个字符串。

- 如果字符串 1= 字符串 2，则函数值为 0。
- 如果字符串 1> 字符串 2，则函数值为一正数。
- 如果字符串 1< 字符串 2，则函数值为一负数。

字符串比较规则是：对两个字符串自左向右逐个字符进行比较（按 ASCII 码值大小比较），直至出现不同字符或遇到 '\0' 为止。若全部字符相同，则认为相等；若出现不同的字符，则以第一个不同的字符的比较结果为准。对于汉字，按其内码进行比较。比较的结果由函数值返回。

例 6-11　输入 5 个字符串，将其中最大的打印出来。

```c
#include <stdio.h>
#include <string.h>
int main()
{
    char str[10], temp[10];
    int i;
    gets(temp);
    for(i = 0; i < 4; i++)
    {
        gets(str);
        if(strcmp(temp, str) < 0)
            strcpy(temp, str);
    }
    printf("the most string is: %s\n", temp);
    return 0;
}
```

运行结果为：

```
China
U.S.A
Canada
Korea
Japan
the most string is: U.S.A
```

程序中的 temp 是一个临时工作数组，用于存放每次比较后较大的那个字符串。第一次先将第一个字符串输入 temp 数组，然后再先后输入 4 个字符串给 str 数组，每次使 temp 与 str 比较，temp 当中始终存储的是当前最大的字符串。

7. 字符串中的大写字母转换成小写字母函数 strlwr()

strlwr() 函数用于将字符串中的大写字母转换成小写字母。lwr 是 lowercase（小写）的缩写。

8. 字符串中的小写字母转换成大写字母函数 strupr()

strupr() 函数用于将字符串中的小写字母转换成大写字母。upr 是 uppercase（大写）的缩写。

至此，常用字符串处理函数已全部介绍完毕。应当再次强调的是，库函数并非 C 语言本身的组成部分，而是人们为使用方便编写的，提供给用户使用的公共函数。每个系统提供的函数数量和函数名、函数功能都不尽相同，使用时应谨慎，必要时查一下库函数手册。当然，对于一些基本函数（包括函数名和函数功能），不同系统所提供的都是相同的，这就为程序的通用性提供了便利。

6.4.4　二维的字符数组

一个字符串可以放在一个一维数组中，若有多个字符串，可以用一个二维数组来存放它们。可以认为二维数组由若干个一维数组组成，因此一个 m×n 的二维字符数组可以存放 m 个字符串，每个字符串最大长度为 n−1（因为还要保留一个位置以存放 '\0'）。

例如，

```
char str[3][6] = {"China", "Japan", "Korea"};
```

上述代码定义了一个二维字符型数组 str，内容如下所示：

可以引用其中某一行某一列的元素，例如，str[1][2] 是字符 p，可以将它单独输出，也可以输出某一行的所有元素，即某一个字符串。例如，想输出 "Japan"，可用下面的 printf 函数语句：

C	h	i	n	a	\0
J	a	p	a	n	\0
K	o	r	e	a	\0

```
printf("%s", str[1]);
```

例 6-12　一个公司有若干名职工。编写一个程序，实现如下功能：输入一个职工姓名，要求查询该职工是否属于该公司，并输出相应的信息。

程序如下：

```
#include <stdio.h>
#include <string.h>
#define MAX 5
#define LEN 10
int main()
{
    int i, flag = 0;
    char name[LEN];
    char list[MAX][LEN] = {"zhang", "wang", "li", "tan", "ling"};
    printf("Enter your name:");
    gets(name);
    for(i = 0; i < MAX; i++)
        if(strcmp(list[i], name) == 0)   flag = 1;
    if (flag == 1)
        printf("%s is in our company.\n", name);
    else
        printf("%s is not in our company.\n", name);
    return 0;
}
```

三次运行情况如下：

```
1）Enter your name : wang
   wang is in our company.
2）Enter your name : li
   li is in our company.
```

```
3) Enter your name : TAN
    TAN is not in our company.
```

由于大小写字母与 list 数组中的不同，因此认为 TAN 不是本公司成员。

该程序将全公司职工姓名（假设 5 名）存放在二维字符数组 list 中。读入一个字符串，将其放到一维字符数组 name 中，将 name 与 list 中各行的字符串相比较，如果 name 与公司中已有职工的名字之一相同，就令 flag 等于 1。flag 是标志变量，如其值始终为 0，则表示 name 不与已有名单中的任一名字相同；如其值等于 1，则表示 name 在已有名单中。

6.4.5　字符数组应用示例

例 6-13　编写一个程序，将两个字符串连接起来，不要用 strcat 函数。

程序如下：

```
/* 连接两个字符串 (不用 strcat) */
#include <stdio.h>
int main()
{
    char s1[80], s2[40];
    int i = 0, j = 0;
    printf(" 请输入字符串 1: ");
    scanf("%s", s1);
    printf(" 请输入字符串 2: ");
    scanf("%s", s2);
    while(s1[i] != '\0')
        i++;
    while(s2[j] != '\0')
        s1[i++] = s2[j++];
    s1[i] = '\0';
    printf(" 连接后的字符串为: %s\n", s1);
    return 0;
}
```

运行结果为：

```
请输入字符串 1: country
请输入字符串 2: side
连接后的字符串为: countryside
```

该程序先输入两个字符串 s1 和 s2，然后通过循环，移动字符数组 s1 的元素下标到字符串的末尾，再通过第 2 个循环将字符数组 s2 各元素的字符赋到 s1 数组的后面，直到 s2 数组赋完为止，最终实现两个字符串的连接。

例 6-14　编一个程序，比较两个字符串 s1 和 s2，如果 s1 > s2，输出一个正数；如果 s1 = s2，输出 0；如果 s1 < s2，输出一个负数。要求不用 strcmp 函数。两个字符串用 gets 函数读入。

程序如下：

```
#include <stdio.h>
int main()
{
    int i, resu;
    char s1[100], s2[100];
    printf(" 请输入字符串 1: ");
    gets(s1);
    printf(" 请输入字符串 2: ");
```

```
    gets(s2);
    i = 0;
    while (s1[i] == s2[i] && s1[i] != '\0')
        i++;
    if(s1[i] == '\0' && s2[i] == '\0')
        resu = 0;
    else
        resu = s1[i] - s2[i];
    printf("%s 与 %s 比较结果是 %d.\n", s1, s2, resu);
    return 0;
}
```

运行结果为：

请输入字符串 1：aid
请输入字符串 2：and
aid 与 and 比较结果是 -5.

上述程序先用 gets 函数输入两个字符串 s1、s2，然后通过 while 循环对 s1、s2 字符数组元素逐个进行比较，并用变量 resu 存放比较结果。如两字符串相等，resu = 0；如两字符串不等，则 resu = s1[i] − s2[i]，即输出两不等字符的 ASCII 码的差值，如 s1[i] > s2[i]，该值为正，否则该值为负。

例 6-15　输出一个菱形图案（要求用二维数组实现）。

程序如下：

```
#include <stdio.h>
int main()
{
    char diamond[][5]={  {' ', ' ' , '*'}, {' ', '*', ' ', '*'}, {'*', ' ' , ' '
                    , ' ' , '*'}, {' ', '*', ' ', '*'}, {' ', ' ' , '*'}};
    int i, j;
    for(i = 0; i < 5; i++)
    {
        for(j = 0; j < 5; j++)
            printf("%c", diamond[i][j]);
        printf("\n");
    }
    return 0;
}
```

运行结果为：

用二维数组打印一个图案，实际上是通过对一个二维字符数组初始化来实现的，由于二维字符数组与图案位置一一对应，在初始化后用一个双重循环即可输出，这是一个几乎没用什么算法的笨办法，也体现了二维数组处理图案的强大功能。在处理图形问题时，不论是用一般的简单变量，还是用一维数组、二维数组来实现，都用双重循环来解决——外循环控制行，输出若干行；内循环控制列，输出一行中的各列。

例 6-16　译电文。有一行电文，已按下面规律译成密码：

A → Z　　a → z

B → Y　　　b → y
C → X　　　c → x
…　　　　　…

即第 1 个字母变成第 26 个字母，第 i 个字母变成第（26 − i + 1）个字母，非字母字符不变。要求编写程序将密码译回原文，并输出密文和原文。

分析：如果字符 ch[i] 是大写字母，则它是 26 个字母中的第（ch[i] − 64）个大写字母，例如字母 B 的 ASCII 码为 66，它应是 26 个字母中的第（66 − 64）=2 个大写字母。按照密码规定，应将其转换为第（26 − i + 1）个大写字母，而 26 − i + 1 = 26 −（ch[i] − 64）+ 1 = 26 + 64 − ch[i] + 1，它的 ASCII 码为 26 + 64 − ch[i] + 1 + 64。小写字母的情况与此类似，读者可自行推导。

程序如下：

```
#include<stdio.h>
int main()
{
    int i, n;
    char ch[80];
    printf("请输入字符: ");
    gets(ch);
    printf("密码是: %s\n", ch);
    i = 0;
    while(ch[i] != '\0')
    {
        if(ch[i] >= 'A' && ch[i] <= 'Z')
            ch[i] = 26 + 64 - ch[i] + 1 + 64;
        else if(ch[i] >= 'a' && ch[i] <= 'z')
            ch[i] = 26 + 96 - ch[i] + 1 + 96;
        else
            ch[i] = ch[i];
        i++;
    }
    n = i;
    printf("原文是: ");
    for(i = 0; i < n; i++)
        putchar(ch[i]);
    printf("\n");
    return 0;
}
```

运行结果为：

```
请输入字符: asdfZXCV
密码是: asdfZXCV
原文是: zhwuACXE
```

例 6-17 输入一行字符，统计其中有多少个单词，单词之间用空格分隔开。

程序如下：

```
#include <stdio.h>
int main()
{
char string[81];
int i, num = 0, word = 0;
  char c;
  gets(string);
  for(i = 0; (c = string[i]) != '\0'; i++)
      if(c == ' ') word = 0;
```

```
        else if(word == 0)
        {
            word = 1;
            num++;
        }
    printf("There are %d words in the line.\n", num);
    return 0;
}
```

运行结果为：

```
I am a boy.
There are 4 words in the line.
```

在上述程序中，变量 i 作为循环变量；num 用于统计单词个数；word 作为判别当前是否开始了一个新单词的标志。若 word = 0，表示未出现新单词；若 word = 1，表示出现新单词。

分析：判断是否出现新单词，可以由是否有空格出现来决定（对于连续的若干空格，程序会自动进行处理，将其与只有一个空格的情况等同处理）。如果测出某一个字符为非空格，而它前面的字符是空格，则表示新的单词开始了，此时使 num（单词数）加 1。如果当前字符为非空格而其前面的字符也是非空格，则意味着仍然是原来那个单词的继续，num 不应再累加 1。前面一个字符是否为空格可以从 word 的值看出来，若 word = 0，则表示前一个字符是空格；若 word = 1，则表示前一个字符为非空格。

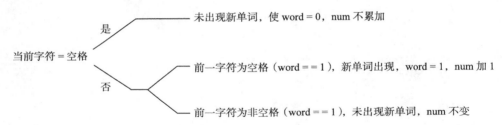

如输入 "I am a boy."，则每个字符的有关参数见表 6-3。

表 6-3　统计单词个数参数变化

当前字符		I		a	m		a		b	o	y	.
是否空格	是	否	是	否	否	是	否	是	否	否	否	否
word 原值	0	0	1	0	1	1	0	1	0	1	1	1
开始新单词?	未	是	未	是	未	未	是	未	是	未	未	未
word 新值	0	1	0	1	1	0	1	0	1	1	1	1
num 值	0	1	1	2	2	2	3	3	4	4	4	4

程序中 for 语句的循环条件为：

```
(c = string[i] ) != '\0')
```

其作用是先将字符数组的某一元素（一个字符）赋给字符变量 c，此时赋值表达式的值就是该字符，然后再判定它是否是字符串结束标志 '\0'。这个循环条件包含了一个赋值操作和一个关系运算。可以看到，for 循环可以使程序简练。

例 6-18　shell 排序。

下面给出 shell 排序函数，对整数数组排序。其基本思想是：早期对相隔较远的元素进行比较，这样做可以很快消除大量不按顺序排列的情况，从而使后阶段要做的工作减少。若被比较元素之间的区间逐次减少直到为 1，则进入最后阶段，相邻元素互相比较并排序。在下面的程序中，相比较元素之间的间距从数组长度的 1/2 开始，然后逐次减半，当减少到 0 时，排序操作全部结束。

程序如下：

```
/*shell 排序函数 */
#include <stdio.h>
int main()
{
    int v[] = {3, 78, 45, 94, 74, 100, 91}, n = 7;
    int gap, i, j, temp;
    for(gap = n / 2; gap > 0; gap /= 2)
        for(i = gap; i < n; i++)
            for(j = i - gap; j >= 0 && v[j] > v[j+gap]; j -= gap)
            {                              /* 交换排序 */
                temp = v[j];
                v[j] = v[j+gap];
                v[j+gap] = temp;
            }
    for(i = 0; i < 7; i++)
        printf("%4d", v[i]);
    printf("\n");
    return 0;
}
```

程序中有 3 个嵌套的循环。最外层循环控制比较元素之间的距离 gap，每次除以 2 以后，从 n/2 开始一直缩小到 0，中间一层循环比较相互距离为 gap 的每对元素，最内层循环把未排好序的排好序。由于 gap 最终要减为 0，因此所有元素最终都能正确排好顺序。

例 6-19　编写一个程序，将一个子字符串 s2 插入主字符串 s1 中，其起始插入位置为 n。

分析：用一个中间字符数组 s3 存放插入后的结果。先将 s1[0] ～ s1[n−1] 复制到 s3 中，再将 s2 复制到 s3 中，最后将 s1[n] 到末尾的字符复制到 s3 中。

程序如下：

```
#include <stdio.h>
#define N 100
int main()
{
    int n, i, j, k;
    char s1[N], s2[N], s3[2*N];
    puts(" 主串: ");
    gets(s1);
    puts(" 子串: ");
    gets(s2);
    puts(" 起始位置: ");
    scanf("%d", &n);
    for(i = 0; i < n; i++)
        s3[i] = s1[i];
    for(j = 0; s2[j] != '\0'; j++)
        s3[i+j] = s2[j];
    for(k = n; s1[k] != '\0'; k++)
        s3[j+k] = s1[k];
    s3[j+k] = '\0';
    puts(" 插入后字符串: ");
    puts(s3);
    return 0;
}
```

习题

6.1 输入 1 个字符串，输出其中所出现过的大写英文字母。如运行时输入字符串 " FONTNAME and FILENAME"，应输出 "FONTAMEIL"。

6.2 求一个 3*3 的整型矩阵对角线元素之和。

6.3 有一个已排好序的数组，要求输入一个数后，按原来排序的规律将其插入数组中。

6.4 有一数组，内放 10 个整数。编写程序，找出其中最小的数及其下标，然后将其与数组中最前面的元素对换。

6.5 将一个数组中的元素按逆序重新存放。例如，原来顺序为 "8，6，5，4，1"，要求改为 "1，4，5，6，8"。

6.6 编写一个程序，将用户输入的十进制整数转换成任意进制的数。

6.7 有一个 4 行 4 列的整型二维数组组成的矩阵（其元素可以自己先定义或从键盘输入），现要求：

1）找出其中的最大数和最小数，并打印其所在的行号和列号。

2）求对角线元素之和。

3）求每行之和与每列之和。

4）求此矩阵的转置矩阵。

5）求此矩阵最外围所有数的和。

6.8 有一篇文章，共有 4 行文字，每行有 80 个字符。要求分别统计出其中英文大写字母、小写字母、数字、空格以及其他字符的个数。

6.9 有 3 行文字，找出其中共有多少个空格、多少个单词。规定单词之间以一个或多个空格相隔。如果一个单词正好在行末结束，则下一行开头应有空格（句号或逗号后面亦应有空格）。

6.10 编制打印下列杨辉三角形的程序（打印 10 行）。

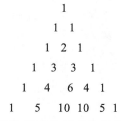

6.11 找出一个整数矩阵中的鞍点。数组中鞍点位置上的定义是这样的，其值在其行上最大，而在其列上最小。注意：矩阵中可能没有鞍点。

6.12 设数组 a[ ] 的定义为 int a[n]；其中，a[ ] 的元素只存储 0～9 的数。把 a[ ] 看作一个 n 位长整数的一种表示，a[i] 表示长整数从高位到低位的第 i 位。对 a[ ] 的成分重新排列就会得到另一个长整数。现要求编写一个程序，使它产生这样两个长整数：一个长整数是比原来所表示整数要大的所有整数中的最小者（如果存在）；另一个长整数是比原来所表示整数要小的所有整数中的最大者（如果存在）。

例如，设 "a[ ] =（3 2 6 5 3 1）;"，则大中最小的为 331256；

又设 "a[ ] =（3 4 1 3 5 6）;"，则小中最大的为 3365421。

6.13 试用 C 程序实现将数组 a[ ] 的前 n 个元素与后 m 个元素交换位置的操作。例如，

交换前 a[ ] = {1，2，3，4，5，6，7，8，9，0}，并设 n = 8，m = 2，则

交换后 a[ ] = {9，0，1，2，3，4，5，6，7，8}。要求不使用其他工作数组。

6.14　设原来将 n 个数 1，2，…，n 按某个顺序存于数组 a[ ] 中，经以下 C 程序执行后，使 a[i] 的值
　　　变为在 a[0] ～ a[i−1] 中小于原 a[i] 值的个数。

```
for(i = n-1; i >= 0; i--)
{
    for(c = 0, j = 0; j < i; j++)
        if (a[j] < a[i]) c++;
    a[i] = c;
}
```

　　　现要求编写一段程序，使经上述代码执行后的 a[ ] 恢复成原来的 a[ ]。

　　　例如，设 n = 5，a[ ] = (5，3，2，4，1)，经上述代码执行后，a[ ] 变为 (0，0，0，2，0)。再
　　　执行你所编写的程序后，使 a[ ] 恢复为 (5，3，2，4，1)。

6.15　输入两个字符行，从中找出在两字符行中都出现过的最长的英文单词。约定英文单词全由英文
　　　字母组成，其他字符被视作单字之间的分隔符。

6.16　编写一个程序，将字符数组 s2 中的全部字符复制到字符数组 s1 中（要求不用 strcpy 函数）。复
　　　制时，'\0' 也要复制过去，'\0' 后面的字符不复制。

6.17　有 3 个字符串，请编写程序，找出其中最大者。

6.18　请编写程序，实现的功能是：输入 10 个国名，按字母顺序输出。

第7章 函 数

在学习 C 语言函数之前，读者首先需要了解什么是模块化程序设计的方法。

人们在求解一个复杂问题时，通常采用的是逐步分解、分而治之的方法，也就是把一个大问题分解成若干个比较容易求解的小问题，然后分别求解。程序员在设计一个复杂的应用程序时，往往也是把整个程序划分为若干功能较为单一的程序模块，然后分别予以实现，最后再把所有程序模块像搭积木一样装配起来，这种在程序设计中分而治之的策略，被称为**模块化程序设计方法**。在 C 语言中，函数是程序的基本组成单位，因此可以很方便地用函数作为程序模块来实现 C 语言程序。利用函数，不仅可以实现程序的模块化，使程序设计变得简单和直观，提高程序的易读性和可维护性，还可以把程序中经常用到的一些计算或操作编成通用的函数，进而构建函数库，以供随时调用，这样可以大大地减少编写代码的工作量。

一个 C 程序可由一个主函数和其他若干个函数组成，各个函数在程序中形成既相对独立又互相联系的模块。主函数可调用其他函数，其他函数之间也可以互相调用，同一函数可以被一个或多个函数调用任意多次。

先来看一个函数调用的简单示例。

例 7-1 无参数调用。

```c
#include <stdio.h>
void three()
{
    printf("Now I'm in two_three.\n");
}
void two()
{
    printf("Now I'm in main_two.\n");
    three();
}
void main()
{
    printf("I'm in main.\n");
    two();
}
```

运行结果为：

```
I'm in main.
Now I'm in main_two.
Now I'm in two_three.
```

这种调用很简单，只需把被调用函数的函数名直接写出来，用函数语句调用，两次调用的过程是这样的：

第 1 次：main 函数调用 two 函数。

第 2 次：two 函数调用 three 函数。

two 函数是嵌套调用，嵌套形式的函数调用与函数的编写顺序无关。

说明：

1）一个源程序文件由一个或多个函数组成。一个源程序文件是一个编译单位，而不是以函数为单位进行编译的。

2）不管 main 函数放在程序的什么位置，C 程序的执行总是从 main 函数开始，调用其他函数后返回到 main 函数，在 main 函数结束整个程序的运行。main 函数是系统规定的，任何一个 C 语言程序中有且必须有一个 main 函数。

3）所有函数都是平行的，在定义时互相独立，一个函数不属于另一个函数。函数不可以嵌套定义，但可以相互调用，还可以嵌套调用和递归调用。但其他函数不能调用 main() 函数。

从用户使用的角度来看，C 语言的函数可以分为如下两类：

（1）库函数　这是由系统提供的，用户不必自己定义而可以直接使用的函数。如前面学过的 printf、scanf 就是这种类型。每个系统提供的库函数的数量和功能是不同的。但一些基本函数是相同的。系统提供了很多库函数，分为数学函数、输入 / 输出函数、字符函数、字符串函数、动态存储管理函数、时间函数和其他函数，还包括一些专用库函数。

（2）用户自己定义的函数　这些函数是程序中实现某些功能的模块，由用户定义函数名和函数体，以满足用户的专门需要。

从函数在调用时有无参数传递的角度来看，C 语言的函数可以分为如下两类：

（1）无参函数　如例 7-1 中的 two 和 three 就是无参函数。在调用无参函数时，主调函数不传数据给被调函数，一般用来执行指定的一组操作。无参函数可以返回或不返回函数值。

（2）有参函教　在函数调用时，主调函数将数据以参数的形式传递给被调函数，这种传递是以值的方式单向进行的。

7.1　函数的定义

1. 无参函数

无参函数的定义格式为：

< 类型标识符 > < 函数标识符 >()

{

　　数据描述

　　数据处理

}

无参函数的类型标识符指定函数返回值的类型。例如，

```
int PrintMenu()
{
    printf(" 请选择以下功能 \n");
    printf("1 插入 \n");
    printf("2 删除 \n");
    return 0;
}
```

2. 有参函数

有参函数的定义格式为：

< 类型标识符 > < 函数标识符 > (< 带类型说明符的形式参数表 >)
{
    数据描述
    数据处理
}
例如,

```
int max(int a, int b)
{
    int c;                      /* 函数体内的声明部分 */
    c = a > b ? a : b;
    return(c);
}
```

3. 空函数
C 语言规定可以有 "空函数", 其定义格式为:
< 类型标识符 > < 函数标识符 >()
{}
例如,

```
input() {}
```

调用此函数时, 什么工作也不做。在主调函数中写 " input();", 表明 "这里要调用一个函数", 而现在这个函数不起作用, 待以后扩充函数功能时再补充。这在程序调试时是很有用处的。

上面 3 种函数定义形式, 通常都包括四部分内容, 即函数标识符、类型标识符、函数参数和函数体, 各部分需要说明的地方如下:

1) 函数标识符。函数标识符也就是函数名, 其与变量名类似, 只要满足 C 语言的标识符命名规范即可。通常函数名的命名应该有一定的含义, 以提高程序的可读性。

2) 类型标识符。这里类型标识符用于指定函数返回值的类型, 可以是任何 C 语言给定或定义的有效数据类型, 比如 int、float、double 等, 也可以是用 struct 自定义的新数据类型 (见第 10 章)。如果省略类型标识符, 系统默认函数的返回值为整型。若函数只完成特定操作而不需返回函数值, 则可用类型名 void。类型标识符通常需要与 return 后面的表达式的类型一致, 如 max 函数定义中的最后一条 return 语句中的 c 与定义时所指定的类型标识符一致, 都是 int 类型。

3) 函数参数。函数定义的时候可以有参数也可以没有参数, 但是无论有无参数, 一对小括号都不能省略。在函数定义的地方出现的参数, 我们称之为形式参数, 简称形参。形参定义在函数名后面的括号中, 一个函数可以有 0 个,1 个,2 个,…, 甚至个数不定的参数列表。每个参数定义时, 都需要通过类型说明符进行说明, 多个参数之间用逗号隔开, 特别需要注意的是, 即使两个相邻的参数有相同的数据类型, 第二个参数前的类型说明符也不能省略。如上例中改成如下形式, 则是错误的。

```
int max(int a, b)
{
    int c;                  /* 函数体内的声明部分 */
    c = a > b ? a : b;
    return(c);
}
```

4）函数体。两个花括号"{"和"}"之间是函数体，它由数据描述和数据处理两部分组成，其含义与 main 函数中的两部分功能相同。数据描述部分包括多种标识符的定义和声明；数据处理部分通常是通过 C 语言的一些表达式和函数调用对数据进行处理，如 max 函数定义中的函数体。

7.2　函数的一般调用

上一节主要介绍了函数定义的一些基本概念，本节将详细介绍函数的一般调用过程。一个函数定义后，只有被其他函数使用才有意义。一个函数使用其他函数主要是通过函数调用来实现的。

7.2.1　函数调用的形式

函数调用的一般形式为：

函数标识符（实参表）；

该语句可实现一个函数对另一个函数的调用，调用者称为主调函数，被调用者称为被调函数。在主调函数中使用"函数标识符（实参表）；"语句，即可调用"函数标识符"标识的被调函数，在调用过程中还可以实现从主调函数的实参到被调函数的形参之间的参数传递。

函数的返回语句是 return，它写在被调函数中，表示一个被调函数执行的结束，并返回主调函数。C 语言允许在被调函数中有多个 return 语句，但总是在执行到某个 return 语句时返回主调函数。若被调函数中没有 return 语句，则在整个被调函数执行结束，即遇到其函数体的右"}"后返回主调函数。

7.2.2　形式参数和实际参数

调用函数时，主调函数和被调函数之间往往有数据传递关系，这主要是通过形式参数和实际参数来完成。如前所述，**形式参数**是指函数定义时出现在圆括号内的变量列表，简称形参，把它作为被调函数使用时，用于接收主调函数传递来的数据。**实际参数**是指在调用函数时，主调函数的函数调用语句的函数名后面圆括号中的表达式，简称实参。主调函数通过实参将值传递给被调函数的形参。

例 7-2　形参与实参示例。

```
#include <stdio.h>
int max(int a, int b)
{
    int c;
    c = a > b ? a : b;
    return(c);
}
int main()
{
    int x, y, z;
    scanf("%d,%d", &x, &y);
    z = max(x, y);
    printf("Max is %d.\n", z);
    return 0;
}
```

运行结果为：

```
5, 6
Max is 6.
```

　　程序中 max 是一个被调函数，主调函数 main 的第 3 行是一个函数调用语句，表示调用 max 函数，此处函数名 max 后面圆括号内的 x 和 y 是实参。x 和 y 是主调函数 main 函数中定义的变量，a 和 b 是被调函数 max 中的形参变量，通过函数调用，使这两个函数的数据发生联系。

　　主调函数在执行调用语句"z = max(x, y);"时，将实参变量 x 和 y 的值按顺序对应传递给被调函数 max(a, b) 的形参 a、b，即 x 传给 a，y 传给 b。在执行被调函数 max 后，其返回值 c 作为函数的返回值返回给主调函数，进而作为 max(x, y) 的值赋给变量 z。

　　例 7-3　在屏幕上显示一些整数的最大公因子。

　　程序如下：

```
#include <stdio.h>
int gcd(int u, int v)
{
    int tmp;
    while(v != 0)
    {
        tmp = u % v;
        u = v;
        v = tmp;
    }
    return(u);
}
int main()
{
    int x, y, z;
    x = 145;
    y = 25;
    z = gcd(x, y);                          /* 第一次调用函数 gcd()*/
    printf("The GCD of %d and %d is %d.\n", x, y, z);
    x = 16;
    y = 24;
    printf("The GCD of %d and %d is %d.\n", x, y, gcd(x, y));
    z = gcd(x, x + y);                      /* 第三次调用函数 gcd()*/
    printf("The GCD of %d and %d is %d.\n", x, x + y, z);
    return 0;
}
```

　　在上述程序中，求两个整数的最大公因子函数 gcd() 有两个形式参数 u 和 v，这两个参数用来接收主调函数传递来的变量或表达式的值。该程序主函数共 3 次调用 gcd() 函数：第一次调用 gcd() 时，用形式参数 u、v 接收变量 x、y 的值；第二次调用出现在 printf 语句中；第三次调用 gcd() 时，用表达式 x+y 作为实参之一。

　　关于形参和实参的说明如下：

　　1）在未出现函数调用时，函数定义中指定的形参变量并不占用内存中的存储单元。只有在发生函数调用时，才为被调函数的形参分配存储单元。调用结束后，形参所占的存储单元被自动释放。

　　2）函数一旦被定义，就可多次调用，C 语言允许调用函数时形式参数和实际参数类型不一致，谨慎使用这类规定可以提高编程的技巧性，但如果由于不小心造成调用类型不一致，可能会出现意想不到的结果。函数声明的使用有助于捕捉这类错误信息。

　　3）实参可以是常量、变量或表达式，如"gcd(x, x + y);"，但要求它们有确定的值。在调用时，将实参的值赋给形参变量。

整个调用过程分三步实现：

第一步，计算实参表达式的值。

第二步，按对应关系顺序传递给形参变量。

第三步，形参变量参与被调函数执行，将函数的返回值传递给主调函数。

4）在定义函数时，必须指定形参的类型。在调用函数时，实参前面一定不能有类型说明符。

5）特别要强调的是：C 语言规定，实参对形参变量的数据传递是"值传递"，即单向传递，只由实参传给形参，而不能由形参传回来给实参。其实质是：在内存中，实参单元与形参单元是不同的单元。同时，形参和实参的类型和个数需要一一对应。

在调用函数时，给形参分配存储单元，并将实参对应的值传递给形参；调用结束后，形参所占的存储单元被释放，实参所占的存储单元仍保留并维持原值。

因此，在执行被调函数时，形参的值如发生变化，并不改变主调函数实参的值，即不能从形参向实参进行反向传递。

6）在 C 语言中，可以声明一个形参的数量和类型可变的函数，如常用到的库函数 printf() 就是一个例子。为了"告诉"编译器传送到函数的参数个数和类型待定，必须用 3 个点号来结束形式参数定义。

例 7-4　定义形式参数个数可变函数，计算一个通用多项式的值。当 x = 3 时，计算下列两个多项式的值：

$$y = x^4 + 2x^3 + 3x^2 + 4x + 5$$
$$y = 1.5x^2 + 2.5x + 3.5$$

程序如下：

```
#include <stdio.h>
#include <stdlib.h>
/* 函数 f()-- 计算并返回一个通用多项式的值 */
double f(double x, int n, double a1, ...)
{
    double s, *p;
    for(p = &a1, s = *p++; n > 0; --n)
    {
        s = s * x + *p;
        ++p;
    }
    return(s);
}
int main()
{
    double y;
    y = f(3.0, 4, 1.0, 2.0, 3.0, 4.0, 5.0);      /* 用 7 个参数调用函数 */
    printf("%.2f\n", y);
    y=f(3.0, 2, 1.5, 2.5, 3.5);                  /* 用 5 个参数调用函数 */
    printf("%.2f\n", y);
    exit(0);
}
```

在上述程序中，函数 f() 的形参有 3 个是确定的，其余参数调用时待定。用 3 个点号（...）来结束形参定义，表示后面的参数待定。在声明一个形参可变数量和类型的函数时，必须至少有一个形式参数是定义好的。上述程序中用到了停止函数 exit()，现说明如下：

1）exit 是标准库中的一个函数。其作用是立即停止当前程序，并退回到操作系统状态。

它也常常作为一个特殊的表达式语句，控制程序停止执行。

2）使用 exit() 函数，应在程序开始部分使用以下的预编译命令：

```
#include <stdlib.h>
```

3）exit() 是带参数调用的，参数是 int 型。参数为 0 时，说明这个停止属于正常停止；当参数为其他值时，用参数指出造成停止的错误类型。

例 7-4 中出现的 p 为指针变量（关于指针的内容详见第 9 章）。

7.2.3 函数的返回值

通常希望通过函数调用，使主调函数能从被调函数得到一个确定的值，这就是函数的返回值。下面对函数的返回值做一些说明：

1）函数的返回值是由 return 语句传递的。return 语句可以将被调函数中的一个确定值带回到主调函数中去。

return 语句的一般形式有 3 种：

```
return(< 表达式 >);  // 这种情况 return 后面可以没有空格
return < 表达式 >;   // 这种情况 return 后面必须有空格
return;
```

2）return 语句的作用有两点：其一，它使程序从被调函数中退出，返回到调用它的代码处；其二，它可以返回一个值（也可以不返回值）。

如果需从被调函数带回一个函数值（供主调函数使用），被调函数中必须包含 return 语句且 return 中带表达式；如果不需要从被调函数带回函数值，应该用不带表达式的 return 语句，也可以不要 return 语句，这时被调函数一直执行到函数体的末尾，然后返回主调函数，在这种情况下，也有一个不确定的函数值被带回，一般不提倡用这种方法返回。

3）一个函数中可以有多个 return 语句，执行到哪一个 return 语句，哪一个语句就起作用。

4）return 后面的圆括号可有可无，例如，c 是表达式，(c) 也是表达式，用 return(c) 是为了使表达清晰，即 "return c;" 与 "return(c);" 等价。

return 后面的值可以是一个表达式，例如，例 7-2 中的函数 max 可以改写为：

```
max(int a, int b)
{ return(a > b ? a : b); }
```

这样的函数更加简短，只要一个 return 语句就把求值和返回问题都解决了。

5）C 语言中，函数值的类型由定义该函数时指定的函数返回值类型决定。例如，

```
int max(int x, int y)                        /* 函数值为整型 */
float solute(float a, float b, float c)      /* 函数值为单精度浮点型 */
double add(double u, double v)               /* 函数值为双精度浮点型 */
```

如果定义函数时未声明类型，自动按整型处理，也就是默认函数返回值类型为 int，比如 max(x, y) 就是 int max(x, y)，即函数 max() 的返回值为整型。

在定义函数时声明的函数值类型一般应与 return 后表达式的类型一致，若不一致，则以定义时的函数值的类型为准，即 return 后表达式的类型自动转为定义函数时声明的函数值类型。

例 7-5　return 语句示例。

```
#include <stdio.h>
```

```
min(float a, float b)
{
    float c;
    c = a < b ? a : b;
    return(c);
}
int main()
{
    float x, y;
    int z;
    scanf("%f,%f", &x, &y);
    z = min(x, y);
    printf("Min is %d.\n", z);
    return 0;
}
```

运行结果为：

```
4.5, 6.5
Min is 4.
```

函数 min 定义函数值为整型，而 return 语句中的 c 为实型，按上述原则，应将 c 转换为整型，然后 min(a, b) 将带回一个整数 4，返回给主调函数 main，如将 main 函数中 z 定义实型，用 %f 格式输出，也是输出 4.000000。

6）根据函数返回值的类型，可将函数分为以下三类：

①计算型函数。它根据输入的参数进行某种计算，并返回一个结果，返回值的类型就是计算结果的类型。计算型函数有时称为纯函数，如库函数 sin()、cos() 等。

②过程型函数。它没有明显的返回值，这类函数主要完成的是一个过程，不产生任何值，习惯上把这类函数的返回值定义为 void 类型。void 类型的函数不能用于表达式中，从而避免了在表达式中的误用。

例如，将 printstar() 函数和 print_message() 函数定义为 void 类型，则下面的用法是错误的：

```
a = printstar();
b = print_message();
```

如库函数 exit() 就是过程型函数，其作用就是中断程序执行。

③操作型函数。与过程型函数相似，这类函数也是完成一个过程，但有返回值，其返回值一般都是整型，以表示操作的成功或失败。

7.2.4　函数调用的方式

按调用函数在主调函数中出现的位置和完成的功能来分，函数调用有下列 4 种形式：

1）作为函数语句，完成特定的操作。一般为过程型函数或操作型函数。

例 7-6　求 3 ～ 200 之间的素数。

```
#include <stdio.h>
#include <math.h>
void prime(int j, int n, int k)
{
    while(j <= n)
    {
        if(k % j == 0) return;
        j++;
```

```
    }
    printf("%6d", k);
    return;
}
int main()
{
    int i, m, n;
    m = 3;
    while(m < 200)
    {
        i = 2;
        n = sqrt(m + 0.001);
        prime(i, n, m);
        m += 2;
    }
    return 0;
}
```

对于这种不返回值的函数调用语句，被调函数执行完后，返回到主调函数调用语句的下一条语句处。在上述代码中，执行完 prime() 语句、判别并显示素数后，返回到 prime() 语句的下一条语句 "m += 2;" 处。

2）在赋值表达式中调用函数。如例 7-5 中的 "z = min(x, y);"。

3）在一般的运算表达式中调用函数。例如，

```
y = 5.0 * fpow(3.5, 2) + 4.5 * fpow(5.5, 2);
```

4）将函数调用作为另一函数调用的实参。例如，

```
printf("%f\n", fpow(2.5, 4));
```

第 2 ~ 4 种情况将调用函数作为一个表达式，一般允许出现在任何允许表达式出现的地方。在这种情况下，被调函数运行结束后，返回到调用函数处，并带回函数的返回值，参与运算。

7.2.5　主调函数和被调函数的相对位置关系

与变量的定义和使用一样，函数的调用也要遵循"先定义或声明，后调用"的原则。在一个函数调用另一个函数时，需具备以下条件：

1）被调函数必须已经存在。

2）如使用库函数，一般还应该在本文件开头用 #include 命令将调用有关库函数时所需用到的信息包含到本文件中去，例如，

```
#include <math.h>
```

其中 <math.h> 是一个头文件，在 math.h 中存放数学库函数所用到的一些宏定义信息和声明，如果不包含 <math.h> 文件中的信息，就无法使用数学库中的函数。同样，使用输入输出库中的函数，应该用：

```
#include <stdio.h>
```

.h 是头文件所用的扩展名，表示文件类型为头文件。

3）如果是用户自己定义的函数，并且该函数与主调函数在同一个文件中。这时，一般被调用函数应放在主调函数之前定义。若被调函数的定义在主调函数之后出现，就必须在主调函数中或在主调函数的定义体之前对被调函数加以声明，函数声明的一般形式为：

<类型标识符><被调函数的函数标识符>（形参类型说明）；

因此，在 C 语言中，主调函数和被调函数之间可进行下列位置安排：

1）被调函数写在主调函数的前面。

例 7-7　在屏幕上显示一些不同半径的圆的周长。

```
#include <stdio.h>
/* 函数 cirference() 用于计算并返回某个半径的圆的周长 */
double cirference(double radius)
{
    return(2 * 3.1415926 * radius);
}
void main()
{
    double r;
    printf("input circle's radius:");
    scanf("%lf", &r);
    printf("the circle's cirference is %f\n", cirference(r));    /* 调用函数 */
}
```

被调函数放在主调函数之前，在主调函数中可以不另加类型声明。

2）被调函数写在主调函数的后面。

例 7-8　例 7-7 的另一种形式。

```
#include <stdio.h>
void main()
{
    double cirference(double radius);       // 在主调函数中包含类型声明
    double r;
    printf("input circle's radius:");
    scanf("%lf", &r);
    printf("the circle's cirference is %f\n", cirference(r));
}
/* 函数 cirference() 用于计算并返回某个半径的圆的周长 */
double cirference(double radius)
{
        return(2 * 3.1415926 * radius);
}
```

在函数调用中，若被调函数放在主调函数的后面，则主调函数中必须声明被调函数的类型，如例 7-8 所示。

3）如果已在所有函数定义之前，在文件的开头、函数的外部声明了函数类型，则在各个主调函数中不必对所调用的函数再做类型声明。

例 7-9　在屏幕上显示一些不同半径的圆的周长。

```
#include <stdio.h>
double cirference(double radius);             /* 在函数调用之前声明函数 */
void main()
{
    double r;
    printf("input circle's radius:");
    scanf("%lf", &r);
    printf("the circle's cirference is %f\n", cirference(r));
}
/* 函数 cirference()- 计算并返回某个半径的圆的周长 */
double cirference(double radius)
{
```

```
    return(2 * 3.1415926 * radius);
}
```

7.2.6   函数调用时值的单向传递性

在函数调用时，参数是按值单向传递的，即先计算各实参表达式的值，再按对应关系顺序传给形参，而形参的值不能传回给实参。这种值传递具有单向性，如例 7-10 所示。

例 7-10   在函数内不能改变实参的值。

```c
#include<stdio.h>
void swap(int a, int b);
int main()
{
    int x,y ;
    x = 10;
    y = 20;
    swap(x, y);
    printf("x=%d y=%d\n", x, y);
    return 0;
}
void swap(int a, int b)
{
    int tmp;
    tmp = a;
    a = b;
    b = tmp;
    printf("a=%d b=%d\n",a,b);
}
```

运行结果为：

```
a = 20 b = 10
x = 10 y = 20
```

例 7-10 的运行结果说明：虽然在函数 swap() 内部交换 a 和 b 的值，但函数返回后，实参 x 和 y 的值并没有改变，原因是 C 语言的参数是通过值传递的，而不是通过地址传递的，所以 a、b 只是接收 x、y 的值，而 a、b 的值不能再传回给 x、y。因此，不能用这种方法在被调函数中改变实参的内容，如果要在被调函数内改变实参的值，只要把实参变量的地址作为参数值传递给函数即可（具体在第 9 章介绍）。

7.2.7   函数调用示例

例 7-11   写出能完成以下数学函数 A(x, y) 计算的程序，要求用函数实现。

$$A(x, y) = \frac{x^2}{e^{2(x-y)} + \sqrt{1 + 2e^{x-y} + 3e^{2(x-y)}}}$$

程序如下：

```c
#include <stdio.h>
#include <math.h>
double fun(double f);
int main()
{
    double x, y, f1;
    scanf("%lf%lf", &x, &y);
    f1 = x * x / fun(exp(x - y));
```

```
    printf("A=%f\n", f1);
    return 0;
}
double fun(double f)
{
    double f2;
    f2 = f * f + sqrt(1 + 2 * f + 3 * f * f);
    return(f2);
}
```

执行该程序时输入：

```
4  2
```

运行结果为：

```
A = 0.235299
```

在这里，主调函数完成整个 A(x, y) 的计算，被调函数完成 A(x, y) 分母的计算。

例 7-12　验证哥德巴赫猜想。

德国数学家哥德巴赫于 1742 年提出了著名的数学猜想——任意一个充分大的偶数（≥ 6）总可以分解成两个素数之和。

现在编写一个 C 语言程序，对这一猜想加以验证（注意：不是证明）。对于给定的偶数，先确定一个其值小于它的素数，然后用该偶数减去这个素数，再判定其差值是不是一个素数，若是，即已经实现验证，否则，再确定另一个素数，重复以上步骤，直至找到为止。程序中使用键盘输入一个偶数 n，然后令偶数从 6 开始验证，逐一进行到偶数 n。对于处理过程中的每一次验证都进行打印输出。

程序如下：

```
/*verification program*/
#include <stdio.h>
s(int d);
main()
{
    int n, a, k, b, d;
    printf("n=");
    scanf("%d", &n);
    printf("%d\n", n);
    k = 1;
    for(a = 6; a <= n; a += 2)
    {
        for(b = 3; b <= a / 2; b += 2)
        {
            if(!s(b))
            {
                d = a - b;
                if(!s(d))
                {
                    ++k;
                    printf("%d=%d+%d\t", a, b, d);
                    if(k % 5 == 0) printf("\n");
                    break;
                }
            }
        }
    }
    return 0;
}
```

程序中调用的函数是 s(d)，它是判别当前 d 是否是素数的函数。若参数 d 为素数，则返回 0；否则，返回 −1。根据素数的定义（凡不能被自身及 1 以外整数整除的自然数为素数），我们对函数 s(d) 的定义如下：

```
s(int d)
{
    int j;
    for(j = 2; j < d; ++j)
        if(d % j == 0) return(-1);
    return(0);
}
```

在主函数中，如果已经把一个偶数分解为素数之和，则认为对该偶数的验证已经实现，不必求出该偶数的所有分解形式，所以使用了 break 语句来结束内层 for 循环语句的流程控制，从而开始下一个偶数的验证处理。

7.3 函数的嵌套调用

与其他程序控制语句可以嵌套一样，函数调用亦可以嵌套，即主函数调用一个函数，该函数又调用第二个函数，第二个函数又调用第三个函数……一个接一个地调用下去，这就称为**函数的嵌套调用**。

图 7-1 表示的是两层嵌套（连 main 函数共 3 层函数），其执行过程如下：

1）执行 main 函数的开头部分。

2）遇到函数调用语句，调用 a 函数，程序执行流程转去 a 函数。

3）执行 a 函数的开头部分。

4）遇到函数调用语句，调用 b 函数，程序执行流程转去 b 函数。

5）执行 b 函数，如果再无其他嵌套函数，则完成 b 函数的全部操作。

6）返回到 a 函数中调用 b 函数的位置，即返回 a 函数。

7）继续执行 a 函数中尚未执行的部分，直到 a 函数结束。

8）返回 main 函数中调用 a 函数的位置。

9）继续执行 main 函数中尚未执行的部分直到结束。

C 语言可以嵌套调用函数，但不能嵌套定义函数。也就是说，C 语言的函数定义相互平行、独立，但一个函数内不能包含另一个函数，即不能嵌套定义。

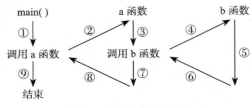

图 7-1　函数的嵌套调用

例 7-13　演示函数的嵌套调用。

假定有一个程序由 main()、f1()、f2()、f3() 这 4 个函数构成，如果在 main() 函数中依次调用 f1()、f2() 和 f3() 函数，则这种调用的方法称为函数的顺序调用（见图 7-2a）。如果在函数 main() 中调用 f1() 函数，在 f1() 函数中调用 f2() 函数，在 f2() 函数中调用 f3() 函数，以此类推，则这种线性调用称为函数的嵌套调用（见图 7-2b）。C 语言对函数的嵌套调用的层数没有限制。程序如下：

```
#include <stdio.h>
void f1(int count);
void f2(int count);
```

```
void f3(int count);
int  main()
{
    int count = 0;
    printf("the main:count=%d\n", count);
    f1(count);
    return 0;
}
void f1(int count)
{
    printf("the first call:count=%d\n", count++);
    f2(count);
}
void f2(int count)
{
    printf("the second call:count=%d\n",
count++);
    f3(count);
}
void f3(int count)
{
    printf("the third call:count=%d\n", count++);
}
```

运行结果为：

```
the main:count=0
the first call:count=0
the second call:count=1
the third call:count=2
```

函数的顺序调用：	函数的嵌套调用：
main()	main()
{	{
…	…
f1();	f1();
f2();	…
f3();	}
…	f1()
}	{
f1()	…
{	f2();
…	}
}	f2()
f2()	{
{	…
…	f3();
}	}
f3()	f3()
{	{
…	…
}	}
a)	b)

图 7-2　函数的顺序调用与嵌套调用

例 7-14　用弦截法求下面方程的根。

$$x^3-5x^2+16x-80=0$$

方法如下：

1）取两个不同点 x1, x2, 如果 f(x1) 和 f(x2) 符号相反，则 (x1, x2) 区间内必有一个根。如果 f(x1) 和 f(x2) 同符号，则应改变 x1、x2，直到 f(x1) 和 f(x2) 异号为止。注意：x1、x2 的值不应差太大，以保证 (x1, x2) 区间只有一个根。

2）连接 f(x1) 和 f(x2) 两点，此线（即弦）交 x 轴于 x，如图 7-3 所示。

3）若 f(x) 与 f(x1) 同符号，则根必在 (x, x2) 区间内，此时将 x 作为新的 x1；若 f(x) 与 f(x2) 同符号，则表示根在 (x1, x) 区间内，将 x 作为新的 x2。

4）重复步骤 2 和 3，直到 |f(x)|<ε 为止，ε 为一个很小的数，例如 10^{-6}。此时认为 f(x) ≈ 0。

分别用几个函数来实现各部分功能：

1）用 f(x) 函数来求 x 的函数：$x^3-5x^2+16x-80$。

2）用 xpoint(x1, x2) 函数来求 f(x1) 和 f(x2) 的连线与 x 轴的交点 x 的坐标。

3）用 root(x1, x2) 函数来求 (x1, x2) 区间的那个实根。显然，执行 root 函数过程中要用到函数 xpoint，而执行 xpiont 函数过程中要用到 f 函教。

试先分析下面的程序。

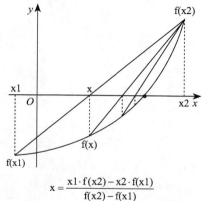

$$x = \frac{x1 \cdot f(x2) - x2 \cdot f(x1)}{f(x2) - f(x1)}$$

图 7-3　弦截法求方程的根

```c
#include <math.h>
#include <stdio.h>
float f(float x)                          /* 定义 f 函数 */
{
    float y;
    y=((x - 5.0) * x + 16.0) * x - 80.0;
    return(y);
}
float xpoint(float x1, float x2)          /* 定义函数，求出弦与 x 轴交点 */
{
    float y;
    y=(x1 * f(x2) - x2 * f(x1)) / (f(x2) - f(x1));
    return(y);
}
float root(float x1, float x2)            /* 定义 root 函数，求近似根 */
{
    float x, y, y1;
    y1 = f(x1);
    do
    {
        x = xpoint(x1, x2);
        y = f(x);
        if(y * y1 > 0)                     /*f(x) 与 f(x1) 同符号 */
        {
            y1 = y;
            x1 = x;
        }
        else
            x2 = x;
    }while(fabs(y) >= 0.0001);
    return(x);
}
int main()                                /* 主函数 */
{
    float x1, x2, f1, f2, x;
    do
    {
        printf("input x1,x2:\n");
        scanf("%f,%f", &x1, &x2);
        f1 = f(x1);
        f2 = f(x2);
    }while(f1 * f2 >= 0);
    x = root(x1, x2);
    printf("A root of equation is %8.4f\n", x);
    return 0;
}
```

运行结果为：

```
input x1,x2:
2,6
A root of equation is   5.0000
```

从上述程序可以看到：

1）在定义函数时，函数名为 f、xpoint、root 的三个函数是互相独立的，并不互相从属。这几个函数均定义为实型。

2）三个函数的定义均出现在 main 函数之前，因此在 main 函数中不必对这三个函数进行类型声明。

3）程序从 main 函数开始执行。先执行一个 do…while 循环，其作用是：输入 x1 和

x2，判别 f(x1) 和 f(x2) 是否异号，如果不是异号，则重新输入 x1 和 x2，直到满足 f(x1) 与 f(x2) 异号为止。然后用"root(x1，x2)"求根 x。调用 root 函数过程中，要调用 xpoint 函数来求 f(x1) 与 f(x2) 的交点 x。在调用 xpoint 函数过程中要用到函数 f 来求 x1 和 x2 的相应的函数值 f(x1) 和 f(x2)。这就是函数的嵌套调用。

7.4 递归调用

7.4.1 函数的递归调用

一个函数直接或间接地调用本身，称为**函数的递归调用**，前者称为直接递归调用，后者称为间接递归调用。例如，

```
int f(int x)
{
   int y, z;
   ...
   if( 条件 )
       z = f(y);
   ...
   return(z * z);
}
```

在调用函数 f 的过程中，又要调用 f 函数，这是直接调用本函数，如图 7-4 所示。间接调用函数的过程如图 7-5 所示。

迭代和递归是解决一类递增和递减问题的常用方法。以计算 n! 为例，以往用循环的方法来计算时，是先赋初值为 1，然后做 2!（即 1×2），再做 3!（即 $1 \times 2 \times 3$），直到 $1 \times 2 \times 3 \times \cdots \times 10$，整个过程用循环来实现，程序如下：

```
#include <stdio.h>
int main()
{
   int i, s = 1;
   for(i = 1; i <= 10; i++)
       s = s * i;
   printf("10!=%d\n", s);
   return 0;
}
```

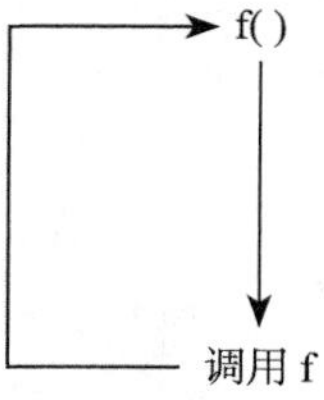

图 7-4 直接递归调用 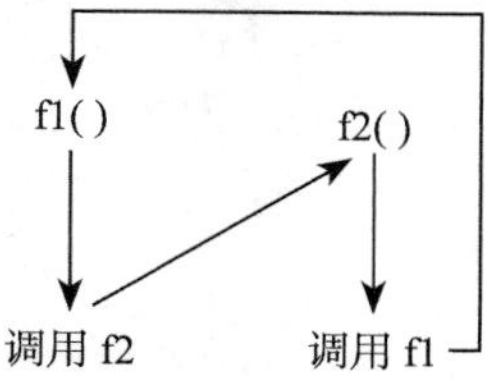   图 7-5 间接递归调用

这里，乘积 s 随着 i 的增加不断被迭代，从小到大，最后计算出结果。其过程如下：

乘积 s	变量 i	赋值表达式
s=1	i=1	s=1*1=1!
s=1!	i=2	s=1!*2=2!
s=2!	i=3	s=2!*3=3!
…		
s=(n−1)!	i=n	s=(n−1)!*n=n!

而用递归的方法计算 10!，基本思想是将原式写成递归的表达式：

$$n! = \begin{cases} 1 & (n = 0) \\ n \times (n-1)! & (n > 0) \end{cases}$$

由公式可知，求 n! 可以化为 $n \times (n-1)!$ 的解决方法。这仍与求 n! 的解法相同，只是处

理对象比原来的递减了 1，变成了 n-1，对于 (n-1)!，又可转化为 (n-1) × (n-2)!，…，当 n = 0 时，n! = 1，这是结束递归的条件，从而使问题得到解决。

一个问题要采用递归方法来解决时，必须符合以下 3 个条件：

1）可以把一个问题转化为一个新的问题，而这个新问题的解决方法与原问题的解法相同，只是处理的对象有所不同，但它们也只是有规律地递增或递减。

2）可以通过转化过程使问题得到解决。

3）必定有一个明确的结束条件，否则递归将会无休止地进行下去。也就是说，必须要有某个终止递归的条件。

对上面求 n! 的递归公式，很容易写成以下的递归函数 rfact()：

```c
#include <stdio.h>
long rfact(int n)
{
    if(n == 0) return(1);
    return(rfact(n - 1) * n);
}
int main()
{
    printf("10!=%d\n", rfact(10));
    return 0;
}
```

7.4.2　递归调用应用示例

下面通过一些示例来说明递归调用的过程及其应用。

例 7-15　递归计算 n! 的函数 rfact()。

```c
#include <stdio.h>
#include <stdlib.h>
long rfact(int n)
{
    if(n < 0)
    {
        printf("Negative argument to fact ! \n");
        exit(-1);
    }
    else if(n <= 1)
        return(1);
    else
        return(n * rfact(n - 1));   /* 自己调用自己 */
}
```

请注意，当形参值大于 1 时，函数的返回值为 n * rfact(n - 1)，又是一次函数调用，而调用的正是 rfact 函数，这就是一个函数调用自身函数的情况，即函数的递归调用。这种函数称递归函数。

返回值是 n * rfact(n - 1)，而 rfact(n - 1) 的值当前是未知的，要调用完才能知道。例如，当 n = 5 时，返回值是 5 * rfact(4)，而 rfact(4) 调用的返回值是 4 * rfact(3)，仍然是个未知数，还要先求出 rfact(3)，而 rfact(3) 也是未知的，它的返回值是 3 * rfact(2)，而 rfact(2) 的值为 2 * rfact(1)，现在 rfact(1) 的返回值为 1，是一个已知数。然后回过头来根据 rfact(1) 求出 rfact(2)，将 rfact(2) 的值乘以 3 求出 rfact(3)，将 rfact(3) 的值乘以 4 得到 rfact(4)，再将 rfact(4) 乘以 5 得到 rfact(5)。

可以看出，递归函数在执行时，将引起一系列的递推和回归的过程。当 n = 4 时，其递推和回归过程如图 7-6 所示。从图中可以看出，递推过程不应无限制地进行下去，当递推若干次后，就应当到达递推的终点——得到一个确定值（例如本例中的 rfact(1)=1），然后进行回归，回归的过程是从一个已知值推出下一个值。实际上这也是一个递推过程。

在设计递归函数时应当考虑到递归的终止条件，在本例中，下面就是使递归终止的条件：

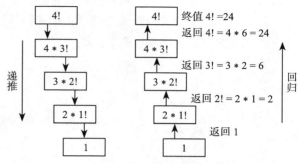

图 7-6　递推和回归过程

```
if(n <= 1)
    return(1);
```

所以，任何有意义的递归总是由两部分组成的：递归方式与递归终止条件。

递归是一种有效的数学方法。本例的算法就是基于如下的递归数学模型的：

$$\text{fact}(n) = \begin{cases} 1 & (n <= 0) \\ n \times \text{fact}(n-1)! & (n > 0) \end{cases}$$

再如求 a、b 两数的最大公约数的过程也可以递归地描述为：

$$\text{gcd}(a,b) = \begin{cases} b & (a\%b == 0) \\ \text{gcd}(b,a\%b) & (a\%b != 0) \end{cases}$$

由这一模型，也很容易写出一个 C 程序来。递归是一种非常有用的程序设计技术，当一个问题中蕴含递归关系且结构比较复杂时，采用递归算法往往可使程序更加自然、简洁、容易理解。

例 7-16　汉诺塔（Tower of Hanoi）问题。

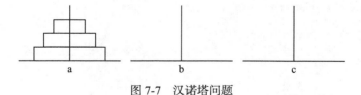

图 7-7　汉诺塔问题

约在 19 世纪末，在欧洲的玩具商店里出现了一种名为"汉诺塔"的游戏。游戏的装置是一块板，上面有 3 根杆，最左侧的杆上自下而上、由大到小地穿有 64 个盘子，呈一个塔形（见图 7-7）。游戏的目的是把左侧杆上的盘子全部移到最右侧的杆上，条件是一次只能移动一个盘子，并且不允许大盘压在小盘上面。容易推出，n 个盘子从一根杆移到另一根杆需要 $2^n - 1$ 次，所有 64 个盘子的移动次数为 $2^{64} - 1 = 18\,446\,774\,073\,709\,511\,615$，这是一个天文数字，即使用一台功能很强大的现代计算机来解决汉诺塔问题，每微秒可能计算（不打印出）一次移动，那么也需要几乎 100 万年。而如果每秒移动一次，则需要近 5800 亿年，目前从能源的角度推算，太阳系的寿命也只有 150 亿年。下面设计一个模拟移动盘子的算法。假定要把 n 个盘子按题中的规定由 a 杆借助 c 杆移动到 b 杆。模拟这一过程的算法称为 Hanoi(n, a，b，c)。那么，很自然的想法是：

第一步：先把 n–1 个盘子设法借助 b 杆放到 c 杆，记作 Hanoi（n–1，a，c，b）。

第二步：把第 n 个盘子从 a 杆移到 b 杆。

第三步：把 c 杆上的 n–1 个盘子借助 a 杆移到 b 杆，记作 Hanoi（n–1，c，b，a）。

由上述三步便可以直接写出如下程序：

```
#include <stdio.h>
int main()
{
    int n;
    void Hanoi(int n, char a, char b, char c);
    printf("\n* * * * * * * * * * * * * * * * * * * * * * * * ");
    printf("\n*    Program for simulation the solution      *");
    printf("\n*    of the game of the tower of  Hanoi        *");
    printf("\n* * * * * * * * * * * * * * * * * * * * * * * * ");
    printf("\n Please enter the number of disks to be moved: ");
    scanf("%d", &n);
    Hanoi(n, 'a', 'b', 'c');
    return 0;
}
void Hanoi(int n, char a, char b, char c)
{
    if(n > 0)
    {
        Hanoi(n-1, a, c, b);
        printf("\nMove disc %d from pile %c to %c", n, a, b);
        Hanoi(n-1, c, b, a);
    }
}
```

运行结果为：

```
* * * * * * * * * * * * * * * * * * * * * * * *
*    Program for simulation the solution       *
*    of the game of the tower of Hanoi         *
* * * * * * * * * * * * * * * * * * * * * * * *
Please enter the number of disks to be moved:4
Move disc 1 from pile a to c
Move disc 2 from pile a to b
Move disc 1 from pile c to b
Move disc 3 from pile a to c
Move disc 1 from pile b to a
Move disc 2 from pile b to c
Move disc 1 from pile a to c
Move disc 4 from pile a to b
Move disc 1 from pile c to b
Move disc 2 from pile c to a
Move disc 1 from pile b to a
Move disc 3 from pile c to b
Move disc 1 from pile a to c
Move disc 2 from pile a to b
Move disc 1 from pile c to b
```

请读者仔细阅读以上程序，理解递归算法的思路，学会用递归解决问题。有的问题既可以用递归方法解决，也可以用迭代方法解决（如求 n!），而有的问题不用递归方法是难以得到结果的（如汉诺塔问题）。

例 7-17　间接递归调用示例。

这是一个间接递归调用的例子，其中函数 fn1 执行中调用函数 fn2，而在函数 fn2 执行中又调用 fn1。程序中设置外部变量 n，用来计算递归调用 fn1 的次数，并且设置其初值为 0，外部变量 b 是函数 main 和 fn1 公用的，用于存放计算的值。

程序如下：

```
#include <stdio.h>
int b;
int n = 0;
void fn1(int   y);
void fn2(int   y);
void main()
{
    int a;
    scanf("%d", &a);
    fn2(a);
    printf("n=%d b=%d", n, b);
}
void fn1(int y)
{
    y = 2 * y + 10;
    b = y / 30;
    fn2(y);
}
void fn2(int x)
{
    if(x < 400)
    {
        n++;
        fn1(x);
    }
}
```

运行结果为：

```
输入        输出

21          n = 4  b = 16
152         n = 2  b = 21
```

对于这种间接递归调用的形式，读者也可以分析其递归调用的过程，从而了解递归执行的原理。

7.5　用数组作为函数参数

前面提到，可以用变量作为函数参数，事实上，也可以用数组元素作为函数参数（其用法与变量相同）。数组名也可以作为实参和形参，传递的是数组的首地址。

7.5.1　用数组元素作为函数实参

由于实参可以是表达式形式，而数组元素可以是表达式的组成部分，因此数组元素当然可以作为函数的实参。这与用变量作为实参一样，是单向传递，即"值传递"方式。

例 7-18　有两个数组 a、b，各有 10 个元素，将它们对应地逐个相比（即 a[0] 与 b[0] 比，a[1] 与 b[1] 比……）。如果 a 数组中的元素大于 b 数组中相应元素的数目多于 b 数组中大于 a 数组中相应元素的数目（例如，a[i] > b[i]6 次，b[i] > a[i]3 次，其中 i 每次为不同的值），则认为 a 数组大于 b 数组，并分别统计出两个数组相应元素大于、等于和小于的次数。

程序如下：

```
#include <stdio.h>
large(int x, int y);
int main()
{
    int a[10], b[10], i, n = 0, m = 0, k = 0;
    printf("enter array a:\n");
    for(i = 0; i < 10; i++)
        scanf("%d", &a[i]);
    printf("enter array b:\n");
    for(i = 0; i < 10; i++)
        scanf("%d", &b[i]);
    for(i = 0; i < 10; i++)
    {
        if(large(a[i], b[i]) == 1) n++;
        else if(large(a[i], b[i]) == 0) m++;
        else k++;
    }
    printf("a[i]>b[i] %d times\na[i]=b[i] %d times\na[i]<b[i] %d
            times\n", n, m, k);
    if(n > k) printf("array a is larger than array b\n");
    else if(n < k) printf("array a is smaller than array b\n");
    else printf("array a is equal array b\n");
    return 0;
}
large(int x, int y)
{
    int flag;
    if(x > y) flag = 1;
    else if(x < y) flag = -1;
    else flag = 0;
    return(flag);
}
```

运行结果为：

```
enter array a:
1 3 5 7 9 8 6 4 2 0
enter array b:
5 3 8 9 -1 -3 5 6 0 4
a[i]>b[i] 4 times
a[i]=b[i] 1 times
a[i]<b[i] 5 times
array a is smaller than array b
```

7.5.2　用数组名作为函数参数

可以用数组名作为函数参数，此时实参与形参都要用数组名（或用指针，见第 9 章）。

例 7-19　有一个数组 salary，用于存放 10 名员工工资，求平均工资。

程序如下：

```
#include <stdio.h>
float average(float array[])
{
    int i;
    float aver, sum = array[0];
    for(i = 1; i < 10; i++)
```

```
        sum = sum + array[i];
    aver = sum / 10;
    return(aver);
}
int main()
{
    float salary[10], aver;
    int i;
    printf("input 10 salaries:\n");
    for(i = 0; i < 10; i++)
        scanf("%f", &salary[i]);
    aver = average(salary);
    printf("average salary is %5.2f\n", aver);
    return 0;
}
```

运行结果为：

```
input 10 salaries:
100 56 78 98.5 76 87 99 67.5 75 97
average salary is 83.40
```

说明：

1）用数组名作为函数参数，应该在主调函数和被调函数中分别定义数组，例中 array 是形参数组名，salary 是实参数组名，分别在其所在函数中定义，不能只在一方定义。

2）实参数组与形参数组类型应一致，如不一致，结果将出错。

3）实参数组与形参数组大小可以一致，也可以不一致，C 编译对形参数组的大小不做检查，只是将实参数组的首地址传递给形参数组。如果要求形参数组得到实参数组的全部元素值，则应当指定形参数组与实参数组大小一致。形参数组也可以不指定大小，在定义数组时在数组名后跟一个空的方括号，为了在被调用函数中处理数组元素的需要，可以另设一个参数，传递元素的个数。

4）最后应当强调一点，用数组名作为函数参数时，不是"值传递"，不是单向传递，而是把实参数组的起始地址传递给形参数组，这样两个数组就共占一段内存单元。如图 7-8 所示，假如 a 的起始地址为 1000，则 b 数组的数组起始地址也是 1000，显然 a 和 b 同占一段内存单元，a[0] 和 b[0] 同占一个单元……这种传递方式称为"地址传递"。由此可以看到，形参数组中各元素的值如发生变化，会使实参数组元素的值同时发生变化，从图 7-8 来看，这是很容易理解的。注意：这点与用普通变量作为函数参数的情况是不同的。在程序设计中，可有意识地利用这一特点改变实参数组元素的值（如排序）。

a[0]	a[1]	a[2]	a[3]	a[4]	a[5]	a[6]	a[7]	a[8]	a[9]
2	4	6	8	10	12	14	16	18	20
b[0]	b[1]	b[2]	b[3]	b[4]	b[5]	b[6]	b[7]	b[8]	b[9]

图 7-8   数组参数传递

7.5.3   用多维数组作为函数参数

多维数组可以作为实参，这一点与前述相同。

可以用多维数组作为实参和形参，对于在被调函数中对形参数组的定义，可以指定每一维的大小，也可以省略第一维的大小。例如，

```
int array[3][10]
```

或

```
int array[][10]
```

二者都合法且等价。但不能把第二维以及其他维的大小省略。如下面的示例是不合法的：

```
int array[][]
```

因为从实参传递来的是数组起始地址，在内存中按数组排序规则存放（按行存放），并不区分行和列，所以如果在形参中不声明列数，那么系统无法决定应为多少行多少列。不能只指定第一维而省略第二维，下面写法是错误的：

```
int array[3][]
```

实参数组可以大于形参数组。例如，实参数组定义为：

```
int score[5][10]
```

而形参数组定义为：

```
int array[3][10]
```

这时形参数组就只取实参数组的一部分，其余部分不起作用。请读者从"传递地址"这一特点出发来思考这个问题。

例 7-20　有一个 3×4 的矩阵，求其中的最小元素值。

程序如下：

```
#include <stdio.h>
min_value(int array[][4])
{
    int i, j, min;
    min = array[0][0];
    for(i = 0; i < 3; i++)
        for(j = 0; j < 4; j++)
            if(array[i][j] < min) min = array[i][j];
    return(min);
}
int main()
{
    static int a[3][4] = {{1, 3, 5, 7}, {2, 4, 6, 8}, {15, 17, 34, 12}};
    printf("min value is %d\n",min_value(a));
    return 0;
}
```

运行结果为：

```
min value is 1
```

7.6　变量的作用域——局部变量和全局变量

C 语言的变量定义可以在函数内部、所有函数的外部以及函数形式参数表中进行。相应的，这些变量分别称为局部变量、全局变量和形式参数。

7.6.1　局部变量

局部变量就是在函数内部定义的变量。局部变量的定义一般都在函数体的前部，即函数的花括号"{"之后语句之前。这可以使阅读程序的人清楚地知道使用了哪些局部变量。局部变量也可以定义在函数体内的任何一个复合语句的花括号"{"之后语句之前。局部变量只在定义它的本函数范围内有效，也就是说，只有在本函数内才能使用它们。因此，在复合语句中定义的局部变量，只在该复合语句内有效。

　　函数的形式参数也可以看作局部变量，退出该函数时无效。总之，局部变量只在进入它所属的模块时才能使用，退出该模块后无法使用。

　　应用局部变量，在需要时建立，不需要时清除，频繁的建立和清除看似麻烦，但它只在建立它的函数或复合语句中有效，可以提高程序模块的清晰度、函数作用的独立性和专一性，为结构化程序设计提供了一种良好的手段。

　　下面看一个示例：

　　例 7-21

```
double f1(int x)                /* 函数 f1*/
{
    int y, z;                   /* x,y,z 有效 */
}
float f2(int m, int n)          /* 函数 f2*/
{
    char i, j;                  /* m,n,i,j 有效 */
}
int main()
{
    int a,b,c;
    {
        int d;
        d = a + b - c;          /* d在复合语句内有效，a,b,c在本函数内有效 */
    }
    return 0;
}
```

说明：

1）主函数 main 中定义的变量在主函数中有效，而不会在其他函数中有效。各函数不能使用其他函数中定义的变量。

2）不同的函数中，可以使用相同名字的局部变量，它们代表不同的对象，互不干扰。形式参数、局部变量和函数内复合语句中的局部变量同名时，在复合语句中，其内部中的变量起作用，而本函数的同名局部变量、形参变量被屏蔽。

　　例 7-22　在函数 func() 中，定义了两个局部变量 ch 和 r。这里局部变量 ch 在进入函数 func() 时才建立，在退出时则被释放；局部变量 r 在进入函数 if 语句时才建立，在退出 if 语句时则被释放，并且只在 if 语句为真时才被引用，在其他部分甚至在 else 部分都无法引用它。

```
#include <stdio.h>
func()
{
    char ch;                    /* 该局部变量 ch 在本函数内有效 */
    ch = getchar();
    if(ch == 'f')
    {
        float r;                /* 该局部变量 r 只在本复合语句内有效 */
        scanf("%f", &r);
        printf("%f\n", 3.14159 * r * r);
    }
```

```
    else
        printf("ch=%c\n", ch);
    printf("end\n");
}
```

7.6.2 全局变量

全局变量（又称为外部变量）是在函数外部定义的变量，为文件中其他函数所共用。其有效范围是从变量定义的位置开始至本源文件结束。例如，

```
int p = 1, q = 5;                    /* 全局变量 */
float f1(int a)                      /* 定义函数 f1*/
{
    int b, c;
    ...
}
char c1, c2;                         /* 全局变量 */
char f2(int x, int y)                /* 定义函数 */
{
    i, j;
    ...
}
int main()
{
    int m, n;
    ...
}
```

在上述程序中，p、q、c1、c2 都是全局变量，但它们的作用范围不同，在 main 函数和函数 f2 中可以使用全局变量 p、q、c1、c2，但在函数 f1 中只能使用全局变量 p、q，而不能使用 c1 和 c2。在一个函数中，既可以使用本函数中的局部变量，又可以使用有效的全局变量，打个通俗的比喻：国家有统一的法律和法令，各地方政府还可以根据需要制订地方性法规。一个地方的居民既要遵守国家统一的法律和法令，又要遵守所属地方的法规，如例 7-23 所示。

例 7-23

```
#include <stdio.h>
int x1 = 30, x2 = 40;
sub(int x, int y);
int main()
{
    int x3 = 10, x4 = 20;
    sub(x3, x4);
    sub(x2, x1);
    printf("%d,%d,%d,%d", x3, x4, x1, x2);
    return 0;
}
sub(int x, int y)
{
    x1 = x;
    x = y;
    y = x1;
}
```

运行结果为：

```
10,20,40,40
```

从上述程序可以看到，由于 x3、x4 是局部变量，在执行 "sub(x3, x4);" 语句调用函数 sub(x, y) 后，值的传递是单向的，即 x3、x4 的值不变，仍为 10、20。而 x1、x2 是全局变量，当执行 sub(x2, x1) 语句，调用子函数 sub(x, y) 之后，x1、x2 的值会发生相应变化，变为 40、40。

利用全局变量可以减少函数实参的个数，从而减少存储空间以及传送数据时的时间消耗。但是不在必要时不要使用全局变量，原因如下：

1）全局变量在程序的全部执行过程中都占用存储单元，而不是仅在需要时才开辟存储单元。

2）全局变量使函数的通用性降低了，因为函数在执行时依赖于其所在的外部变量。如果将一个函数移到另一个文件中，还要把有关的外部变量及其值一起移过去。而且若与其他文件的变量相同时，就会出现问题，降低程序的可靠性和通用性。在程序设计中，在划分模块时要求模块的 "内聚性" 强，与其他模块的 "耦合性" 弱，即模块的功能要单一（不要把许多不相干的功能放到一个模块中），与其他模块的相互影响尽量少。而用全局变量是不符合这个原则的。一般要求 C 程序中的函数做成一个封闭体，除了可以通过 "实参－形参" 的方式与外界发生联系外，没有其他方式。这样的程序移植性好，可读性强。

3）使用全局变量过多，会降低程序的清晰性，使人往往难以清楚地判断各个瞬间外部变量的值。在各个函数执行时都可能改变外部变量的值，程序容易出错。因此，要限制使用全局变量。

如果全局变量在文件的开头定义，则在整个文件范围内都可以使用该全局变量，如在文件中的某一位置定义全局变量（必须在函数外部），其作用范围只限于定义点到文件结束。如果定义点之前的函数要使用后面定义的全局变量，应在使用的函数中用 "extern" 进行 "全局变量声明"，表示该变量在函数的外部定义，在函数的内部可以使用它们。

全局变量定义和全局变量声明并不是一回事。全局变量的定义只能有一次，它的位置在所有函数之外；而同一个文件中的全局变量声明可以有多次，它的位置在某个函数中（哪个函数要用，就在哪个函数中声明）。系统根据全局变量的定义（而不是根据全局变量的声明）分配存储单元。对全局变量的初始化只能在 "定义" 时进行，而不能在 "声明" 中进行。"声明" 的作用是：说明该变量是一个已在外部定义过的变量，仅仅是为了引用该变量而做的 "申请"。原则上，所有函数都应该对所用的全局变量进行声明（用 extern），只是为了简化起见，允许在全局变量的定义之后的函数可以不写这个 "声明"。

如在同一文件中，全局变量和局部变量同名，则在局部变量的作用范围之内，局部变量起作用，全局变量被屏蔽。也就是说，当全局变量、函数内的局部变量和复合语句内的局部变量同名时，在当前的小范围内，其作用的优先级为：复合语句中的局部变量 > 函数内的变量 > 全局变量，如例 7-24 所示。

例 7-24

```c
#include <stdio.h>
int a = 3, b = 5;
max(int a, int b)
{
    int c;
    c = a > b ? a : b;
    return(c);
}
```

```
int main()
{
    int a = 8;
    printf("%d\n", max(a, b));
    return 0;
}
```

运行结果为：

8

在上述程序中，我们故意以 a、b 重复用作变量名，请读者区别不同 a、b 的含义和作用范围。第一行定义了全局变量 a、b，并使之初始化。第二行开始定义函数 max，a、b 是形参，全局变量 a、b 在 max 函数范围内不起作用。最后六行是 main 函数，它定义了一个局部变量 a，因此全局变量 a 在 main 函数范围内也不起作用，而全局变量 b 在此范围内有效。因此 printf 函数中的 main（a，b）相当于 max（8，5），程序运行后得到的结果为 8。

由于全局变量在所有函数中有效，因此，当程序在很多函数中要用到某些相同的数据时，全局变量就变得很有用，避免了大量通过形式参数传递数据。但是，过多地使用全局变量也会带来消极的后果。

7.7 变量的存储类别和生存期

7.7.1 变量的存储类别

从空间的角度看，变量的作用域分为局部变量和全局变量。

从变量的生存期（即变量的存在时间）看，可以分为静态变量和动态变量。静态变量和动态变量是按其存储方式来区分的。静态存储方式是指在程序运行期间分配固定的存储空间，待程序执行完毕后才释放。动态存储方式是在程序运行期间根据需要动态地分配存储空间，一旦动态过程结束，不论程序是否结束，都会释放变量所占用的存储空间。

内存提供给用户使用的空间分为 3 个部分：程序区、静态存储区和动态存储区。程序区用于存放用户程序；静态存储区用于存放全局变量、静态局部变量和外部变量；动态存储区用于存放局部变量和函数形参变量。另外，CPU 中的寄存器存放的是寄存器变量。

C 语言有 4 种变量存储类别声明符，用来"通知"编译程序采用哪种方式存储变量，这4 种变量的存储类别声明符为：

- 局部（自动）变量声明符　　auto（一般可以省略）
- 静态变量声明符　　　　　　static
- 全局变量声明符　　　　　　extern
- 寄存器变量声明符　　　　　register

在 C 语言中，每个变量和函数都有两个属性：数据类型和存储类别。在定义变量时，存储类别声明符要放在数据类型的前面，一般格式为：

＜存储类别＞ 数据类型 变量标识符；

＜存储类别＞ 数据类型 函数标识符；

7.7.2 动态变量

动态变量是在程序中执行的某一时刻被动态地建立并在某一时刻又可被动态地释放的一种变量，它们存在于程序的局部，也只在局部可用。动态变量有 3 种类型：局部（自动）变量、寄存器变量和函数形参变量。本节只讲述前两种动态变量，第 3 种已经在前面讲述过，此处不再赘述。

1. 局部（自动）变量

自动变量是 C 语言中使用最多的一种变量。因为建立和释放这种类型的变量，都是由系统自动进行的，所以称为**自动变量**。在一个函数中定义自动变量，在调用此函数时才能给变量分配存储单元，当函数执行完毕后，这些存储单元将被释放。声明局部变量的一般形式为：

[auto] 类型标识符 变量标识符 [= 初始表达式]，… ；

其中，auto 是自动变量的存储类别声明符，一般可以省略。省略 auto，系统默认此变量为 auto。因此省略 auto 的变量实际上都是自动变量。例如，

auto int a, b = 5;　与　　int a, b = 5;　等价。

下面对局部变量（自动）变量说明如下：

1）自动变量是局部变量。

2）自动变量只在定义它的那个局部范围才能使用。例如，在一个函数中定义了一个 x，那么它的值只有在本函数内有效，其他函数不能通过引用 x 而得到它的值。

3）未进行初始化时，自动变量的值是不定的。

下面以例 7-25 和例 7-26 进行说明。

例 7-25

```
#include <stdio.h>
int main()
{   /* * * (10)* * */
    int x = 1;
    {/* * * (20)* * */
        void ptr(viod);
        int x = 3;
        ptr();
        printf("2nd x=%d\n", x);
    }/* * * (21)* * */
    printf("1st x=%d\n", x);
    return 0;
}
/* * * (11)* * */
void ptr(void)
{
    /* * * (30)* * */
    int x = 5;
    printf("3th x=%d\n", x);
}   /* * * (31)* * */
```

上述程序先后定义了 3 个变量 x，它们都是自动变量，都只在本函数或复合语句中有效。它们的作用域如图 7-9 所示。

在 main 函数中定义的变量 x 在 10 ～ 11 范围有效，可以被引用。但当程序执行到 20 时，又定义了一个 x 值，它的作用域为该复合语句范围，即 20 ～ 21。在这个范围内有两个 x 均为自动变量，第一个 x = 1，第二个 x = 3。而 main 函数最后一个语句输出 x 的值为 1。

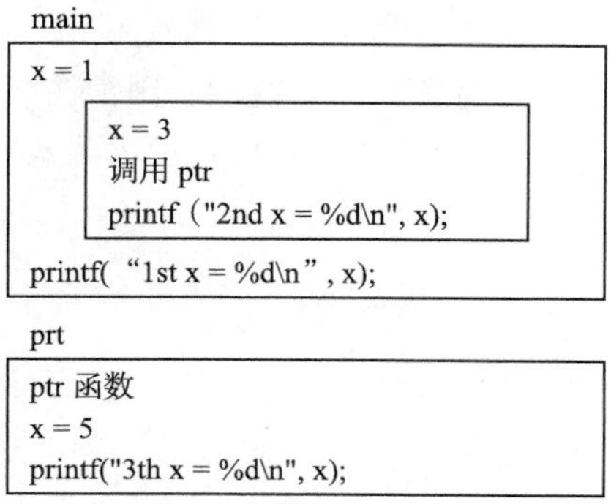

图 7-9　变量的作用域

因外层的 x 和内层的 x 不是同一个变量，故内层的 x 是 3，而外层的 x 仍为 1。ptr 函数中定义的变量 x 只有在函数中有效，它与前面两个 x 互不相干。

运行结果为：

```
3th x = 5
2nd x = 3
1st x = 1
```

应用局部（自动）变量有如下好处：

① "用之则来，用完即撤"，可以节省大量存储空间。

② "同名不同义"，程序员无须关心程序的其他局部使用了什么变量，可以独立地给本区域命名变量。对于使用了其他区域同名的变量，系统也把它们看作不同的变量。

③ 在同一个局部中定义所需的变量，便于阅读、理解程序。

例 7-26 使用未赋值的自动变量。

```c
#include <stdio.h>
int main()
{
    int  i;
    printf("i = %d\n", i);
    return 0;
}
```

运行结果为：

i = 62（运行结果也可能不是该值）

这里的 62 是一个不可预知的数，由 i 所在的存储单元当时的状态决定。

因此，要引用自动变量，必须对其初始化或对其赋值，才能引用它。自动变量的初始化是在程序执行过程中运行。若在定义变量时含有初始化表达，系统在为该自动变量开辟存储空间的同时，会按初始化表达式的计算结果赋一个初始值。对自动变量初始化时，要注意以下问题：

1）一个变量只能对其初始化一次。

2）自动变量允许用表达式初始化，但该初始化表达式中的变量必须已具有确定值。

```c
binary(float x, int v, int n)
{
    int low = 0, high = n - 1;
    ...
}
```

上述程序是合法的，因为在给 low 和 high 分配存储单元时，形参 n 已获得一个确定值。

3）允许用相当的赋值表达式替代初始化。例如，上述程序可以改为：

```c
binary(float x, int v, int n)
{
    int low, high;
    low = 0;
    high = n - 1;
    ...
}
```

其作用与上面的初始化完全相同。

4）对同一函数的两次调用之间，自动变量的值不保留，因为其所在的存储单元已被释放。

2. 寄存器变量

寄存器变量具有与自动变量完全相同的性质。当把一个变量指定为寄存器存储类型时，系统将它放在 CPU 中的一个寄存器中。通常把使用频率较高的变量（如循环次数较多的循环变量）定义为 register 类型。

例 7-27　有一函数：

```
#include<stdio.h>
void m_table(void)
{
    register int i, j;      /* 定义寄存器变量 */
    for(i = 1; i <= 9; i++)
        for(j = 1; j <= i; j++)
        {
            printf("%d*%d=%d", j, i, j * i);
            putchar((i == j) ? '\n' : '\t');
        }
}
```

请分析上述程序的作用与输出结果。由于频繁使用变量 i、j，故将它们放在寄存器中。可以用以下的 main() 函数调用它们。

```
int main()
{
    void m_table(void);
    m_table();
    return 0;
}
```

运行结果为：

```
1*1=1
1*2=2   2*2=4
1*3=3   2*3=6   3*3=9
1*4=4   2*4=8   3*4=12   4*4=16
1*5=5   2*5=10  3*5=15   4*5=20   5*5=25
1*6=6   2*6=12  3*6=18   4*6=24   5*6=30   6*6=36
1*7=7   2*7=14  3*7=21   4*7=28   5*7=35   6*7=42   7*7=49
1*8=8   2*8=16  3*8=24   4*8=32   5*8=40   6*8=48   7*8=56   8*8=64
1*9=9   2*9=18  3*9=27   4*9=36   5*9=46   6*9=54   7*9=63   8*9=72   9*9=81
```

函数的形参也可以使用寄存器变量，例如，

```
fun(register int nar1, register int nar2)
{
    ...
}
```

应当注意的是，由于各种计算机系统中寄存器的数目不等，寄存器的长度也不同。C 标准对寄存器存储类别只作为建议提出，不做硬性统一规定，在实现时，各系统有所不同。例如有的计算机有 7 个寄存器，有的只有 3 个。在程序中如遇到指定为 register 类别的变量，系统会努力去实现它。但如果因条件限制（例如，只有 3 个寄存器，而程序中定义了 8 个寄存器变量）不能实现时，系统会自动将它们（即未实现的那部分）处理成局部变量。

7.7.3 静态变量

静态变量有以下特点：

1）静态变量的初始化是在编译时进行的，在定义时只能用常量或常量表达式进行显式初始化。在未显式初始化时，编译系统把它们初始化为：

0   （对整型）

0.0   （对实型）

空串   （对字符型）

静态变量的定义采用下面格式：

static 类型标识符 变量标识符 [= 初始化常数表达式],…;

例如，

```
int main()
{
    static int a[5] = {1, 3, 5, 7, 9};
    ...
}
```

2）静态变量的存储空间在程序的整个运行期间是固定的（static），而不像动态变量那样在程序运行当中被动态建立、动态释放。一个变量被指为静态（固定），在编译时即分配存储空间，程序一开始便被建立，在整个运行阶段中都不释放。

3）静态局部变量的值具有可继承性。当变量在函数内被指定为静态时，该函数运行结束后，静态局部变量仍保留该次运行的结果，下次运行时，该变量在上次运行的结果基础上继续工作，如例 7-28 所示。这是它与一般局部（自动）变量生存期上最大的区别。

例 7-28 比较下面两个循环。

```
#include <stdio.h>
void main( )
{
    void increment(void);
    increment( );
    increment( );
    increment( );
}
void increment(void)
{
    int x = 0;/*auto*/
    x++;
    printf("%d\n", x);
}
```

```
#include <stdio.h>
void main( )
{
    void increment(void);
    increment( );
    increment( );
    increment( );
}
void increment(void)
{
    static int x = 0;/*static*/
    x++;
    printf("%d\n", x);
}
```

运行结果为：

```
1
1
1
```

运行结果为：

```
1
2
3
```

（变量 x 的值未被继承）   （increment 函数中的 x 的值被继承）

4）静态局部变量的值只能在本函数（或复合语句）中使用。在一个函数（或复合语句）中定义的变量是局部变量，它们只能在本局部范围内被引用，这是不言而喻的。前面介绍过，static 类别的变量在函数调用结束后其存储单元不释放，其值具有继承性，即在下一次调用该函数时，此静态变量的初值就是上一次调用结束时变量的值。但是，不释放不等于说其他函数可以引用它的值。生存期（存在期）是一个时间概念，而作用域是空间概念，两者不可混淆。定义静态局部变量只是为了在多次调用同一函数时使变量能保持上次调用结束时的结果。例如在例 7-28 的第二个程序中，在 increment 函数中的变量 x 是静态的，也是局部的，这个 x 不能为 main 函数引用。

除了静态局部变量之外，还有静态外部变量，这将在下一节进行介绍。

7.7.4　外部变量

在一个文件中，定义在函数外部的变量称为**外部变量**，外部变量是全局变量。外部变量编译时分配在静态存储区，它可以为程序中各个函数所引用。

一个 C 程序可以由一个或多个源程序文件组成，外部变量就是全局变量，前面已经介绍了它的使用方法。如果由多个源程序组成，那么某一个文件中的函数能否引用另一个文件中的外部变量呢？有两种情况：

1）限定本文件的外部变量只在本文件使用（静态外部变量）。如果有的外部变量只允许本文件使用而不允许其他文件使用，则可以在外部变量前加一个 static，即为静态外部变量。例如，

```
static int x = 3, y = 5;
main()
{...}
f1()
{...}
f()
{...}
```

在本文件中，x、y 为外部变量，但由于加了 static，故为静态外部变量，其作用域也仅限于本文件。注意：外部变量是在编译时分配存储单元的，它不随函数的调用与退出而建立和释放，即它的生存期是整个程序的运行周期，并不是因为外部变量加了 static 才是不释放的。使用静态外部变量的好处是：当多人分别编写一个程序的不同文件时，可以按照需要命名变量而不必考虑是否会与其他文件中的变量同名，以保证文件的独立性。

例 7-29　产生一个随机数序列。

采取以下公式来产生一个随机数序列：

```
r = (r * 123 + 59) % 65535
```

只要给出一个 r 初值，就能计算出下一个 r（值在 0 ～ 65534 范围内）。编写以下一个源文件：

```
#include <stdio.h>
static unsigned int r;
random(void)
{
    r = (r * 123 + 59) % 65535;
    return(r);
}
/* 产生 r 的初值 */
unsigned random_start(unsigned int seed)
{
    r = seed;
    return(r);
}
```

r 是一个静态外部变量，其初值为 0。在需要产生随机数的函数中先调用一次 random_start 函数以产生 r 的第一个值，然后再调用 random 函数，每调用一次 random 函数，就得到一个随机数。例如，可以用以下函数调用：

```
int main()
{
    int i, n;
    printf("please enter the seed:");
    scanf("%d", &n);
    random_start(n);
    for(i = 1; i < 10; i++)
        printf("%u ", random());
    return 0;
}
```

运行结果为：

```
please enter the seed:5
674 17426 46337 63500 11894 21251 58067 64520 6284
please enter the seed:3
428 52703 60098 52193 62903 3998 33068 4253 64433
```

把产生随机数的两个函数和一个静态外部变量单独组成一个文件，单独编译。这个静态变量 r 是不能被其他文件直接引用的，即使别的文件中有同名的变量 r 也互不影响。r 的值是通过 random 函数返回值带到主函数中的。因此，在编写程序时，往往将用到某一个或几个静态外部变量的函数单独编成一个小文件。可以将这个文件放在函数库中，用户可以调用函数，但不能使用其中的静态外部变量（这个外部变量只供本文件中的函数使用）。静态外部变量可以使程序的一部分相对于另一部分不可见。static 存储类别便于建立一批可供放在函数库中的通用函数，而不致导致数据上的混乱。善于利用外部静态变量对于设计大型的程序是有用的。

2）可将普通外部变量的作用域扩展到其他文件，允许其他文件中的函数引用。这时需要在使用这些外部变量的文件中对变量用 extern 进行声明。

例 7-30　程序的作用是：给定 b 的值，输入 a 和 m，求 a*b 和 a^m 的值。

程序包括两个文件 file1.c 和 file2.c。

文件 file1.c 中的内容为：

```
#include <stdio.h>
int a;
void main()
{
    int power(int n);
    int b = 3, c, d, m;
    printf("enter the number a and its power:\n");
    scanf("%d,%d", &a, &m);
    c = a * b;
    printf("%d * %d = %d\n", a, b, c);
    d = power(m);
    printf("%d ** %d = %d", a, m, d);
}
```

文件 file2.c 中的内容为：

```
extern int a;
```

```
power(int n)
{
   int i, y = 1;
   for(i = 1; i <= n; i++)
      y *= a;
   return y;
}
```

可以看到，file2.c 文件中的开头有一个 extern 声明（注意：这个声明不是在函数的内部。函数内用 extern 声明使用本文件中的全局变量的方法，前面已做了介绍），它声明了本文件中出现的变量 a 是一个已经在其他文件中定义过的外部变量，本文件不必再次为它分配存储空间。本来外部变量的作用域是从它的定义点到文件结束，但可以用 extern 声明将其作用域扩大到有 extern 声明的其他源文件。假如一个 C 程序有 5 个源文件，只在一个文件中定义了外部整型变量 a，那么其他 4 个文件都可以引用 a，但必须在每一个文件中都加一个"extern int a;"声明。在各文件经过编译后，将各目标文件链接成一个可执行的目标文件。

但是用这样的全局变量应十分慎重，因为在执行一个文件中的函数时，可能会改变该全局变量的值，从而影响到另一个文件中的函数执行结果。

综上所述，对于一个数据的定义，需要指定两种属性：数据类型和存储类型，分别用两个关键字进行定义。例如，

```
static int a;              （静态内部变量或静态外部变量）
auto char c;               （自动变量，在函数内定义）
register int d;            （寄存器变量，在函数内定义）
```

此外，在对变量进行声明时，可以用 extern 声明某变量为已定义的外部变量，例如，

```
extern int b;              （声明 b 是一个已定义的外部变量）
```

下面从不同角度进行一些归纳：

1）从作用域角度来区分，有局部变量和全局变量。它们采取的存储类别如下：

局部变量 {
自动变量，即动态局部变量（离开函数，值就消失）
静态局部变量（离开函数，值仍保留）
寄存器变量（离开函数，值就消失）
形式参数可以定义为自动变量或寄存器变量

全局变量 {
静态外部变量（只限于本文件使用）
外部变量（即非静态的外部变量，允许其他文件引用）

2）从变量存在的时间来区分，有动态存储和静态存储两种类型。静态存储是在程序整个运行时间都存在，动态存储则是在调用函数时临时分配内存单元。

动态存储 {
自动变量（本函数内有效）
寄存器变量（本函数内有效）
形式参数（本函数内有效）

静态存储 {
静态局部变量（函数内有效）
静态外部变量（本文件内有效）
外部变量（其他文件可以引用）

3）从变量值存在的位置来区分，可分为：

$$\text{内存中静态存储区} \begin{cases} \text{静态局部变量} \\ \text{静态外部变量(函数外部静态变量)} \\ \text{外部变量(可被其他文件引用)} \end{cases}$$

内存中动态存储区：自动变量和形式参数

CPU 中的寄存器：寄存器变量

4）关于作用域和生存期的概念。对于变量的性质可以从两个方面分析：一是从变量的作用域；二是从变量值存在时间的长短，即生存期。前者是从空间的角度，后者是从时间的角度，两者有联系，但不是一回事。图 7-10 是作用域的示意图。图 7-11 是生存期的示意图。如果一个变量在某个文件或函数范围内是有效的，则称该文件或函数为该变量的作用域，在此作用域内可以引用该变量，所以又称变量在此作用域可见，这种性质又称为变量的可见性。例如变量 a、b 在函数 f1 中"可见"。如果一个变量值在作用域某一时刻是存在的，则认为这一时刻属于该变量的"生存期"，或称该变量在此时刻"存在"。

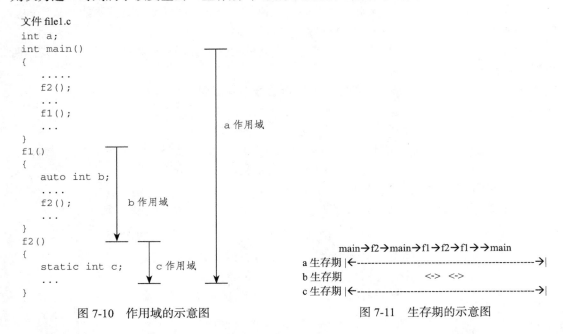

图 7-10　作用域的示意图　　　　　　图 7-11　生存期的示意图

各种变量存储类别的作用域和生存期见表 7-1。

表 7-1　各种变量存储类别的作用域和生存期

存储类别	变量声明的位置	变量作用域	变量生存期
static	函数外部	文件内的定义点到结束	程序的整个执行过程
	函数内 / 复合语句内	函数内 / 复合语句内	程序的整个执行过程
extern	函数外部	文件内的定义点到结束	程序的整个执行过程
	函数内 / 复合语句内	函数内 / 复合语句内	程序的整个执行过程
auto	函数内 / 复合语句内	函数内 / 复合语句内	进入函数内时 / 进入复合语句时
register	函数内 / 复合语句内	函数内 / 复合语句内	进入函数内时 / 进入复合语句时
定义变量时无存储类型声明	函数外部	文件内的定义点到结束，或有外部声明的文件的外部声明点到文件结束	程序的整个执行过程
	函数内 / 复合语句内	函数内 / 复合语句内	进入函数内时 / 进入复合语句时

7.8　内部函数和外部函数

C 语言的每个函数都是独立的代码块，函数中的语句是函数本身独有的，不受函数外语句的影响，除非调用函数。C 语言函数的地位平等，不能在函数内部再定义函数，这正是 C 语言不是技术上的结构化语言的原因。

如前面所述，函数定义格式为：

存储类别 类型标识符 函数标识符（带类型说明的形参表）

{

　　　函数体

}

函数本质上是全局的（外部的），因为一个函数要被另一个函数调用。但是，根据函数能否被其他源文件调用，将函数区分为内部函数和外部函数。

7.8.1　内部函数

用存储类别 static 定义的函数称为**内部函数**，其一般形式为：

static 类型标识符 函数标识符 (带类型说明的形参表)

例如，

```
static int func(int x, int y)
```

内部函数又称为静态函数。内部函数只能被本文件中的其他函数所调用，而不能被其他外部文件调用。使用内部函数，可以使函数局限于所在文件。如果在不同的文件中有同名的内部函数，则互不干扰。这样，不同的程序员可以分别编写不同的函数，而不必担心所用函数是否会与其他文件中的函数同名，通常把只有同一文件使用的函数和外部变量放在同一文件中，冠以 static 使之局部化，其他文件不能引用。

7.8.2　外部函数

按存储类别 extern（或没有指定存储类别）定义的函数，其作用域是整个程序的各个文件，即可以被其他文件的任何函数调用，这样的函数称为**外部函数**。本书前面所用的函数因没有指定存储类别，故默认为外部函数。

在需要调用外部函数的文件中，一般要用 extern 声明所用函数是外部函数。

例 7-31　有一个字符串，内有若干字符，现输入一个字符，程序将字符串中的该字符删去，用外部函数实现。

file1.c（文件 1）

```
#include <stdio.h>
int main()
{
    extern input_str(char str[]), del_str(char str[], char ch);
    extern print_str(char str[]); // 声明本文件要用到其他文件中的函数
    char c;
    static char str[80];
    input_str(str);
    scanf("%c", &c);
    del_str(str, c);
    print_str(str);
    return 0;
}
```

file2.c(文件 2)

```
#include<stdio.h>
extern input_str(char str[])                 /* 定义外部函数 input_str*/
{
    gets(str);
}
```

file3.c(文件 3)

```
extern del_str(char str[], char ch)          // 定义外部函数 del_str
{
    int i, j;
    for(i = j = 0; str[i] != '\0'; i++)
        if(str[i] != ch)
            str[j++] = str[i];
    str[j] = '\0';
}
```

file4.c (文件 4)

```
#include <stdio.h>
extern print_str(char str[])                 /* 定义函数 print_str*/
{
    printf("%s", str);
}
```

运行结果为:

```
abcdefgc    ( 输入 str)
c           ( 输入删去的字符 )
abdefg      ( 输出已删去指定字符的字符串 )
```

整个程序由 4 个文件组成。每个文件包含一个函数。主函数是主控函数，由 4 个函数调用语句组成，其中 scanf 是库函数。另外 3 个是用户自己定义的函数，它们都定义为外部函数。当然，定义时 extern 不写也可以，系统默认它们为外部函数。在 main 函数中用 extern 声明在 main 函数中用到的 input_str、del_str、print_str 是外部函数。在有的系统中，也可以不在调用函数中对被调用的函数进行"外部声明"。

del_str 函数用于根据给定的字符串 str 和要删除的字符，对 str 做删除处理。算法是这样的：对 str 的字符逐个检查，如果不是被删除的字符就将它存放在数组中。从 str[0] 开始逐个检查数组元素值是否等于要删除的字符，若不是就留在数组中，若是就不留。

在用一般方法进行编译连接时，先分别对 4 个文件进行编译，得到 4 个 .OBJ 文件。然后用 link 把 4 个目标文件 (.OBJ 文件) 链接起来。

习题

7.1 实现函数 Squeeze(char s[], char c)，其功能为删除字符串 s 中所出现的与变量 c 相同的字符。

7.2 编写两个函数，分别求两个整数的最大公约数和最小公倍数，用主函数调用这两个函数，并输出结果。两个整数由键盘输入。

7.3 编写一个判断素数的函数，在主函数输入一个整数，输出是否为素数的信息。

7.4 编写一个函数，使输入的一个字符串按反序存放，在主函数中输入和输出字符串。

7.5 编写一个函数，将两个字符串连接。

7.6 编写一个函数，输入一个 4 位数字，要求输出其对应的 4 个数字字符，且输出时，每两个字符间空一个空格。如对于 2016，应输出 2 0 1 6，要求从主函数中输入该 4 位数字。

7.7　编写一个函数，用"选择排序法"对输入的 10 个字符从小到大排序。要求从主函数输入字符并输出排序结果。

7.8　编写一个函数，由实参传来一个字符串，统计此字符串中字母、数字、空格和其他字符的个数，在主函数中输入字符串以及输出上述的结果。

7.9　编写一个函数，输入一行字符，将此字符串中最长的单词输出。

7.10　用递归法将一个整数 n 转换成字符串。例如，输入 789，应输出字符串"789"。n 的位数不确定，可以是任意位数的整数。

7.11　编写一个函数，使给定的一个 3×3 的二维整型矩阵转置，即行列互换。

7.12　有一字符串，包含 n 个字符。编写一个函数，将此字符串从第 m 个字符开始的全部字符复制成另一个字符串。要求在主函数中输入字符串及 m 值并输出复制结果。

7.13　编写一个函数，利用参数传入一个十进制数，返回相应的二进制数。

7.14　求方程的 $ax^2+bx+c=0$ 根，用 3 个函数分别求当 b^2-4ac 大于 0、等于 0 和小于 0 时的根并输出结果。从主函数输入 a，b，c 的值。

7.15　用递归方法求 n 阶勒让德多项式的值，递归公式为：

$$P_n(x) = \begin{cases} 1 & (n = 0) \\ x & (n = 1) \\ ((2n-1) \cdot x - P_{n-1}(x) - (n-1) \cdot P_{n-2}(x))/n & (n \geq 2) \end{cases}$$

7.16　一个数如果恰好等于它的因子之和，这个数就称为"完数"。例如，6 的因子为 1、2、3，而 6=1+2+3，因此 6 是一个完数。试编程找出 1000 以内的所有完数。（要求用数组和函数调用来实现）

7.17　给出年、月、日，计算该日是该年的第几天。

7.18　输入 10 个学生 5 门课的成绩，分别用函数实现下列功能：

1）计算每个学生的平均分。

2）计算每门课的平均分。

3）找出所有 50 个分数中最高的分数所对应的学生和课程。

7.19　编写以下几个函数：

1）输入 10 个职工的姓名和职工号。

2）按职工号由小到大顺序排序，姓名顺序也随之调整。

3）要求输入一个职工号，用折半查找法找出该职工的姓名，从主函数输入要查找的职工号，输出该职工姓名。

7.20　写出下面各程序运行结果：

（1）

```c
#include <stdio.h>
fun(int x, int y);
void main()
{
    int j = 4, m = 1, k;
    k = fun(j, m);
    printf("%d,", k);
    k = fun(j, m);
```

```
        printf("%d\n", k);
    }
    fun(int x, int y)
    {
        static int m = 0, i = 2;
        i += m + 1;
        m = i + x + y;
        return(m);
    }
```

（2）

```
    #include <stdio.h>
    fun(int m);
    int k = 1;
    void main()
    {
        int i = 4;
        fun(i);
        printf("%d,%d\n", i, k);
    }
    fun(int m)
    {
        m += k; k += m;
        {
            char k = 'B';
            printf("%d\n", k - 'A');
        }
        printf("%d,%d\n", m, k);
    }
```

（3）

```
    #include <stdio.h>
    sub(int x, int y);
    int x1 = 30, x2 = 40;
    void main()
    {
        int x3 = 10, x4 = 20;
        sub(x3, x4);
        sub(x2, x1);
        printf("%d,%d,%d,%d\n", x3, x4, x1, x2);
    }
    sub(int x, int y)
    {
        x1 = x; x = y; y = x1;
    }
```

（4）

```
    #include <stdio.h>
    int x, y;
    void num()
    {
        int a = 15, b = 10;
        int x, y;
        x = a - b;
        y = a + b;
        return;
    }
    void main()
```

```
    {
       int a = 7, b = 5;
       x = a + b;
       y = a - b;
       num();
       printf("%d,%d\n", x, y);
    }
```

（5）

```
    #include <stdio.h>
    void num()
    {
       extern int x, y;
       int a = 15, b = 10;
       x = a - b;
       y = a + b;
       return;
    }
    int x, y;
    void main()
    {
       int a = 7, b = 5;
       x = a + b;
       y = a - b;
       num();
       printf("%d,%d\n", x, y);
    }
```

（6）

```
    #include <stdio.h>
    int i = 1;
    int reset();
    int next(int j);
    int last(int j);
    int newtt(int j);
    void main()
    {
       auto int i, j;
       i = reset();
       for(j = 1; j <= 3; j++)
       {
           printf("i = %d j = %d\n", i, j);
           printf("(i) = %d\n", next(i));
           printf("last(i) = %d\n", last(i));
           printf("newtt(i+j) = %d\n", newtt(i + j));
       }
    }
    int reset()
    {
       return(i);
    }
    int next(int j)
    {
       return(j = i++);
    }
    int last(int j)
    {
       static int i = 10;
       return(j = i--);
```

```
   }
int newtt(int j)
{
   auto int i = 10;
   return(i = j += 1);
}
```

（7）

```
#include <stdio.h>
int y = 2;
void main()
{
   int x;
   x = y++;
   printf("%d %d\n", x, y);
   if(x > 4)
   {
      int x;
      x = ++y;
      printf("%d %d\n", x, y);
   }
   x += y--;
   printf("%d %d\n", x, y);
}
```

（8）

```
#include <stdio.h>
int f(int a[], int n)
{
   if (n >= 1) return f(a, n-1) + a[n-1];
   else return 0;
}
void main()
{
   int aa[5] = {1, 2, 3, 4, 5}, s;
   s = f(aa, 5);
   printf("%d\n", s);
}
```

第8章　编译预处理

　　C 语言与其他高级语言的一个重要区别就是，它提供了编译预处理的功能。"编译预处理"是 C 编译系统的一个组成部分，主要有 3 种功能：宏定义、文件包含和条件编译。这些命令都以"#"开头为标志。在 C 编译系统对程序进行通常的编译（包括词法和语法分析、代码生成优化等）之前，先对程序中的这些特殊的命令进行"预处理"，然后对预处理的结果和源程序进行通常的编译处理，得到目标代码。

8.1　宏定义

8.1.1　不带参数的宏定义

　　宏定义 #define 是 C 语言中最常用的预处理指令。不带参数的宏定义定义了一个标识符（称为"宏名"）和一个字符串，并且在每次出现标识符时用字符串去代替它，这个替换过程称为**宏展开**。其一般形式为：

　　#define　标识符　字符串

　　宏名（标识符）与字符串之间用一个或多个空格分开。例如，

```
#define  PI  3.141592654
```

　　其作用是在编译预处理时，将程序中出现 PI 的地方用"3.141592654"这个字符串来代替。

　　例 8-1

```
#include <stdio.h>
#define PRICE 20
int main()
{
    int num = 10, total;
    total = num * PRICE;
    printf("total = %d\n", total);
    return 0;
}
```

　　在例 8-1 中，命令行定义 PRICE 代表常量 20，即在程序中出现 PRICE 的地方用 20 来代替，可以和常量一样参加运算。运行结果为：

```
total = 200
```

　　说明：

　　1）为了与一般的变量相区别，作为宏名的标识符一般用大写字母表示。但这并非规定，也可以用小写字母表示。

　　2）使用宏名代替一个字符串，可以用一个简单的名字来代替一个长的字符串，减少了程序中重复书写某些字符串的工作量，既不易出错，又提高了程序的可移植性。例如，用 PI 来代替 3.141592654，该数位数较多，极易写错，用宏名代替，简单而不易出错。另外，

宏名往往有一定的含义，因此大大增强了程序的可读性。

3）宏定义用宏名代替一个字符串，只做简单的纯粹文本替换，不做语法检查，由于所有预处理命令都在编译时处理完毕，因此它不具有任何计算、操作等执行功能，例如，

```
#define PI 3.14159
```

把数字 1 写成了小写字母 l，预处理也照样代入，不管含义是否正确。只有在编译已被宏展开后的源程序时才报错。

又如，

```
#define X 3 + 2
```

在程序中有"y = X * X;"语句，当宏展开时，原式变为"y = 3 + 2 * 3 + 2;"，不能理解成"y = 5 * 5;"。

4）宏定义不是 C 语句，不能在行末加分号。如果加了分号，则会连分号一起置换，在宏展开后可能会产生语法错误。

5）如果宏名出现在字符串中，不会进行宏展开。例如，

```
#define STR "Hello"
printf("STR");
```

上述语句不会打印出"Hello"，而是打印出"STR"。

6）如果字符串一行内装不下，可以放到下一行，只要在上一行的结尾处放一个反斜杠"\"即可。例如，

```
# define LONG_STING        "this is a very long sting that is used as an \
                            example."
```

7）在进行宏定义时，可以使用已定义的宏名，即可以层层置换。

例 8-2

```
#include <stdio.h>
#define M  3
#define N  M + 1
#define NN N * N / 2
int main()
{
    printf("%d\n", NN);
    printf("%d\n", 5 * NN);
    return 0;
}
```

程序中定义了 3 个不带参数的宏名：M、N 和 NN。在进行宏展开时，只需将宏名定义中的字符串代替即可。所以，NN 代替成 N * N / 2，再将 N 代替成 M + 1 * M + 1 / 2，进一步将 M 代换成 3 + 1 * 3 + 1 / 2，其值为 6.5，故第一个 printf 的输出为 6。

同理，5 * NN 可代换成 5 * 3 + 1 * 3 + 1 / 2，其值为 18.5，故第二个 printf 输出值为 18.5。

注意：在层层置换时，从最下面的宏定义语句向上逐层代换。不要人为地增加括号，也不要增加计算功能，宏展开只是字符串的简单置换。

8）#define 命令出现在程序中函数的外面，宏名的有效范围为定义命令之后到本源文件结束。通常，#define 命令写在文件开头、函数之前，作为文件的一部分，在此文件范围内有效。可以用 #undef 命令终止宏定义的作用域。例如，

```
#define  X   20
```

```
int main()
{
}
#undef
f1()
.
.
.
```

由于 #undef 的作用，使 X 的作用范围在 #undef 处终止。在 f1() 函数中，X 不再代替 20。这样可以灵活控制宏定义的作用范围。

8.1.2 带参数的宏定义

#define 语句还有一个重要特性，即宏定义里可以带参数，这样不仅可以进行简单的字符串替换，还可以进行参数替换。带参数的宏定义的一般形式为：

#define 宏名（参数表）字符串

宏名后的括号内有参数表，参数之间用逗号分隔，字符串中含有括号中所指定的参数。一般把宏定义语句中宏名后的参数称为虚参，而把程序中宏名后的参数称为实参。例如，

```
#define  S(a, h)  0.5*a*h
area = S(5, 2);
```

定义三角形面积为 S，a 为底边长，h 为底边上的高。在宏定义语句 " S(a,h) 0.5*a*h" 中的 a、h 称为虚参，程序中 S(5,2) 中的 5、2 称为实参。在程序中用了表达式 S(5,2)，用 5、2 分别代替宏定义中的虚参 a、h，即用 0.5*5*2 代替 S(5,2)。因此，赋值语句展开为

```
area = 0.5*5*2;
```

对于带参数的宏定义，通常按照以下步骤完成替换：

1）程序中宏名后的实参与命令行中宏名后的虚参按位置一一对应。

2）用实参代替字符串中的虚参。注意：只是字符串的代换，不含计算过程。

3）把用实参替换的字符串，替换程序中的宏名。

对于上例，即

1）将程序中 S(5, 2) 中的实参 5、2 与宏定义命令 S(a, h) 中的虚参 a、h 一一对应，即 5 对应 a、2 对应 h。

2）用实参 5、2 替换字符串中的虚参 a 和 h，0.5*a*h 变成 0.5*5*2。

3）把用实参替换的字符串 0.5*5*2 替换程序中的宏名，即进行宏展开。原式变为：

```
area = 0.5*5*2。
```

例 8-3　写出下列程序运行的结果：

```
#include <stdio.h>
#define  PT  3.5
#define  S(x)    PT*x*x
int main()
{
    int a = 1, b = 2;
    printf("%4.1f\n", S(a + b));
    return 0;
}
```

程序中定义了一个不带参数的宏名 PT 和一个带参数的宏名 S。预编译后，遇到宏名 S

则展开，即将虚参 x 以实参 a+b 代替，将宏名 PT 以 3.5 代替，从而形成了展开后的内容：

```
3.5 * a + b * a + b
```

运行时将 a、b 的值代入得到 3.5 * 1 + 2 * 1 + 2 = 7.5，故上述程序的结果是 7.5。

说明：

1）对带参数的宏的展开只是将语句中的宏名内的实参字符串代替 #define 命令行中的虚参，不能人为地增加括号和计算功能。如上例中展开为 3.5 * a + b * a + b 而不是 3.5 * (a + b) * (a + b)，如希望得到 3.5 * (a + b) * (a + b) 这样的式子，应当在宏定义时字符串中虚参的外面加一个括号。即

```
#define  S(x)      PT*(x)*(x)
```

在对 S(a + b) 进行宏展开时，将 a + b 代替 x，就成了：

```
PT * (a + b) * (a+b)
```

这就达到了目的。

2）由于宏定义时，宏名与其所代替的字符串之间有一个或一个以上的空格，因此宏名与带参数的括号之间不应加空格，否则将由空格以后的字符作为替换字符串的一部分，例如，

```
#define S (x)    PT * x * x    (S 与 (x) 之间多了一个空格)
```

被认为：S 是不带参的宏名，它代表字符串 "(x)   PT * x * x"。如果在语句中有

area = (x) PT * x * x(a);

这显然是错误的。

3）带参数的宏的使用和函数调用有很多相似之处，极易混淆。它们有以下几点不同：

①函数调用是在程序运行时处理的，分配临时的存储单元。宏展开则是在编译时进行，在展开时并不分配存储单元，不进行值的传递处理，也没有 "返回值" 的概念。

②函数调用时，先求出实参表达式的值，然后代入形参，而带参数的宏只进行简单的字符串替换，并不是求出它的值再替换。

③在函数调用时，对函数中的实参和形参都要定义类型，而且要求两者的类型一致，如不一致，应进行类型转换，而宏定义不存在类型问题，宏名无类型，只是一个符号代表，展开时代入指定的字符串即可。在宏定义时，字符串可以是任何类型的数据。例如，

```
#define   A     2.0          （数值）
#define   B     HANGZHOU     （字符）
```

这里，A 和 B 不需要定义类型，它们不是变量。同样对带参数的宏：

```
#define S(x)      PT * x * x
```

x 也不是变量，如在语句中有 S(2.5)，则展开后为 PT * 2.5 * 2.5，语句中并不出现 x，当然不必定义 x 的类型。

④函数调用不会使源程序变长，而多次使用宏定义时，宏展开后会使源程序变长。

⑤函数调用占用运行时间（分配单元、保留现场、值传递、返回），而宏替换不会占用运行时间，只占用编译时间。

应用带参数的宏定义，往往可以将一些简单的操作，用宏定义来实现。这样使程序变得更加简洁、灵活。例如，

```
#define     MAX(x, y)        ((x) > (y) ? (x): (y))
```
可用来求两个数的最大数。

```
#define     ABS(a)          ((a)<0 ? -(a) : (a))
```
可用来求数值的绝对值。

```
#define     SQUARE(x)       (x)*(x)
```
可用来求数值的平方值。

```
#define     ISLOWERCASE(c)          (((c) >= 'a')&&((c) <= 'z'))
```
可用来判别字符 c 是否为小写字母。

```
#define     ISDIGIT(c)              (((c) >= '0')&&((c) <= '9'))
```
可用来判别字符 c 是否为数字。

一般说来，C 语言程序员习惯将宏定义语句放在程序开头或单独存在一个文件中，并且宏名用大写字母。这种习惯使阅读程序的人一看就知道哪些地方要进行宏展开、在哪里找宏定义语句。

例 8-4 用宏定义编制打印不同半径圆的周长、面积及球的体积的程序。

```
#include <stdio.h>
#define PI          3.141592654     /* 宏定义圆周率 */
#define SQUARE(x)  (x) * (x)        /* 宏定义求平方 */
#define CUB(x) (x) * (x) * (x)      /* 宏定义求立方 */
double area(double r);
double cirfer(double r);
double vol(double r);
int main()
{
    double r;
    r = 2.0;
    printf("radius = %f: %f  %f  %f\n", r, area(r), cirfer(r), vol(r));
    r = 2.5;
    printf("radius = %f: %f  %f  %f\n", r, area(r), cirfer(r), vol(r));
    return 0;
}
double area(double r)
{
    return(PI * SQUARE(r));
}
double cirfer(double r)
{
    return(2.0 * PI * r);
}
double vol(double r)
{
    return(4.0 / 3.0 * PI * CUB(r));
}
```

运行结果为：

```
radius = 2.000000: 12.566371  12.566371  33.510322
radius = 2.500000: 19.634954  15.707963  65.449847
```

例 8-5 定义一个带参数的宏，使两个参数的值互换，并编写一个程序，输入两个整数作为使用宏时的参数，输出已经交换的两个值。

程序如下:

```
#include <stdio.h>
#define SWAP(a, b)        t = b;b = a;a = t;
int main()
{
    int a, b, t;
    printf("请输入两个整数:");
    scanf("%d,%d", &a, &b);
    printf("原来数据为:a = %d,b = %d\n", a, b);
    SWAP(a, b);
    printf("交换结果为:a = %d,b = %d\n", a, b);
    return 0;
}
```

运行结果为:

```
请输入两个整数:44,55
原来数据为:a = 44,b = 55
交换结果为:a = 55,b = 44
```

例 8-6 分析下面程序的作用。

```
/*format.h*/
#define DIGIT(d)         printf("整数输出: %d\n", d)
#define FLOAT(f)         printf("实数输出: %10.2f\n", f)
#define STRING(s)        printf("字符串输出: %s\n", s)
/* 用户程序 */
#include     <stdio.h>
#include     "format.h"
int main()
{
    int d, num;
    float f;
    char s[80];
    printf("请选择输入形式: 1- 整数, 2- 实数, 3- 字符串: ");
    scanf("%d", &num);
    switch(num)
    {
        case 1:printf("请输入一个整数: ");
               scanf("%d", &d);
               DIGIT(d);
               break;
        case 2:printf("请输入一个实数: ");
               scanf("%f", &f);
               FLOAT(f);
               break;
        case 3:printf("请输入一个字符串: ");
               scanf("%s", &s);
               STRING(s);
               break;
        default: printf("输入出错! ");
    }
    return 0;
}
```

该程序首先定义了一个头部文件 format.h,在这个头文件里用宏定义设计了 3 种输出格式。用户文件用 #include 语句把这个指定文件的内容包含进来。

一般 C 系统带有大量的 .h 文件,可根据不同的需要将相应的 .h 文件包含进来。

预处理提供的文件包含能力不但减少了重复性工作,而且因宏定义出错或者因某种原因需要修改某些宏定义语句时，就只需对相应宏定义进行修改，不必对使用这些宏定义的各个程序文件分别进行修改。例如，如果把程序中的实数输出格式改变为 8.2f，只要修改头文件即可。

对某个宏定义文件进行修改以后，用文件包含语句包含了这个文件的所有源程序都应重新进行编译处理。这种工作方式同样减轻了程序开发的工作量，减轻了人工处理时可能造成的各种错误。

运行示例如下：

1）请选择输入形式：1- 整数，2- 实数，3- 字符串：3<CR>

　　请输入一个字符串：goodbye

　　字符串输出：goodbye

2）请选择输入形式：1- 整数，2- 实数，3- 字符串：1<CR>

　　请输入一个整数：5698

　　整数输出：5698

3）请选择输入形式：1- 整数，2- 实数，3- 字符串：2<CR>

　　请输入一个实数：4598.75

　　实数输出：4598.75

可以参照例 8-6，写出各种输入 / 输出的格式（例如实型、长整型、十六进制整数、八进制整数、字符型等），把它们单独编成一个文件，它相当于一个"格式库"，用 #include 命令将其"包括"到自己所编写的程序中，用户就可以根据情况各取所需了，这显然是很方便的。

8.2　文件包含

为了适应程序模块化的要求，一个可执行 C 程序的各个函数可以被分散地组织在多个文件中；有的符号常数、宏以及组合类型的变量也通常被定义在一个独立的文件中，而为其他文件中的程序所共用。因此，有必要在一个文件中指出它的程序使用其他文件中函数以及有关定义的各种情况，以便预处理程序将它们"合并"为一个整体。这就需要 C 语言提供"文件包含"的功能。

所谓"文件包含"处理是指一个源文件可以将另一个源文件的全部内容包含到本文件中。C 语言用 #include 命令来实现"文件包含"的操作。其一般形式为：

#include"文件名"或

#include < 文件名 >

图 8-1 表示了"文件包含"的含义，其中图 8-1a 为 f1.c，它用一个 #include "f2.c" 命令来实现"文件包含"，然后还有其他内容（以 A 表示），图 8-1b 为另一个文件 f2.c，内容用 B 表示。在编译预处理时，用 #include 命令进行"文件包含"处理：将 f2.c 的全部内容复制并插入 #include "f2.c" 命令处，将 f2.c 包含到 f1.c 中，即得到图 8-1c 所示的结果。在后面进行的编译中，将包含了 f2.c 的 f1.c 文件作为一个源文件单位进行编译。

#include 预处理命令行可以引用一个文件，被引用的文件也可以有 #include 命令行，从而出现嵌套的情况，如图 8-2 所示。其中 F1 的 #include 要求包含文件 F2，而 F2 的 #include 又

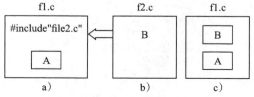

图 8-1　"文件包含"的含义示意图

要求包含 F3，因此编译后的程序实际上相当于一个包含 F1、F2、F3 文件的完整程序。

　　一个 include 命令只能指定一个包含文件，如果要包含 n 个文件，要用 n 个 include 命令。一种常在文件头部的被包含的文件称为"标题文件"或"头文件"，常以".h"作为扩展名（h 为 head 的缩写）。当然，这并非是规定，不用".h"，而用".c"作为扩展名也可以。用".h"作为扩展名更能表现此文件的性质。

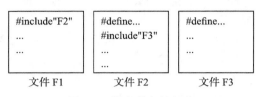

图 8-2　嵌套的文件包含

　　在 #include 命令中，文件名可以用双引号或尖括号括起来，两种形式都是合法的。如在 f1.c 中用

```
#include "f2.c" 或
#include < f2.c >
```

都是合法的。两者的区别是：用双引号的形式，系统先在被包含文件的源文件（即 f1.c）所在的文件目录中寻找要包含的文件，若找不到，再按系统指定的标准方式检索其他目录。而用尖括号形式时，不检索源文件 f1.c 所在的目录而直接按系统标准方式检索文件目录。一般来讲，用双引号较保险，不会找不到（除非不存在文件）。当然，如果已经知道要包含的文件不在当前子目录内，可以用"< 文件名 >"形式。头文件一般可包括宏定义、结构体类型定义、函数声明、全局变量声明等。

　　C 语言将一些函数分类在各个头文件中。通常在程序需要调用 I/O 库函数时，必须在用户文件的开头，使用如下的文件包含预处理命令行：

```
#include <stdio.h>
```

在使用标准数学库函数时，必须在用户文件的开头使用如下的文件包含预处理命令行：

```
#include <math.h>
```

在使用字符串函数时，要在用户文件的开头使用如下的文件包含预处理命令行：

```
#include <string.h>
```

　　除了在使用 C 语言的库函数时要进行"文件包含"处理之外，应用文件包含还可以节省程序人员的重复劳动。在一个系统开发时，某一单位的人员往往使用一组固定的符号常量，可以把这些宏定义命令组成一个文件，然后每人都可以用 #include 命令将这些符号常量包含到自己的用户文件中。如果需要修改一些常量，不必修改每个程序，只要修改头文件即可。但应注意：被包含的文件修改后，凡包含此文件的所有文件都要全部重新编译。因此，应用头文件，既节省了劳力，又提高了程序的灵活性和可移植性。

　　例 8-7　头文件应用示例。

　　（1）文件 print_format.h

```
#define PR printf
#define NL "\n"
#define D  "%d"
#define D1 D NL
#define D2 D D NL
#define D3 D D D NL
#define D4 D D D D NL
#define S  "%s" NL
```

（2）文件 file1.c

```
#include <stdio.h>
#include "print_format.h"
int main()
{
    int a,b,c,d;
    char string[ ] = "China";
    a = 1; b = 2; c = 3; d = 4;
    PR(D1, a);
    PR(D2, a, b);
    PR(D3, a, b, c);
    PR(D4, a, b, c, d);
    PR(S, string);
    return 0;
}
```

运行结果为：

```
1
12
123
1234
China
```

上述程序中用 PR 代表 printf。以 NL 代表执行一次"回车换行"操作。以 D 代表整型输出的格式符。以 D1 代表输出完一个整数后回车换行，D2 代表输出两个整数后换行，D3代表输出 3 个整数后换行，D4 代表输出 4 个整数后换行。以 S 代表输出一个字符串后换行。可以看到，程序中编写输出语句就比较简单了，只要根据需要选择已定义的输出格式即可，连 printf 都可以简写为 PR。

最后，应注意在包含文件预处理行中，使用双引号（" "）和尖括号（< >）的区别。为了提高预处理程序有关文件的检索效率，由用户自己命名的非标准文件被包含时，需要使用双引号将文件包括起来；而由系统提供的标准文件（如 math.h 和 stdio.h）被包含时，使用尖括号。

8.3 条件编译

C 语言在对源程序进行编译时，一般所有行都参加编译。但是，C 语言也允许有选择的对源程序的某一部分进行编译，这就是"条件编译"。条件编译有以下 3 种形式：

8.3.1 条件编译语句 1

```
#ifdef <标识符>
    程序段 1
#else
    程序段 2
#endif
```

其功能是：当指定标识符已经被定义过（一般用 #define 命令定义），则对程序段 1 进行编译；否则，对程序段 2 进行编译。其中，#else 部分可以没有，即写作

```
#ifdef <标识符>
    程序段 1
#endif
```

这里的"程序段"可以是语句组，也可以是命令行。

例如，

```
#ifdef   PDF
  n++;
#else
  n--;
#endif
```

其预处理的功能为：如果标识符 PDF 已在前面的程序中用"#define"作为符号常量定义过，则对语句"n++"进行编译并作为目标程序的一部分。否则，对语句"n--"进行编译，作为目标程序的一部分。又例如，

```
#ifdef   IBM_PC
    #define  INTERGER_SIZE 16
#else
    #define  INTERGER_SIZE 32
#endif
```

其预处理的功能为：如果标识符 IBM_PC 在前面已被定义过，则编译下面的命令行：

```
#define   INTERGER_SIZE 16
```

否则，编译下面的命令行：

```
#define   INTERGER_SIZE 32
```

在这里如果条件编译之前曾出现以下命令行：

```
#define   IBM_PC 16
```

或将 IBM_PC 定义为任何字符串，甚至是：

```
#define   IBM_PC
```

则预编译后程序中的 INTERGER_SIZE 都将用 16 代替，否则用 32 代替。应用上述方法，可以将一个 C 源程序在不同机器运行，通过条件编译，实现不同的目的，增加了程序的通用性。

8.3.2 条件编译语句 2

```
#ifndef < 标识符 >
    程序段 1
#else
    程序段 2
#endif
```

其功能是：若指定的标识符未被定义，则编译程序段 1；否则，编译程序段 2。这种形式的功能和第一种形式的功能相反。例如，

```
#ifndef  LIST
    printf("x = %d, y = %d, z = %d\n", x, y, z);
#endif
```

其预处理的功能为：如在此之前未对 LIST 定义，则输出 x、y、z 的值。

在程序调试时，不对 LIST 定义，此时输出 x、y、z 的值，调试结束后，在运行上述程序段之前，加以下面的命令行：

```
#define LIST
```

则不输出 x、y、z 的值。

8.3.3　条件编译语句 3

```
#if 表达式
    程序段 1
#else
    程序段 2
#endif
```

其功能是：若指定的表达式为真（非零），则编译程序段 1；否则，编译程序段 2。应用这种条件编译的方法，可以事先给定某一条件：使程序在不同的条件下执行不同的功能。

例 8-8　用条件编译方法实现以下功能：

输入一行电报文字，可以任选两种输出，一为原文输出；一为将字母变成其下一字母（如 a 变成 b，…，z 变成 a，其他字符不变）。用 #define 命令来控制是否要译成密码。例如，

```
#define CHANGE 1
```

则输出密码。若

```
#define CHANGE 0
```

则不译成密码，按原码输出。

程序如下：

```
/* 翻译电码 */
#include <stdio.h>
#define MAX 80
#define CHANGE 1
int main()
{
    char str[MAX];
    int i;
    printf(" 请输入文本行: \n");
    scanf("%s", str);
    #if(CHANGE)
    {
        for(i = 0; i < MAX; i++)
        {
            if(str[i] != '\0')
                if((str[i] >= 'a' && str[i] < 'z')||(str[i] >= 'A' && str[i]< 'Z'))
                    str[i] += 1;
                else if(str[i] == 'z' || str[i] == 'Z')
                    str[i] -= 25;
        }
    }
    #endif
    printf(" 输出电码为: \n%s", str);
    return 0;
}
```

运行结果为：

```
请输入文本行:
A_Lazy_Brown_Fox_Jumps_Over_A_Dog
输出电码为:
B_Mbaz_Cspxo_Gpy_Kvnqt_Pwfs_B_Eph
```

例 8-9　输入一行字母字符，根据需要设置条件，使之能将字母全改为大写输出，或全改为小写字母输出。

程序如下：

```
#define   LETTER  1
#include <stdio.h>
int main()
{
    char str[20] = "C Language", c;
    int i;
    i = 0;
    while((c = str[i]) != '\0')
    {
        i++;
        #if LETTER
           if(c >= 'a' && c <= 'z')
               c = c - 32;
        #else
           if(c >= 'A' && c <= 'Z')
               c = c + 32;
        #endif
        printf("%c", c);
    }
    return 0;
}
```

运行结果为：

```
C LANGUAGE
```

现在先定义 LETTER 为 1，这样在预处理条件编译命令时，由于 LETTER 为真（非零），对第一个 if 语句进行编译，运行时使小写字母变大写字母。如果将程序的第一行改为：

```
#define   LETTER   0
```

则在预处理时，对第二个 if 语句进行编译处理，使大写字母变小写字母（大写字母与相应的小写字母的 ASCII 代码值差 32），此时运行情况为：

```
c language
```

习题

1. 选择题

（1）有以下程序：

```
#include <stdio.h>
#define f(x)  (x * x)
int main()
{
    int i1, i2;
    i1=f(8) / f(4) ;
    i2=f(4 + 4) / f(2 + 2) ;
    printf("%d, %d\n", i1, i2);
    return 0;
}
```

程序运行后的输出结果是（　　　）。

A）64, 28　　　　　B）4, 4　　　　　C）4, 3　　　　　D）64, 64

（2）以下叙述中正确的是（　　）。

A）预处理命令行必须位于源文件的开头

B）在源文件的一行上可以有多条预处理命令

C）宏名必须用大写字母表示

D）宏替换不占用程序的运行时间

（3）有以下程序：

```
#include <stdio.h>
#define F(X,Y)    (X)*(Y)
int main()
{
    int a = 3, b = 4;
    printf("%d\n", F(a++, b++));
    return 0;
}
```

程序运行后的输出结果是（　　）。

A）12　　　　　　　B）15　　　　　　C）16　　　　　D）20

（4）程序中头文件 typel.h 的内容是：

```
#define N        5
#define M1       N * 3
```

程序如下：

```
#include <stdio.h>
#include "type1.h"
#define M2       N * 2
int main()
{
    int i;
    i=M1 + M2;
    printf("%d\n",i);
    return 0;
}
```

程序编译后运行的输出结果是（　　）。

A）10　　　　　　　B）20　　　　　　C）25　　　　　D）30

（5）以下程序的输出结果是（　　）。

```
#include <stdio.h>
#define M(x,y,z)  x * y + z
int main()
{
    int a = 1, b = 2, c = 3;
    printf("%d\n", M(a + b, b + c, c + a));
    return 0;
}
```

A）19　　　　　　　B）17　　　　　　C）15　　　　　D）12

（6）以下程序的输出结果是（　　）。

```
#include <stdio.h>
#define SQR(X)    X * X
int main()
{
```

```
    int a = 16, k = 2, m = 1;
    a /= SQR(k + m) / SQR(k + m);
    printf("%d\n", a);
    return 0;
}
```

A）16   B）2   C）9   D）1

（7）有如下程序：

```
#include <stdio.h>
#define N       2
#define M       N+1
#define NUM     2*M+1
int main()
{
    int i;
    for(i = 1; i <= NUM; i++)
        printf("%d\n", i);
    return 0;
}
```

该程序中的 for 循环执行的次数是（   ）。

A）5   B）6   C）7   D）8

（8）下列程序执行后的输出结果是（   ）。

```
#include <stdio.h>
#define MA(x)       x*(x - 1)
int main()
{
    int a = 1,b = 2;
    printf("%d\n", MA(1 + a+b));
    return 0;
}
```

A）6   B）8   C）10   D）12

（9）以下程序的输出结果是（   ）。

```
#include <stdio.h>
#define f(x)       x*x
int main( )
{
    int a = 6, b = 2, c;
    c = f(a) / f(b);
    printf("%d\n", c);
    return 0;
}
```

A）9   B）6   C）36   D）18

（10）以下程序运行后，输出结果是（   ）。

```
#include <stdio.h>
#define PT       5.5
#define S(x)       PT* x * x
int main( )
{
    int a = 1,b = 2;
    printf("%4.1f\n",S(a+b));
    return 0
}
```

A) 49.5   B) 9.5   C) 22.0   D) 45.0

（11）设有以下宏定义：

```
#define N          3
#define Y(n)       ((N+1)*n)
```

则执行语句 "z = 2 * (N + Y(5 + 1));" 后，z 的值为（　　）。

A）出错   B）42   C）48   D）54

（12）以下程序段的输出结果是（　　）。

```
#include <stdio.h>
#define MIN(x,y)  (x)<(y) ? (x) : (y)
int main()
{
    int i, j, k;
    i = 10; j = 15;
    k = 10 * MIN(i, j);
    printf("%d\n", k);
    return 0;
}
```

A）15   B）100   C）10   D）150

2. 填空题

（1）以下程序运行后的输出结果是_____。

```
#include <stdio.h>
#define S(x)       4 * x * x + 1
int main()
{
    int i = 6, j = 8;
    printf("%d\n", S(i + j));
    return 0;
}
```

（2）以下程序的输出结果是_____。

```
#include <stdio.h>
#define     MCRA(m)       2*m
#define     MCRB(n,m)     2*MCRA(n)+m
int main()
{
    int i = 2, j = 3;
    printf("%d\n", MCRB(j, MCRA(i)));
    return 0;
}
```

（3）下面程序的运行结果是_____。

```
#include <stdio.h>
#define N 10
#define s(x)       x*x
#define f(x)       (x*x)
int main()
{
    int i1, i2;
    i1 = 1000 / s(N);
    i2 = 1000 / f(N);
    printf("%d,%d\n", i1, i2);
```

```
    return 0;
}
```

（4）设有如下宏定义：

```
#define MYSWAP(z, x, y) {z = x; x = y; y = z;}
```

以下程序段通过宏调用实现变量 a、b 内容交换，请填空。

```
float a = 5, b = 16, c;
MYSWAP(___, a, b);
```

（5）以下程序的输出结果是_____。

```
#include <stdio.h>
#define MAX(x, y)   (x)>(y)?(x):(y)
int main()
{
    int a = 5, b = 2, c = 3, d = 3, t;
    t = MAX(a + b, c + d) * 10;
    printf("%d\n", t);
    return 0;
}
```

（6）写出下面程序执行的结果_____。

```
#include <stdio.h>
#define FUDGE(k)        k+3.14159
#define PR(a)           printf("a=%d,",(int)(a))
#define PRINT(a)        PR(a); putchar('\n')
#define PRINT2(a,b)     PR(a); PR(b)
#define PRINT3(a,b,c)   PR(a); PRINT2(b,c)
#define MAX(a,b)        (a<b?b:a)
int main()
{
    {
        int x = 2;
        PRINT(x * FUDGE(2));
    }
    {
        int cel;
        for(cel = 0; cel <= 100; cel += 50)
            PRINT2(cel, 9 / 5 * cel + 32);
    }
    {
        int x = 1, y = 2;
        PRINT3(MAX(x++, y), x, y);
        PRINT3(MAX(x++, y), x, y);
    }
    return 0;
}
```

第 9 章　指　　针

指针是 C 语言的精华部分，通过利用指针，用户能很好地利用内存资源，使其发挥最大的功效。有了指针技术，用户可以描述复杂的数据结构，可以更灵活地处理字符串，可以更方便地处理数组，使程序的书写更加简洁、高效。由于这部分内容难于理解和掌握，初学者需要多做多练，多上机实践，才能尽快掌握。

9.1　地址和指针的概念

数据在程序运行时都是存储在计算机内存中的，而内存是由大量存储单元组成的。为了标识和区别不同的存储单元，给每个存储单元一个编号，这个编号就是该存储单元的**地址**，就好像给每个房间一个号码，这号码就是房间的地址。

程序中数据的使用往往是以变量的形式出现的，而每个变量都对应若干存储单元，变量的值存储在存储单元中，通过对变量的引用和赋值就可以使用或修改存储在存储单元中的数据。变量有很多属性，如变量名、变量类型、变量值、变量所对应的存储单元地址以及前面介绍的变量的作用域和生存期，理解这些对于正确理解指针及下一章介绍的结构体是有益的。像前几章那样，通过变量名存取变量值的方式称为"按名访问"或"直接访问"，而本章要介绍的通过变量所对应的存储单元的地址存取变量值的方式称为"按地址访问"或"间接访问"。就如寄信时，收信人可以按单位名称写"浙江工商大学 ××× 收"，或按地址写"杭州市教工路 35 号 ××× 收"，两者的效果是相同的。这里变量所对应的存储单元的地址也称为**变量地址**或**变量指针**。

如果一个变量的地址存放在另一个变量中，则存放地址的变量称为指针变量。显然，指针变量的值是某一变量对应存储单元的地址，如图 9-1 所示，变量 px 的值是 10002，它是变量 x 的地址。间接访问变量 x 就是根据 px 其名存取，得 10002，然后存取地址为 10002 的内存单元的值。而直接访问变量 x 是根据名 x 直接存取其值。

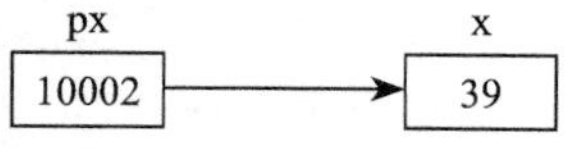

图 9-1　指针值与存储单元

在实际应用中，一般只关心 px 是 x 的地址这一事实，而不关心 x 的具体地址。为了能简明直观地反映这种地址关系，用一个从 px 指向 x 的箭头表示指针变量 px 的值是 x 的指针。

9.2　指针变量和地址运算符

9.2.1　指针变量的定义

与所有其他标识符一样，指针变量也必须遵循"先定义或声明，后使用"这一原则。在 C 语言中，有一种数据类型称为指针类型，专门用于定义指针变量。例如，

```
int      *px;
float    *q;
```

其中，定义变量 px 是一个指针，且是指向整型变量的指针变量；q 是指向单精度型变

量的指针变量。

定义指针变量的一般形式为：

< 类型 >　*< 变量标识符 >,*< 变量标识符 >,…;

由此可见，指针变量的定义语句包含两部分信息：一是该变量是一个指针变量，其值是一个指针；二是该变量的值所指向的变量的类型，如上面的 px 只能指向整型变量，不能指向浮点型或其他类型的变量。

9.2.2 指针变量的使用

指针变量一经定义，与其他变量一样，编译系统会给它分配相应的存储单元，但此时指针变量还没有确定的值，就好比有房间而房间中还没有物品，因此要引用指针变量，首先要给指针变量赋值，也就是把其他变量的地址赋给指针变量。

与指针有关的运算符有两个：

1）&——取地址运算符。

2）*——指针运算符。

取地址运算符 "&" 和指针运算符 "*" 都是单目运算符，前者取操作数的地址；后者按操作数的地址取存储单元中的数据。这两个运算符与第 3 章介绍的双目运算符（"位与"运算符和算术 "乘" 运算符）的符号是相同的，编译系统能根据程序上下文区别它们，如 "*x" 中的 "*" 是指针运算，而 "x * y" 中的 "*" 是算术乘运算。

例 9-1

```
#include <stdio.h>
int main()
{
    int x, y;
    int *px, *py, *p;
    px = &x;
    py = &y;
    x = 21; y = *px;
    p = &y;
    printf("%d,%d,%d,%d,%d\n", *px, *py, x, y, *p);
    return 0;
}
```

运行结果为：

```
21,21,21,21,21
```

程序中的第 4 行定义了两个整型变量 x、y；第 5 行定义了 3 个指针变量；第 6 行的 "px = &x;" 取变量 x 的地址，然后赋值给变量 px，使 px 指向 x；第 7 行的 "py = &y;" 取变量 y 的地址，然后赋值给变量 py，使 py 指向 y；而第 8 行的 "y = *px;" 取 px 所指存储单元的值赋给变量 y，px 所指存储单元是变量 x 的存储单元，因此把 x 的值赋给 y；第 9 行的 "p = &y;" 把 y 的地址赋值给 p，使 p 指向 y。

如果把第 9 行改成 "p = py;"，则与 "p = &y;" 的效果是一样的。注意：取地址运算的操作数不能是常量或一般表达式，因为它们没有相应的存储单元。

例 9-2　输入 5 个整数，求其中最小值。

程序如下：

```
#include <stdio.h>
```

```
int main()
{
    int a[5], i, *p;
    for(i = 0; i < 5; i++)
        scanf("%d", &a[i]);
    for(i = 1, p = &a[0]; i < 5; i++)
        if(a[i] < *p)
            p = &a[i];
    printf("The min value is %d.\n", *p);
    return 0;
}
```

运行结果为：

```
21 13 8 35 19
The min value is 8.
```

和基本类型变量一样，每个数组元素也占用相应的存储单元，它们也有对应的地址，for 循环中首先把 p 初始化为元素 a[0] 的地址，循环体中如果 a[i] 的值小于 p 所指单元的值，则取 a[i] 的地址赋给 p。由于指针运算符"*"的优先级比关系运算符"<"要高，*p 两边可以不带括号。

9.3 指针和数组

数组是由若干个同类型元素组成的，每个元素也占用相应的存储单元，指向某类型数据的指针变量也可以指向同类型的数组元素，假设程序中有如下语句：

```
int a[20], *ap;
ap = &a[2];
```

这里 ap 是指向整型变量的指针变量，a[2] 是整型数组元素，由于运算符"[]"比"&"优先级高，语句"ap = &a[2];"会把 a[2] 的地址赋给 ap，使 ap 指向 a[2]。

在 C 语言中，指针和数组有密切的联系，因为 C 语言规定数组名代表该数组首地址，即数组第一个元素的地址，所以下面两个语句是等价的：

```
ap = a;    和    ap = &a[0];
```

注意：在程序运行过程中，一个数组所占用的存储区是不变的，"数组名是数组首地址"意味着数组名是一个地址常量。所以只能引用数组名，而不能对其进行赋值，即"a=&x;"是非法的。

9.3.1 通过指针存取数组元素

变量的存取有按名存取和按地址存取，数组元素的存取也有按名存取和按地址存取，以前用下标存取数组元素就是按名存取，如 a[0]、a[2] 等是按名存取。这里主要介绍用指针存取数组元素。

已知数组名就是数组中第一个元素的地址，自然通过数组名可以存取首元素。例如，

```
*a = 65;    和    a[0] = 65;
```

是等价的，那么如何通过指针（如数组名等）存取数组中其他元素呢？

C 语言约定如果一个指针 ap 指向 a[i]，则 ap + 1 指向 a[i + 1]，因此，

```
*(a+1) = 80;    等价于    a[1] = 80;
```

由于指针运算符"＊"比算术运算符"＋"优先级高，"＊(a＋1)"中的括号是不可或缺的，计算机先计算 a+1，以此为地址把 80 放置到该存储单元中。而"＊a＋1"表示 a[0] 加 1。例 9-2 从 5 个整型数据中求最小值的程序可改写成：

```
#include <stdio.h>
int main()
{
    int a[5], *p, *q;
    int i;
    for(i = 0, p = a; i < 5; i++, p++)
        scanf("%d", p);
    for(q = a, p = a + 1, i = 1; i < 5; i++, p++)
        if(*p < *q) q = p;
    printf("The min is %d.\n", *q);
    return 0;
}
```

for 循环中，p 初值为 a＋1，指向元素 a[1]，不断地进行 p++，使 p 依次指向 a[2]、a[3]、…。注意：a 是常量，a++ 是非法的，但 p、q 是变量，所以 p++ 和 q++ 是合法的。i 在循环中仅仅是控制循环次数。请读者仔细对比该程序与例 9-2 程序的异同。

当指针指向某个数组元素时，可以进行的算术运算如下：

1）指针加上一个正整数。

2）指针减去一个正整数。

3）两个指针相减。

如果

```
int *ap1, *ap2;
int a[20], k = 5;
ap1 = &a[k]; ap2 = &a[1];
```

则

ap1＋i　　　表示 &a[k＋i]，即 a[k＋i] 的地址。（k＋i 在下标的有效范围内）

ap1－i　　　表示 &a[k－i]，即 a[k－i] 的地址。（k－i >= 0）

ap1－ap2　表示 k－1，即 a[k] 和 a[1] 之间相隔的元素个数。

利用指针的这些算术运算可以方便地存取不同的数组元素和计算它们之间的元素个数。在上述情况中，对于 ap1、ap2 和 a 是 float 等其他类型指针和数组时也同样成立。

这样，例 9-2 的程序可进一步改写成：

```
#include <stdio.h>
int main()
{
    int a[5], i;
    int*p, *q;
    for(i = 0; i < 5; i++)
        scanf("%d", a + i);
    for(q = a, p = a + 1; p < a + 5; p++)
        if(*p < *q) q = p;
    printf("The min is a[%d],value is %d.\n", q - a, *q);
    return 0;
}
```

这里，表达式"p＜a＋5"表示 p 是否指向 a[4] 或前面的元素。

例 9-3　输入 a 数组的 10 个元素，并输出其总和。

```
#include<stdio.h>
int main()
{
    int a[10], i, *p, sum = 0;
    for(i = 0, p = a; i < 10; i++)
        scanf("%d", p++);
    for(i = 0, p = a; i < 10; i++, p++)
        sum = sum + *p;
    printf("%d\n", sum);
    return 0;
}
```

例 9-4　编写一个函数，用指针将一个整型数组中的元素逆序排列。

```
void inverse(int a[], int n)
{
    int j, t;
    for(j = 0; j < n / 2; j++)
    {
        t = *(a + j);
        *(a+j) = *(a + n - j - 1);
        *(a + n - j - 1) = t;
    }
}
```

由于 a 是数组名，因此程序中的 "*(a + j)" 就是 "a[j]"，"*(a + n − j − 1)" 就是 "a[n − j − 1]"。

9.3.2　字符串和指针

前面提到，字符串可以用字符数组表示。这里要说明的是，字符串同样也可以用字符指针表示。例如，

```
char  *sp;
sp = "abcde";
```

我们知道，C 语言对字符串常量是以字符数组的形式存放的，上述语句定义了一个字符指针变量 sp，然后把字符数组地址赋给 sp，使 sp 指向字符串中第一个字符，即字符 "a"。也可以通过变量初始化的方法给字符指针一个初始值，如 "char *sp = "abcde";"。

例 9-5

```
#include <stdio.h>
int main()
{
    char *s1 = "abcde";
    char s2[] = {"abcde"};
    printf("%s,%c,%s,%c\n", s1, *s1, s1 + 1, s1[1]);
    printf("%s,%c,%s,%c\n", s2, *s2, s2 + 1, s2[1]);
    return 0;
}
```

运行结果为：

```
abcde,a,bcde,b
abcde,a,bcde,b
```

请注意：输出一个字符和输出字符串的区别。当用指针时，如 s1,s1+1,s2 等表示一个字

符串，该字符串从指针所指字符开始直至字符串结束标记 '\0'；而当用 *s1, s1[1], *(s1 + 1),
s2[0] 等时，表示的是一个字符，即指针所指的字符或位于该下标的字符元素。由此可见，
字符数组和字符指针在使用上是相似的。

但是，字符数组和字符指针是有区别的，例如，

```
char s1[20];
char *s2;
```

前者定义了一个可以存放 20 个字符的字符数组，它所对应的存储单元在程序中是固定
的，指针常量 s1 是指向第一个字符的存储单元；而后者定义了一个字符指针 s2，它可以指
向任何字符，但并没有分配可以存放任何字符的空间。因此，

```
s1[0] = 'a';
*s1 = 'a';
```

是正确的。而在给 s2 赋值前，执行 " *s2 = 'a';" 是错误的。"s1 = "1234567";" 也是错误的，
因为 s1 是一个常量，不能把另一个字符数组地址赋给 s1。而 " s2 = "1234567";" 是正确的，
它使指针 s2 指向字符串 "1234567" 中的第一个字符。

例 9-6 下面的程序用于实现函数 strcat 的功能，完成字符串的串接。

```
#include <stdio.h>
int main()
{
    char *a = "I am ";
    char *b = "a student.";
    char c[80]; char *p1, *p2;
    for(p1 = c, p2 = a; *p2 != '\0'; p1++, p2++)        /* 复制字符串 a 到字符数组 c 中 */
        *p1 = *p2;
    for(p2 = b; *p2 != '\0'; p1++, p2++)                /* 接着复制字符串 b 到字符数组 c 中 */
        *p1 = *p2;
    *p1 = '\0';
    printf("a: %s\n", a);
    printf("b: %s\n", b);
    printf("a + b: %s\n", c);
    return 0;
}
```

运行结果为：

```
a: I am
b: a student.
a + b: I am a student.
```

在上述程序中，a、b、p1、p2 是指针变量，c 是字符数组。"p1 = c;" 表示把 c 的地址
值赋给变量 p1，但不能出现 "c = p1;"，因为 c 是一个指针常量。

请读者考虑，能否把程序中的 "c" 写成 "char *c;"？为什么？

9.4 指针和函数

指针和函数结合使用，可以显著增强函数的功能。

9.4.1 用指针作为函数的参数

首先来看一个例子。程序设计中经常要交换两个变量的值。例如，交换变量 a、b 的值：

```
t = a;    a = b;   b = t;
```

频繁的变量交换操作需要我们通过函数实现此功能，以简化程序设计工作，如下面的 swap 函数：

```
void swap(int a, int b)
{
    int t;
    t = a; a = b; b = t;
    return;
}
```

由于 C 语言中，函数参数的传递方式是"值传递"，因此上面的 swap 函数交换的仅仅是形式参数 a、b，无法改变主调函数中的任何变量。函数一旦调用返回，a、b 在主调函数中对应的实参仍保持调用前的值，但有了指针以后，可以使参数是指针类型，虽然函数无法改变作为实参的指针变量的值，但可以改变指针变量所指的存储单元中的值，这种改变在函数返回后仍将保持有效。

基于这样的考虑，swap 函数中的参数应该是要交换变量的地址，而不是变量本身。

```
void swap(int *ap, int *bp)
{
    int t;
    t = *ap; *ap = *bp; *bp = t;
    return;
}
```

swap 函数中的参数 ap、bp 被声明成指向整型数据的指针。

在主函数中，以变量地址作为参数调用 swap 函数："px = &x; py = &y; swap(px, py);"。注意：swap 函数中变量 ap、bp 的值没有改变，且也无法改变主调函数中对应的变量 px、py 的值，但由于 ap 是 x 的地址，bp 是 y 的地址，swap 函数把主调函数中的变量 x、y 的值改变了，函数调用返回后，x、y 的值被交换了。也可以直接调用"swap(&x, &y);"。

如果把 swap 函数定义成：

```
void swap (int *ap, int *bp )
{
    int *t;
    t = ap; ap = bp; bp = t;
    return;
}
```

调用 swap (&x, &y) 时，在 swap 函数内，刚进入函数体时 ap 指向 x、bp 指向 y。执行 return 语句前，ap 指向 y、bp 指向 x，但 x、y 本身的值未被交换，交换的只是 ap 和 bp 这两个指针，一旦函数返回，主调函数中 x、y 的值仍保持不变。

例 9-7　编写一个函数用选择法重排整型数组，使其元素从小到大排列。

```
#include <stdio.h>
void swap(int *ap, int *bp);
void sort(int *ap, int n)
{
    int i, j, k;
    for(i = 0; i < n; i++)
    {
        for(k = i, j = i + 1; j < n; j++)
            if(*(ap + k) > *(ap + j))
```

```
                    k = j;
            if(i != k)
                swap(ap + i, ap + k);
        }
        return;
}
int main()
{
        int a[10], i;
        for(i = 0; i < 10; i++)
            scanf("%d", a+i);
        sort(a, 10);
        for(i = 0; i < 10; i++)
            printf(" %d", a[i]);
        return 0;
}
```

sort 函数的内循环中用 k 作为局部范围内最小元素的下标,即 *(ap + i) 到 *(ap + j) 中最小元素的下标,当 j = n 时,k 是 *(ap + i) 到 *(ap + n − 1) 中最小元素的下标,然后交换 *(ap + i) 和 *(ap + k)。由于需要交换两元素,因此需要记住这两个元素的下标,仅知道它们的值是不够的。

9.4.2　用指针作为函数的返回值

函数的返回值可以是各种类型的数据,因此也可以是指针类型。返回值是一个指针的函数又称为指针函数。下面通过示例来说明指针函数的使用方法。

还是以例 9-7 中的 sort 函数为例。sort 函数不断地从剩余的元素中找最小值,然后交换,因此必须知道最小元素的地址。把 sort 函数中找最小元素的工作用 minn 函数来完成,程序如下:

```
#include <stdio.h>
void swap(int *x, int *y);
int *minn(int *x, int n)
{
        int *p = x, *q = x + n;
        for(; x < q; x++)
            if(*p > *x) p = x;
        return p;
}
void sort(int *ap, int n)
{
        int i, *p;
        for(i = 0; i < n; i++)
        {
            p = minn(ap + i, n - i);
            if(p != (ap + i))
                swap(p, ap + i);
        }
        return;
}
void swap(int *x, int *y)
{
        int p;
        p = *x;
        *x = *y;
        *y = p;
}
```

```
int main()
{
    int a[10], i;
    for(i = 0; i < 10; i++)
        scanf("%d", a + i);
    sort(a, 10);
    for(i = 0; i < 10; i++)
        printf(" %d", a[i]);
    return 0;
}
```

指针函数与非指针函数定义上的区别主要在于对函数返回值的声明上，其定义的一般形式与指针变量相似：

　　< 类型 >* < 函数标识符 > (< 带类型说明的参数表 >);

同时，指针函数中的 return 语句必须返回一个与其声明一致的指针值。

例 9-8　考虑一个存储分配问题，它由两个函数 myalloc(n) 和 myfree(p) 组成。myalloc(n) 负责存储分配，myfree(p) 负责存储释放任务。为简化问题，假设分配与释放的次序恰好相反，也即 myalloc 和 myfree 管理的存储是"先进后出"的栈。

分析：最简单的实现方法是 myalloc 的每次调用都从一个大字符数组中划出足够大小的一片单元，这个字符数组称为 allocbuf，它是专为 myalloc 和 myfree 所用的，可以把它声明为外部静态变量。

此外，需要一个指针指向此部分中尚未分配出去的那段空间的起始地址，这个指针名为 allocp。程序如下：

```
#define     NULL        0
#define     ALLOCSIZE   1000
static char allocbuf[ALLOCSIZE];
static char *allocp = allocbuf;
char* myalloc(int n)
{
    if(allocp + n <= allocbuf + ALLOCSIZE)          /* 是否有足够的空间可分配 */
    {
        allocp += n;
        return(allocp - n);
    }
    else
        return(NULL);
}
void myfree(char *p)
{
    if(p > allocbuf && p < allocbuf + ALLOCSIZE)/* 释放的空间是否在字符数组内 */
        allocp = p;
    return;
}
```

数组 allocbuf 和指针 allocp 都声明成外部静态变量，其作用域仅限于该源程序文件。语句" static char *allocp = allobuf;"用于定义 allocp 初值为指向数组 allocbuf 的第一个单元，也可以写作

```
static char *allocp = &allocbuf[0];
```

if(allocp + n <= allocbuf + ALLOCSIZE) 用于测试是否有足够的单元满足分配请求，allocp+n 是分配 n 个字符单元后 allocp 的值，而 allocbuf+ALLOCSIZE 是 allocbuf 末端之外的第一个单元。如果分配请求能满足，函数最后返回分配出去的那一块存储单元的起始地

址，同时 allocp 指向下一个可用单元。如果不能满足请求，就应返回一个信号，告诉用户已经没有足够空间了，由于正常的指针值是不为 0 的，所以此时就返回 0。一般来说，不能把一个整数赋给指针，但 0 是例外。正因如此，我们通常将 0 写成 NULL（已经通过 #define 定义），以表明这是一个赋给指针变量的值，虽然值是 0，但是在这里有一定的特殊含义。

free 函数中 if(p > allocbuf && p < allocbuf + ALLOCSIZE) 测试释放的那一块存储区域是否在函数 myalloc 和 myfree 管理的那段存储范围中。

C 库中有标准的 malloc 和 free 函数，它们的使用不受分配、释放之间顺序的限制。

9.4.3 指向函数的指针

函数和变量一样都要占用一段存储单元，函数也有一个地址，这地址是编译器分配给这个函数的，因此指针变量可以指向整型、实型等变量，也可以指向函数，即指向函数对应的程序段的起始地址。

例如，现有一笔 5000 元存款，年利率是 1.75%，根据要求按计复利和不计复利两种方式计算，存满 3、4、5 年后的应得的利息。

本息 = { 本金 * (1+ 年数 * 年利率)   不计复利
         本金 * (1+ 年利率)$^{(年数)}$ 计复利

程序如下：

```c
#include <stdio.h>
#include <math.h>
#include <ctype.h>
double f1(double b, double r, int i);
double f2(double b, double r, int i);
int main()
{
    int i;
    char ch;
    double b = 5000.0, r = 0.0175, bx;
    printf(" 计复利否 ?(y/n)");
    scanf("%c", &ch);
    if(toupper(ch) == 'N')
    {
        for(i = 3; i < 6; i++)
        {
            bx = f1(b, r, i);              /* 不计复利 */
            printf("%f, %d, %f, %f\n", b, i, r, bx);
        }
    }
    else
    {
        for(i = 3; i < 6; i++)
        {
            bx = f2(b, r, i);              /* 计复利 */
            printf("%f, %d, %f, %f\n", b, i, r, bx);
        }
    }
    return 0;
}
double f1(double b, double r, int i)      /* 不计复利 */
{
    return(b * (1 + i * r));
}
double f2(double b, double r,  int  i)    /* 计复利 */
```

```
{
    return(b * pow(1 + r, i));
}
```

上面的 main 函数中，两个 for 循环基本上是相同的，区别在于调用的函数不同。如果能把这两段程序合二为一，便能减少编程和程序调试的工作量。借助函数指针能做到这一点。先看下面的 main 函数：

```
#include <stdio.h>
#include <math.h>
#include <ctype.h>
double f1(double b, double r, int i);
double f2(double b, double r, int i);
int main()
{
    int i;
    char ch;
    double b = 5000.0, r = 0.0175, bx;
    double (*fp)(double, double, int);
    printf("计复利否?(y/n)");
    scanf("%c", &ch);
    if(toupper(ch) == 'N')
        fp = f1;
    else                            /* 根据选择，使 fp 指向相应的函数 */
        fp = f2;
    for(i = 3; i < 6; i++)
    {
        bx = (*fp)(b, r, i);        /* 以 b,r,i 为实参，调用 fp 所指的函数 */
        printf("%f, %d, %f, %f\n", b, i, r, bx);
    }
    return 0;
}
```

函数 f1 和 f2 不变。

语句 "double (*fp)(double, double, int);" 声明变量 fp 是一个指向函数的指针，该函数的返回值是 double 型数据，fp 称作函数指针变量。*fp 两边的括号不能省略，否则就变成 "double *fp(double, double, int);"，变成声明 fp 是一个返回 double 型指针的函数，语句 "fp = f1;" 把 f1 函数的地址赋给 fp，与数组名一样，函数名就是该函数的入口地址。"(*fp)(b, r, i)" 表示以 b、r、i 为参数调用指针 fp 所指的函数，相当于用 "(*fp)" 替换函数名 "f1" 或 "f2"。

定义函数指针变量的一般格式为：

（函数类型）(*< 函数指针标识符 >)（形参类型说明表）；

实际上是把函数的声明语句中 "< 函数标识符 >" 用 "(*< 函数指针标识符 >)" 代替。

使用函数指针时，需要注意的是：

1）函数指针变量可以指向与其定义相容的任意函数的入口，但不能指向返回值类型与定义不相容的函数，也不能指向函数中某一条指令。如上面程序中的 "fp = minn;" 是错误的，因为 minn 函数的返回值不是 double 类型数据。

2）函数指针不能进行诸如 fp ± i、fp1 − fp2、fp ++ 等运算。

3）函数指针可以放置在数组中，也可以作为参数传给函数。

下面的程序用函数指针作为函数参数：

```
#include <stdio.h>
```

```
    void swap(int *x, int *y)
    {
        int p;
        p = *x;
        *x = *y;
        *y = p;
    }
    int *minn(int *ap, int n)
    {
        int i, j;
        for(i = 0, j = 1; j < n; j++)
            if(*(ap + i) > *(ap + j))
                i = j;
        return(ap + i);
    }
    int*maxn(int *ap, int n)
    {
        int i, j;
        for(i = 0, j = 1; j < n; j++)
            if(*(ap + i) < *(ap + j))
                i = j;
        return(ap + i);
    }
    void sort(int *(*func)(int *, int), int *ap, int n)
    {
        int i, *p;
        for(i = 0; i < n; i++)
        {
            /* 调用 func 所指函数，从 ap[i] 到 ap[n-1] 选一个元素，并返回其地址 */
            p = (*func)(ap + i, n - i);
            if(p != (ap + i))
                swap(p, ap + i);        /* 交换 ap[i] 和 *p */
        }
        return;
    }
```

minn 函数仍然不变，为了说明问题，增加了用于返回最大元素的地址的 maxn 函数。
sort 函数中增加了一个参数 func，它是一个函数指针，指向所选择的函数，用于从数组的部
分元素中选一个元素。如果有：

```
    int main()
    {
        int a[20], i;
        for(i = 0; i < 20; i++)
            scanf("%d", &a[i]);
        sort(minn, a, 20);
        for(i = 0; i < 20; i++)
            printf("%6d", a[i]);
        printf("\n");
        sort(maxn, a, 20);
        for(i = 0; i < 20; i++)
            printf("%6d", a[i]);
        printf("\n");
        return 0;
    }
```

其中，"sort(minn, a, 20);" 使数组 a 按从小到大的顺序重新排列元素。这是因为，语句
"p = (*func)(ap + i, n − i);" 相当于 "p = minn(ap + i, n − i);"，从数组的部分元素中选一个
最小元素的地址赋给 p。

而"sort(maxn, a, 20);"使数组 a 按从大到小的顺序重新排列元素。这是因为，语句"p = (*func) (ap + i, n−i);"从数组的部分元素中选一个最大元素的地址赋给 p。

可见利用函数指针使编制的程序更灵活、简练，功能更强。

9.5　多级指针

9.5.1　多级指针的概念和使用

指针变量的值是某变量的地址，由于指针变量本身也是一个变量，完全有可能出现一个指针变量的值是另一个指针变量的地址的情况，这就是**多级指针**，即指针的指针。例如一个整型变量 x，px 是一个指针变量，指向 x，而 ppx 也是一个指针变量，它指向另一个指向整型数据的指针变量。如果：

```
px = &x;
ppx = &px;
```

显然有：

ppx　　　　表示 px 的地址。

*ppx　　　　表示 px 中的内容，即 x 的地址。

**ppx　　　表示 px 所指单元的内容，即 x 的内容。

定义二级指针的一般形式为：

<数据类型>**<变量标识符>；

例如，

```
int **ppx;
```

下面通过一个例子说明二级指针的使用。

例 9-9　从若干个字符串中找指定字符的首次出现。

可以假设这若干个字符串存放于一个数组中，即数组元素是字符串的首地址，那么数组元素的地址显然是一个字符串首地址存储单元的地址，即二级指针。

```
#include <stdio.h>
int main()
{
    static char *strings[5] = {"CHONGQING", "NINGBO",
                               "SUZHOU", "SHANGHAI", "HANGZHOU"};
    char **p, *q, ch;
    scanf("%c", &ch);
    for(p = strings; p < strings + 5; p++)
    {
        q = *p;
        while(*q != ch && *q != '\0')
            q++;
        if(*q != '\0')
        {
            printf("%dth string pos. is %d\n", p - strings + 1, q - *p + 1);
            break;
        }
    }
    return 0;
}
```

运行结果为：

```
U  （输入要找的字符）
3th string pos. is 2
```

strings 被声明成一个数组，其元素是字符串，变量 p 初值为 strings，即数组 strings 中第一个元素的地址，以后依次指向第二个元素、第三个元素、……。"q = *p;"语句把 p 所指的内容赋给 q，使 q 指向相应字符串中的第一个字符，然后移动 q 使其指向下一字符，直至字符串尾部或找到输入的字符。

注意：p++ 使 p 指向数组中的下一个元素而不是下一个字符，如果 p 指向元素 strings[0]，p + 1 指向 strings[1]，而不是指向字符'H'，strings[0] + 1 才指向字符'H'。

C 语言中，不仅可以使用二级指针，也可以使用多级指针，但多级指针在实际应用中不常用。

9.5.2　多级指针和多级数组

综上所述，C 语言中多维数组与多级指针是有密切联系的，二维数组名就是一个二级指针值，三维数组名是一个三维指针值，以此类推。

例 9-10　有若干个职工的某年度各季度奖金信息（见表 9-1），要求输入职工编号以后输出该职工的各季度奖金情况。

表 9-1　某年度职工各季度奖金表

职工号	一季度奖金 / 元	二季度奖金 / 元	三季度奖金 / 元	四季度奖金 / 元
0	5000	4500	3800	6000
1	2000	2500	1800	4000
…	…	…	…	…

设想用一个二维数组表示这张奖金表。程序如下：

```c
#include <stdio.h>
#define N 5
int *search(int (*p)[5], int n);
int main()
{
    int bonus[N][5] = {{0,5000,4500,3800,6000}, {1,2000,2500,1800,4000}};
    int *p, i, m;
    printf("Please enter the No. of employee:");
    scanf("%d", &m);
    p = search(bonus, m);
    if(p != NULL)
    {
        printf("The bonuses are:\n");
        for(i = 1; i < 5; i++)
            printf("%6d", *(p + i));
        printf("\n");
    }
    else
        printf("This employee not found.\n");
    return 0;
}
int *search(int (*q)[5], int n)
{
    int *p = *(q + n);
    if(n > N) return NULL;
    else return(p);
}
```

　　search 函数中，声明 "int(*q)[5];" 表示 q 是一个指针，它所指向的内容是一个含有 5 个整型元素的一维数组。main 函数中相应的实参是 bonus，显然 q + n 就是 bonus 数组中第 n 行元素的地址，即 &bonus[n]，*(q+n) 就是 bonus[n] 的值，即第 n 行（从 0 行开始计）职工奖金数据的起始地址。

　　main 函数中的 p 是 search 的返回值，即指定编号的职工这一行的数据的起始地址，因此 p + 1、p + 2、p + 3、p + 4 分别是四个季度奖金数据的地址。

　　再来看二维数组在计算机内是如何存放的。

　　二维数组中，要用两个下标才能唯一标识一个元素，而计算机内存是一维线性的，只需要一个地址编号就能确定一个存储单元。如何把一个二维数组放到一维空间去呢？常用的方法有两种：一种是行优先的方法，即先顺序存放第 0 行元素，然后存放第一行元素、第二行元素，以此类推；另一种是采用列优先的方法，即先顺序存放数组中第 0 列元素，然后存放第一列元素，以此类推。以数组 int a[2][3] 为例，其行优先和列优先的存储结果分别如图 9-2a 和图 9-2b 所示。

a[0][0]		a[0][0]
a[0][1]		a[1][0]
a[0][2]		a[0][1]
a[1][0]		a[1][1]
a[1][1]		a[0][2]
a[1][2]		a[1][2]
a)		b)

图 9-2　数组存储结构示意图

　　C 语言采用行优先的方法。显然，对任意合法的 i、j，数组 a[n][m] 中元素 a[i][j] 的地址是：a[0] + m * i + j。

　　再来看一个字符型二维数组。我们可以定义字符串指针数组以表示多个字符串，例如，

```
static char *strings[5] = {"CHONGQING", "NINGBO", "SUZHOU", "SHANGHI", "HANGZHOU"};
```

　　也可以用二维数组表示多个字符串：

```
static char strings[5][10] = {"CHONGQING", "NINGBO", "SUZHOU", "SHANGHAI", "HANGZHOU"};
```

　　这两者的区别如图 9-3 所示。

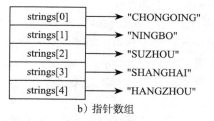

a) 二维数组　　　　　　　　　　　b) 指针数组

图 9-3　字符串存储结构示意图

　　二维数组定义时，空间是固定的，即使字符串只有两个字符，加上一个 '\0'，但后面 7 个没有使用的单元仍被程序所占用。而指针数组定义时，仅定义了可存储 5 个指针的单元，指针所指的字符串长短没有在此定义，也不受指针数组任何限制，因此更节约空间且可以使用较长的字符串；从字符存取角度看，二维数组所定义的字符串可以通过下标形式存取其中任何一个字符，如 strings[1][3] 表示第 2 个字符串中的第 4 个字符（从 0 开始数）；而以指针数组形式定义时，只能通过指针存取其中的字符。

　　当用二维数组表示字符串时，指针 strings[0]+10 指的是字符串 "NINGBO" 中的 'N'，即 strings[1][0] 的地址；而用指针数组表示时，strings[0]+10 指的是 "CHONGQING" 中的尾标记 '\0' 后面的单元，不一定是下一个字符串 "NINGBO" 中的首字符。

9.5.3 命令行参数

到目前为止，除 main 函数外，大部分定义的函数都带有形参。运行一个 main 函数不带参数的 C 程序时，所需的各种数据需在程序运行过程中从键盘输入或在程序中设置好，如果在启动运行 C 程序的同时跟若干个参数，就要定义 main 函数时带形式参数，例如，

```
main(int argc, char *argv[])
{
    ;
}
```

main 函数可以带两个参数。第一个参数习惯上是 agrc，是输入命令时命令名和命令行参数的个数；第二个参数 argv 是指针数组，其中的每个元素指向命令行参数中的字符串。例如，下面的 echo.c，源程序经编译链接后生成的可执行文件名是 echo.exe。

例 9-11

```
#include <stdio.h>
int main(int argc, char *argv[])
{
    int i;
    for(i = 1; i < argc; i++)
        printf("%s", argv[i]);
    return 0;
}
```

该程序依次显示命令行各参数。

输入命令行：

```
echo programming with C language
```

此时，main 函数中的参数：

argc 为 5，命令名连同参数共有 5 个。

argv 参数结构如图 9-4 所示。

i 的初值为 1，将跳过 argv[0]，argv[0] 始终是命令名（程序名）组成的字符串指针。随着 i 从 1 到 argc-1，argv[i] 依次为字符串 "programming" "with" "C" "language"。

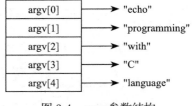

图 9-4 argv 参数结构

命令行参数都是以字符串的形式存在的，即使参数是数字也是如此。参数之间应以空格或 tab 等分隔。

例 9-12 计算存款利息。本金、年利率和年限作为命令行参数输入。

分析：首先考虑如何把数字串换成数值。例如 "2780.50" 的数值为：

$$((((2 * 10 + 7) * 10 + 8) * 10 + 0) * 10 + 5) * 10 / 10^2$$

从这个计算式子可看出，转换工作主要包括两部分，即分子的计算和分母的计算。其中分母取决于小数点位数；分子相当于把 "278050" 转换成数值。这可以从左到右逐个读入字符串中的字符 c，同时迭代累加来完成：

```
s = s * 10 + c - '0';
```

其中，s 初值为 0。

这个转换函数名是 myatof，参数 sp 指向要转换的字符串。

```
float myatof(char *sp)
```

```
{
    char *p;
    float value;
    int power;
    for(p = sp; *p == ' '; p++);
    for(value = 0; *p >= '0' && *p <='9'; p++)
        value = value * 10 + (*p) - '0';
    if(*p == '.') p++;
    for(power = 1; *p >= '0' && *p <='9'; p++)
    {
        value = value * 10 + (*p) -'0';
        power = power * 10;
    }
    value = value / power;
    return(value);
}
```

执行"for(p = sp; *p == ' '; p++);"语句跳过数字字符串的前导空格，使指针 p 指向参数中第一个非空格字符。

函数中的第二个和第三个 for 循环用于计算分子部分，其中第二个循环计算小数点前的数字串，第三个循环计算小数点后的数字串。第三个循环同时计算分母部分。最后通过 value/power 使小数点向左移动若干位。

main 函数如下：

```
#include <stdio.h>
#include <stdlib.h>
int main(int argc, char *argv[])
{
    float b, r;
    int i;
    if(argc != 4)
    {
        printf("parameters not enough\n");
        exit(0);
    }
    b = myatof(argv[1]);  /* 取本金 */
    r = myatof(argv[2]);  /* 取年利率 */
    i = myatof(argv[3]);  /* 取年限 */
    printf("%.2f\n", b * (1 + i * r));
    return 0;
}
```

假如编译后的可执行文件是 jslx.exe。

输入命令：

```
jslx  5000  0.03  5
```

执行显示：

```
5750.00
```

9.6　指针和动态存储管理

9.6.1　概述

动态存储管理就是在程序的运行过程中向计算机申请分配一段存储单元，或把早先申请的内存单元释放给计算机。与之相对应的静态存储管理是在编译阶段就能确定存储单元分配数量的一种存储管理。C 语言提供了进行存储单元动态申请和释放的两个标准函数 malloc 和 free。也有些语言不提供类似功能的函数和语句，这样程序员在编程时就必须估计到可能出现的最大数据量，如输入一批数据存储在数组中，事先需估计这批数据的最大个数，按最大个数定义数组，如果实际的数据量少于这个最大估计，就会有很多数组元素闲置不用，造成空间的浪费。有了动态存储管理，就可以根据需要申请空间，既满足了程序要求又不浪费计算机资源。

9.6.2　malloc 函数和 free 函数

1. malloc 函数

malloc 函数用于申请分配存储空间。

定义：`void * malloc(unsigned size)`

返回：NULL 或一个指针

说明：申请分配一个大小为 size 个字节的连续内存空间。如成功，则返回分配空间段的起始地址；否则，返回 NULL。

符号常量 NULL 在文件 stdio.h 中定义为 0。

这里函数类型声明为 void * 表示返回值是一个指针，可指向任何类型。

2. free 函数

该函数是 malloc 函数的逆过程，用于释放一段存储空间。

定义：`void free(void *ptr)`

返回：无。

说明：把指针 ptr 所指向的一段内存单元释放掉。ptr 是该内存段的地址，内存段的长度由 ptr 对应实参类型确定。

使用以上这两个函数时，应在源文件中使用"#include <malloc.h>"，把头文件 malloc.h 包含进去。

9.6.3　动态存储管理的应用

在例 9-6 中，曾请读者思考把变量 c 的定义改成" char *c;"会有何影响。如果这样声明 c，将导致没有存储空间来放置字符串 a 和 b 的拼接，但现在有了动态存储申请，这个问题就不难解决了。

```c
#include<stdio.h>
#include<malloc.h>
#include<string.h>
int main()
{
    char *a = "I am ";
    char *b = "a student.";
    char *c, *p1, *p2;
    c = (char *)malloc(strlen(a) + strlen(b) + 1);
    for(p1 = c, p2 = a; *p2 != '\0'; p1++, p2++)
        *p1 = *p2;
    for(p2 = b; *p2 != '\0'; p1++, p2++)
        *p1 = *p2;
    *p1 = '\0';
    printf("a:%s\n", a);
    printf("b:%s\n", b);
    printf("a+b:%s\n", c);
```

```
        free(c);
        return 0;
    }
```

在上述程序中，语句 " c = (char *)malloc(strlen(a) + strlen(b) + 1);" 用于申请分配一段内存空间，把起始地址赋值给指针变量 c。由于这段空间用于存放字符串 a 和字符串 b，再考虑到字符串尾标记 '\0'，因此空间共需 strlen(a)+strlen(b)+1 个字节。

下面再看几个动态存储分配的例子。

回顾第 6 章的例 6-4，程序要求为：C 语言程序设计期末考试结束后，请编写一个程序，输出计算机科学技术专业 1604 班中不及格的人数及课程平均成绩，并按成绩降序输出结果。若输入 −1，则表示成绩输入结束。题目中特别规定了班级名，这是因为在用数组解决该问题时，需要通过班级名确定班级具体人数，从而定义一个符合要求的数组。但是用这种方法写出来的程序只能用于固定班级，不能作为通用程序，因为每个班级的人数不同，所以定义的数组大小也不同。为了提高程序的通用性，本节拟通过动态分配内存的方法来解决班级人数事先不确定的问题。根据要求可修改为例 9-13。

例 9-13　C 语言程序设计期末考试考完，请编写一个程序，输出任意给定班级中不及格的人数及课程平均成绩，并按成绩降序输出结果。若输入 −1，则表示成绩输入结束。

程序如下：

```c
#include <stdio.h>
#include <stdlib.h>
int main()
{
    int i, j, t1, n = 0, stu_num;
    float total = 0;
    int count = 0;
    float t2;
    int* no;
    float* Scores;
    printf("Please input the number of students\n");
    scanf("%d", &stu_num);
    if ((no = (int*)malloc(stu_num*sizeof(int))) == NULL)
    {
        printf("Malloc memory is wrong!\n");
        exit(-1);
    }
    if ((Scores = (float*)malloc(stu_num*sizeof(float))) == NULL)
    {
        printf("Malloc memory is wrong!\n");
        exit(-1);
    }
    printf("Please input the scores of students\n");
    for(i = 0; i < stu_num; i++)
    {
        scanf("%d%f", &no[i], &Scores[i]);
        if (no[i] == -1) break;
        total += Scores[i];
        if (Scores[i] < 60)
        {
            count++;
        }
        n++;
    }
    printf("    i    no    Scores\n");
```

```
    for(i = 0;  i < n;  i++)
    {
        for(j = i + 1;  j < n;  j++)
            if(Scores[i] < Scores[j])
            {
                t1 = no[i];  no[i] = no[j];  no[j] = t1;
                t2 = Scores[i];  Scores[i] = Scores[j];  Scores[j] = t2;
            }
        printf("%5d%6d%10.2f\n", i + 1, no[i], Scores[i]);
    }
    printf("\nThe average score is %5.1f \n", total/n);
    printf("The number of student failed to pass the exam is %5d\n", count);
    free(no);
    free(Scores);
    return 0;
}
```

程序运行结果与例 6-4 完全一致。

程序实现与例 6-4 不同的是，在本例中没有通过符号常量来定义一个固定大小的数组，而是申请了两个指针 no 和 Scores，但没有确定它们指向哪个存储单元。然后程序提示输入指定班级的学生人数，在获取准确的班级人数后，通过下面的语句为指针 no 和 Scores 申请满足要求的存储空间。

```
    if ((no = (int*)malloc(stu_num*sizeof(int))) == NULL)
    {
        printf("Malloc memory is wrong!\n");
        exit(-1);
    }
    if ((Scores = (float*)malloc(stu_num*sizeof(float))) == NULL)
    {
        printf("Malloc memory is wrong!\n");
        exit(-1);
    }
```

if 语句展示了 malloc 的一种标准用法：

1）因为 malloc 函数的返回值为 void*，所以在进行具体赋值之前需要进行强制类型转换，将返回值转换成需要的指针类型。

2）由于在不同的系统中存放同样的数据类型可能需要的字节数是不同的，为了使程序具有通用性，故用 sizeof 运算符计算在本系统中需要的字节数。sizeof 运算符用于计算指定类型数据的字节数，其操作数可以是一个表达式或类型名。例如，sizeof(int) 得到放置 1 个整型数据所需的字节数。

3）需要通过对返回值进行测试，如果返回值为 NULL，意味着申请内存失败，需要通过 exit（-1）退出整个程序，不再进行后续的操作。

申请的空间不需要时，应及时用 free 函数释放，否则可能会导致内存逐渐耗尽。

例 9-14　输入若干个数据，求最大值和最小值。

程序如下：

```
#include <stdio.h>
#include <malloc.h>
int main()
{
    int n;
    float *p, *q, min, max;
```

```
    printf("Please input the number of data:");
    scanf("%d", &n);
    p = (float*)malloc(n * sizeof(float));
    for(q = p; q < p + n; q++)
        scanf("%f", q);
    for(min = *p, max = *p, q = p + 1; q < p + n; q++)
    {
        min = (*q < min ? *q : min);
        max = (*q > max ? *q : max);
    }
    printf("The max is %g\n", max);
    printf("The min is %g\n", min);
    free(p);
    return 0;
}
```

上述程序根据用户的要求，申请一段内存，由于有 n 个 float 型的数据，因此这段内存的大小是 n*sizeof(float) 个字节，其首地址是 p。

我们了解到，如果 p 指向 a[i]，则 p + 1 指向 a[i+1]。如果现在执行"q = p;"语句，那么 q++ 将指向哪里？

因为 q 是指向 float 型数据的指针，q + 1 将指向相邻的下一个 float 型的存储单元，由此可见一个指针变量 p 加 1 后的值，与 p 指向什么类型的数据是有关的。如果 p 是整型数据的指针，p + 1 就指向下一个整型数据，即 p 实际加了一个整型数据所占的字节数，这里假设为 4；如果 p 是实型数据的指针，则 p + 1 使 p 加了一个实型数据所占的字节数，这里假设 float 型是 4，double 型是 8。

运行结果为：

```
Please input the number of data:8
12.5 29 128 305 32 40 189 600
The max is 600
The min is 12.5
```

由此可以看出，数组和连续的内存空间是相同的。在第 10 章中还会看到更多的动态存储管理的应用。

9.7　指针和指针运算小结

下面对本章介绍的指针内容做一小结。表 9-2 是对各种指针数据类型定义的小结，表中的 int 可换成任意有效的数据类型。表 9-3 是对典型的指针变量赋值运算的说明。

表 9-2　指针类型数据

定　　义	含　　　　义
int * p;	p 为指向整型数据的指针变量
int *p[n];	定义指针数组 p，由 n 个指向整型数据的指针元素组成
int (*p)[n];	p 为指向含 n 个整型元素的一维数组的指针变量
int *p (形参表)	p 是返回指针的函数，该指针指向整型数据
int (*p) (形参表)	p 为指向函数的指针，该函数返回一个整型值
void *p;	p 是可以指向任何类型数据的指针变量
int **p;	p 是一个指针变量，它指向一个指向整型数据的指针变量

表 9-3   指针变量赋值的含义

赋值格式	含 义
p = &a;	将变量 a 的地址赋给指针变量 p
p = array; 或 p = &array[0];	将数组 array 的首地址赋给指针变量 p
p = &array[i];	将数组元素 array[i] 的地址赋给指针变量 p
p = function;	将函数 function() 的入口地址赋给指针变量 p
p1 = p2;	将指针变量 p2 的值赋给指针变量 p1
p = p + i;	将指针变量 p 的值加上整型数 i 与 p 所指数据占用的字节数之积，然后赋给 p

习题

注意：本章习题均要求用指针方法处理。

9.1   写出下面程序的输出结果：

（1）

```c
#include <stdio.h>
int main( )
{
    int x = 1, y = 2;
    int func(int *a, int *b);
    y = func(&x, &y);
    x = func(&x, &y);
    printf("%d,%d\n", x, y);
    return 0;
}
int func(int *a, int *b)
{
    if(*a > *b)
        *a -= *b;
    else
        *a--;
    return(*a + *b);
}
```

（2）

```c
#include <stdio.h>
int main()
{
    int s[6][6], i, j;
    for(i = 0; i < 6; i++)
        for(j = 0; j < 6; j++)
            *(*(s + i) +j) = i - j;
    for(j = 0; j < 6; j++)
    {
        for(i = 0; i < 6; i++)
            printf("%4d", *(*(s + i) + j));
        printf("\n");
    }
    return 0;
}
```

（3）有以下程序：

```c
#include <stdio.h>
int fun();
```

```
int main(int argc,char *argv[])
{
    int n, i = 0;
    while(argv[1][i] != '\0')
    {
        n = fun();
        i++;
    }
    printf("%d\n", n * argc);
    return 0;
}
int fun()
{
    static int s = 0;
    s += 1;
    return s;
}
```

假设程序经编译、链接后生成可执行文件 exam.exe，若在命令提示符窗口输入以下命令

exam 123

然后按〈Enter〉键，则运行结果是什么？

9.2　输入 5 个浮点数，按由大到小的顺序输出。

9.3　输入 5 个字符串，按由大到小的顺序输出。

9.4　写一函数，求一个字符串的长度。在 main 函数中输入字符串，并输出其长度。

9.5　输入 10 个整数，将其中最小的数与第一个数对换，把最大的数与最后一个数对换。写 3 个函数：
①输入 10 个数；②进行处理；③输出 10 个数。

9.6　将 n 个数按输入时顺序的逆序排列，用函数实现。

9.7　写一函数，将一个 3×3 的整数矩阵转置。

9.8　写一函数，从 n 个实型数据中求最大值和次大值。

9.9　写一函数 "strcat(char *p1,char *p2, int n)"，设 p1 指向字符串 s1，p2 指向字符串 s2。要求把 s2
中的前 n 个字符添加到 s1 的尾部。

9.10　有一字符串，包含 n 个字符。写一函数，将此字符串中从第 m 个字符开始的全部字符复制成另
　　　一个字符串。

9.11　写一函数，实现两个字符串的比较。即自己写一个 strcmp 函数，函数原型为

```
int strcmp(char *p1, char *p2);
```

　　　设 p1 指向字符串 s1，p2 指向字符串 s2。要求当字符串 s1 = s2 时，返回值为 0；若 s1 ≠ s2，返
　　　回它们二者第 1 个不同字符的 ASCII 码差值（如 "BOY" 与 "BAD"，第 2 个字母不同，"O"
　　　与 "A" 之差为 79 - 65 = 14）。如果 s1 > s2，则输出正值；如果 s1 < s2，则输出负值。

9.12　有 n 个人围成一圈，顺序排号。从第 1 个人开始报数（从 1 ~ 6 报数），凡报到 6 的人退出圈子，
　　　问最后留下的是原来第几号的那位？

9.13　写一个函数 "itoa(int i,char s[])"，把一个整型数 i 转换成字符串放到数组 s[10] 中。

9.14　用指针形式写一函数 "insert（int a[],int i,int k)"，把整型数 k 插入整型数组 a 中的第 i 位。

9.15　在主函数中输入 10 个等长的字符串。用另一函数对它们排序。然后在主函数输出这 10 个已排
　　　好序的字符串。

9.16　编写程序，实现的功能是：输入月份号，输出该月的英文月名。例如，输入 "5"，则输出
　　　"May"，（要求用指针数组处理）。

9.17 输入一个字符串，内有数字和非数字字符，例如 A123X456_17960?302tab5876，将其中连续的数字作为一个整数，依次存放到一数组 a 中。例如，123 放在 a[0]，456 放在 a[1]……统计共有多少个整数，并输出这些数。

9.18 （1）编写一个函数 new，对 n 个字符开辟连续的存储空间，此函数应返回一个指针（地址），指向字符串开始的空间。new(n) 表示分配 n 个字节的内存空间。

（2）写一函数 free，将前面用 new 函数占用的空间释放。free(p) 表示将 p（地址）指向的单元以后的内存段释放。

9.19 用指向指针的指针的方法对 5 个字符串排序并输出。

9.20 有一个班 4 个学生，5 门课程。请编写程序，实现如下功能：①求第 1 门课程的平均分；②找出有两门以上课程不及格的学生，输出他们的学号和全部课程成绩及平均成绩；③找出平均成绩在 90 分以上或全部课程成绩在 85 分以上的学生。分别编 3 个函数实现以上 3 个要求。

第 10 章　结构与联合

　　C 语言提供基础的数据类型和构造的数据类型。前面几章介绍了一些简单数据类型（整型、实型、字符型）变量的定义和应用，还学习了数组（一维、二维）的定义和应用，这些数据类型的特点是：若要定义某一特定数据类型，就限定该类型变量的存储特性和取值范围。对简单数据类型来说，既可以定义单个的变量，也可以定义数组。而数组的全部元素具有相同的数据类型，或者说是相同类型数据的一个集合。

　　在日常生活中，我们常会遇到一些需要填写的登记表，如住宿表、成绩表、通信地址表等。在这些表中，所填写的数据是不能用同一种数据类型描述的。在住宿表中，我们通常会填写姓名、性别、身份证号码等内容；在通信地址表中，我们会填写姓名、邮编、家庭住址、电话号码、E-mail 等内容。这些表中集合了各种数据，无法用前面学过的任意一种数据类型完全描述，因此 C 引入了一种能集不同数据类型于一体的数据类型——结构体类型。结构体类型的变量可以拥有不同数据类型的成员，是不同数据类型成员的集合。

10.1　结构体类型变量的定义和引用

　　在上面描述的各种登记表中，让我们仔细观察一下住宿表、成绩表、通信地址表等。
　　住宿表通常由下面的条目构成：

姓名	（字符串）
性别	（字符）
职业	（字符串）
年龄	（整型）
身份证号码	（字符串）

　　成绩表通常由下面的条目构成：

班级	（字符串）
学号	（字符串）
姓名	（字符串）
操作系统	（实型）
数据结构	（实型）
计算机网络	（实型）

　　通信地址表通常由下面的条目构成：

姓名	（字符串）
工作单位	（字符串）
家庭住址	（字符串）
邮编	（长整型）
电话号码	（字符串）
E-mail	（字符串）

这些登记表用 C 提供的结构体类型可以进行较为准确的描述，每个结构体的具体定义方法如下。

住宿表：

```
struct accommod
{
    char name[20];          /* 姓名 */
    char sex;               /* 性别 */
    char job[40];           /* 职业 */
    int age;                /* 年龄 */
    char number[18];        /* 身份证号码 */
};
```

成绩表：

```
struct score
{
    char grade[20];         /* 班级 */
    char num[10];           /* 学号 */
    char name[20];          /* 姓名 */
    float os;               /* 操作系统 */
    float datastru;         /* 数据结构 */
    float compnet;          /* 计算机网络 */
};
```

通信地址表：

```
struct addr
{
    char name[20];          /* 姓名 */
    char department[30];    /* 工作单位 */
    char address[30];       /* 家庭住址 */
    char box[6];            /* 邮编 */
    char phone[12];         /* 电话号码 */
    char email[30];         /* E-mail */
};
```

这一系列对不同登记表的数据结构的描述类型称为结构体类型。通常不同的问题有不同的数据成员，也就是说，有不同描述的结构体类型。我们也可以理解为：结构体类型根据所针对的问题其成员是不同的，可以有任意多的结构体类型描述。

下面给出 C 对结构体类型的定义形式：

```
struct 结构体名
{
    成员项列表…
};
```

特别要强调的是，上面的语法描述是定义一种新的数据类型，并不是定义一个变量。如前面所学，C 语言本身提供了 char、float、double 等基本数据类型，为了描述更加丰富的数据信息，C 语言通过结构体为程序员提供了一种定义新的自有数据类型的方法。从语法角度讲，通过 struct 定义的结构体类型与 C 语言本身提供的 char、float、double 等基本数据类型一样，所有能出现这些基本数据类型的地方都可以使用自己定义的结构体数据类型。采用上述方法定义一个结构体类型后，我们就可以使用它，包括用它定义结构体类型变量并对不同变量的各成员进行引用。

10.1.1 结构体类型变量的定义

结构体类型变量的定义与其他类型变量的定义是一样的,但由于结构体类型本身需要针对问题事先自行定义,因此结构体类型变量的定义形式较为灵活,共有以下 3 种形式:

1)先定义结构体类型,再定义结构体类型变量。

```
struct stu                    /* 定义学生结构体类型 */
{
    char name[20];            /* 学生姓名 */
    char sex;                 /* 性别 */
    char num[11];             /* 学号 */
    float score[3];           /* 三科考试成绩 */
};
struct stu student1,student2;  /* 定义结构体类型变量 */
```

2)定义结构体类型的同时定义结构体类型变量。

```
struct date
{
    int day;
    int month;
    int year;
} time1,time2;
```

后面如果需要,可以继续定义其他变量,比如可以再定义如下变量:

```
struct date time3,time4;
```

3)直接定义结构体类型变量。

```
struct
{
    char name[20];          /* 学生姓名 */
    char sex;               /* 性别 */
    char num[11];           /* 学号 */
    float score[3];         /* 三科考试成绩 */
} person1,person2;          /* 定义该结构体类型变量 */
```

由于这种定义方法的结构体名字为空,无法记录和引用该结构体类型,因此除直接定义外,后面不能再定义该结构体类型变量。

10.1.2 结构体类型变量的引用

在定义了结构体类型和结构体类型变量之后,如何正确地引用该结构体类型变量的成员呢? C 规定引用的形式为:

<结构体类型变量名 >.<成员名 >

若定义的结构体类型及变量如下:

```
struct date
{
    int day;
    int month;
    int year;
}time1,time2;
```

则变量 time1 和 time2 各成员的引用形式为 time1.day、time2.month、time2.year 等。

10.1.3 结构体类型变量的初始化

由于结构体类型变量汇集了各类不同数据类型的成员,因此结构体类型变量的初始化略显复杂。

结构体类型变量的定义和初始化为：

```
struct stu                    /* 定义学生结构体类型 */
{
    char name[20];            /* 学生姓名 */
    char sex;                 /* 性别 */
    char num[11];             /* 学号 */
    float score[3];           /* 三科考试成绩 */
};
struct stu student={"liping",'f',"1012150101",98.5,97.4,95};
```

上述对结构体类型变量的 3 种定义形式均可在定义时初始化。结构体类型变量完成初始化后，即各成员的值分别为：

```
student.name = "liping", student.sex = 'f', student.num = "1012150101", student.
score[0] = 98.5, student.score[1] = 97.4, student.score[2] = 95
```

我们可以通过 C 提供的输入 / 输出函数完成对结构体类型变量成员的输入 / 输出，就像对普通变量那样。由于结构体类型变量成员的数据类型通常是不一样的，因此也可以将结构体类型变量成员以字符串形式输入，利用 C 语言的类型转换函数将其转换为所需类型。类型转换的函数有：

（1）int atoi(char *str); 该函数将 str 所指向的字符串转换为整型，其返回值为整型。

（2）double atof(char *str); 该函数将 str 所指向的字符串转换为实型，其返回值为双精度实型。

（3）long atol(char *str); 该函数将 str 所指向的字符串转换为长整型，其返回值为长整型。

使用上述函数，要包含头文件 "stdlib. h"。

在上述定义的基础上，对上述的结构体类型变量成员输入采用的一般形式为：

```
#include <stdio.h>
#include <stdlib.h>
int main()
{
    char temp[20];
    int i;
    gets(student.name);                    /* 输入姓名 */
    student.sex = getchar();               /* 输入性别 */
    gets(student.num);                     /* 输入学号 */
    for(i = 0 ; i < 3 ; i++)               /* 输入三科成绩 */
    {
        gets(temp) ;
        student.score[i] = atoi(temp);     /* 转换为整型 */
    }
    return 0;
}
```

对该结构体类型变量成员的输出也必须采用各成员独立输出，而不能将结构体类型变量以整体的形式输入 / 输出。

C 语言允许针对具体问题定义各种各样的结构体类型，甚至是嵌套的结构体类型。

```
struct date
{
    int day;
```

```
      int mouth;
      int year;
   };
   struct stu
   {
      char name[20];
      struct date birthday;   /* 出生年月，嵌套的结构体类型 */
      charnum[11];
   }person;
```

该结构体类型变量成员的引用形式如下：

```
person.name,person.birthday.day,person.birthday.month,person.birthday.
year,person.num
```

这里要特别强调的是：与数组一样，结构体类型的变量通常也不能当作一个整体使用，必须单独使用各个成员变量；结构体变量各个成员变量的性质与同种普通变量的性质一样，只是前面加了一个成员限定符。

10.2 结构体数组的定义和引用

在实际的问题中，可能不仅需要单个结构体变量，还需要一组结构体变量，这就需要引入**结构体数组**的概念。结构体类型数组的定义形式为：

```
struct stu                  /* 定义学生结构体类型 */
{
   char name[20];           /* 学生姓名 */
   char sex;                /* 性别 */
   charnum[11];             /* 学号 */
   float score[3];          /* 三科考试成绩 */
};
struct stu stud[20];        /* 定义结构体类型数组 stud，该数组有 20 个结构体类型元素 */
```

其数组元素各成员的引用形式为：

```
stud[0].name、stud[0].sex、stud[0].score[i];
stud[1].name、stud[1].sex、stud[1].score[i];
...
stud[9].name、stud[9].sex、stud[9].score[i];
```

结构体类型数组的初始化和普通数组元素一样，可全部初始化、部分初始化或分行初始化。

以下为分行初始化的例子。

```
struct student
{
   char num[11];
   char name[20];
   char sex;
   int age;
};
struct student stu[ ]={{"1012150101","Wang Lin",'M',20},
           {"1012150102","Li Gang",'M',19},
{"1012150103","Liu Yan",'F',19}};
```

例 10-1 统计候选人选票。程序如下：

```
#include <stdio.h>
```

```
#include <string.h>
struct person
{
    char name[20];
    int count;
}leader[3] = {"Li", 0, "Zhang", 0, "Wang", 0};
int main()
{
    int i, j;
    char leader_name[20];
    for(i = 1; i <= 10; i++)
    {
        scanf("%s", leader_name);
        for(j = 0; j < 3; j++)
        if(strcmp(leader_name, leader[j].name) == 0)
            leader[j].count++;
    }
    for(i = 0; i < 3; i++)
        printf("%5s:%d\n", leader[i].name, leader[i].count);
    return 0;
}
```

10.3　结构体指针的定义和引用

指针变量非常灵活方便，可以指向任一类型的变量。若定义指针变量指向结构体类型变量，则可以通过指针来引用结构体类型变量。

10.3.1　指向结构体类型变量的指针的使用

先定义结构体：

```
struct stu
{
    char name[20];
    char num[10];
    float score[4];
} ;
```

再定义指向结构体类型变量的指针变量：

```
struct stu *p1, *p2;
```

定义指针变量 p1、p2，分别指向结构体类型变量。引用形式为：

指针变量→成员；

例 10-2　对指向结构体类型指针变量的正确使用。输入一个结构体类型变量的成员，并输出。程序如下：

```
#include <stdlib.h>
#include <stdio.h>
struct date
{
    int day, month, year;
};
struct stu
{
    char name[20];
    char num[11];
    struct date birthday;
```

```
};
int main()
{
    struct stu *student;
    student = (struct stu *)malloc(sizeof(struct stu));
    printf("Input name,number,year,month,day:\n");
    scanf("%s", student->name);
    scanf("%s", student->num);
    scanf("%d%d%d", &student->birthday.year, &student->birthday.month,
            &student->birthday.day);
    printf("\nOutput name,number,year,month,day:\n");
    printf("%20s%10s%5d/%d/%d\n", student->name, student->num,
            student->birthday.year, student->birthday.month,
            student->birthday.day);
    return 0;
}
```

程序中使用结构体类型变量的指针引用结构体变量的成员，需要通过 C 提供的函数 malloc() 来为指针分配安全的地址。sizeof() 函数的返回值是计算给定数据类型所占内存的字节数。指针所指各成员的形式为：

```
student->name
student->num
student->birthday.year
student->birthday.month
student->birthday.day
```

运行结果为：

```
Input name,number,year,month,day:
WangLin1012150101 1987 5 23
Output name,number,year,month,day:
            WangLin 1012150101 1987/5/23
```

10.3.2 指向结构体类型数组的指针的使用

定义一个结构体类型数组，其数组名是数组的首地址。定义结构体类型的指针，既可以指向数组的元素，也可以指向数组，在使用时要加以区分。

例 10-3 在例 10-2 中定义了结构体类型，根据此类型再定义结构体数组及指向结构体类型的指针。程序如下：

```
struct date
{
    int day,month,year;
};
struct stu                      /* 定义结构体 */
{
    char name[20];
    char num[11];
    struct date birthday;       /* 嵌套的结构体类型成员 */
};
struct stu student[4],*p;       /* 定义结构体数组及指向结构体类型的指针 */
```

p = student，此时指针 p 就指向了结构体数组 student。p 是指向一维结构体数组的指针，对数组元素的引用可采用以下 3 种方法：

1）地址法。student + i 和 p + i 均表示数组第 i 个元素的地址。

数组元素各成员的引用形式为：(student + i)-> name、(student + i) -> num 和 (p + i)

-> name、(p + i)-> num 等。student + i 和 p + i 与 &student[i] 意义相同。

2）指针法。若 p 指向数组的某一个元素，则 p++ 指向其后续元素。

3）指针的数组表示法。若 p = student，则说指针 p 指向数组 student。p[i] 表示数组的第 i 个元素，其效果与 student[i] 相同。对数组成员的引用描述为：p[i].name、p[i].num 等。

例 10-4　指向结构体数组的指针变量的使用。程序如下：

```c
#include <stdio.h>
struct date          /* 定义结构体类型 */
{
    int year,month,day;
};
struct stu           /* 定义结构体类型 */
{
    char name[20];
    char num[11];
    struct date birthday;
};
int main()
{
    int i;
    struct stu *p, student[4] = {{"liying", "1012150101", 1978, 5, 23},
                                 {"wangping", "1012150102", 1979, 3, 14},
                                 {"libo", "1012150103", 1980, 5, 6 },
                                 {"xuyan", "1012150104", 1980, 4, 21}};
    p = student;             /* 将数组的首地址赋值给指针 p，p 指向了一维数组 student*/
    printf("1----Output name,number,year,month,day\n" );
    for(i = 0; i < 4; i++)        // 采用指针法输出数组元素的各成员
        printf("%20s%12s%6d/%d/%d\n", (p + i)->name, (p + i)->num, (p + i)->birth-
            day.year, (p + i)->birthday.month, (p + i)->birthday.day);
    printf("2----Output name,number,year,month,day\n" );
    for(i = 0; i < 4; i++, p++)   // 采用指针法输出数组元素的各成员
        printf("%20s%12s%6d/%d/%d\n", p->name, p->num, p->birthday.year, p->birth-
            day.month, p->birthday.day);
    printf("3-----Output name,number,year,month,day\n");
    for(i = 0; i < 4; i++)            // 采用地址法输出数组元素的各成员
        printf("%20s%12s%6d/%d/%d\n", (student + i)->name, (student + i)->num,
            (student + i)->birthday.year, (student + i)->birthday.month,
            (student + i)->birthday.day);
    p = student;
    printf("4-----Output name,number,year,month,day\n" );
    for(i = 0 ; i < 4 ; i ++ )    // 采用指针的数组表示法输出数组元素的各成员
        printf("%20s%12s%6d/%d/%d\n", p[i].name, p[i].num, p[i].birthday.year,
            p[i].birthday.month, p[i].birthday.day);
    return 0;
}
```

运行结果为：

```
1----Output name,number,year,month,day
          liying  1012150101  1978/5/23
        wangping  1012150102  1979/3/14
            libo  1012150103  1980/5/6
           xuyan  1012150104  1980/4/21
2----Output name,number,year,month,day
          liying  1012150101  1978/5/23
        wangping  1012150102  1979/3/14
            libo  1012150103  1980/5/6
           xuyan  1012150104  1980/4/21
3-----Output name,number,year,month,day
```

```
       liying   1012150101   1978/5/23
     wangping   1012150102   1979/3/14
        libo   1012150103   1980/5/6
       xuyan   1012150104   1980/4/21
4-----Output name,number,year,month,day
       liying   1012150101   1978/5/23
     wangping   1012150102   1979/3/14
        libo   1012150103   1980/5/6
       xuyan   1012150104   1980/4/21
```

回顾第 9 章的例 9-13，程序要求为：C 语言程序设计期末考试考完，请编写一个程序，输出任意给定班级中不及格的人数及课程平均成绩，并按成绩降序输出结果。若输入 −1，则表示成绩输入结束。在该示例中，仅记录了学生的学号和成绩信息，所以通过两个指针 no 和 Scores 指向两个数组来实现。如果需要记录一个学生的更多信息，比如学号、性别、姓名、年龄等，则需要引入更多的数组。更重要的是，在对学生记录进行移动时，比如本示例中的排序程序段，为了保证学生信息的一致而不张冠李戴，需要非常小心地同时交换或移动所有数组对应元素的数据。在学完本章的结构体概念后，读者可以对该示例进行改写，使得程序的实现变得更加完美，处理的能力更加强大。修改后的程序如例 10-5 所示。

例 10-5 C 语言程序设计期末考试结束后，请编写一个程序，输出任意给定班级中不及格的人数及课程平均成绩，并按成绩降序输出结果。若输入 −1，则表示成绩输入结束。每个学生需要记录的信息包括学号、性别、姓名、年龄。程序如下：

```c
#include <stdio.h>
#include <stdlib.h>
struct student
{
    int no;
    char name[12];
    int age;
    float score;
};
int main()
{
    int i, j, t1, n = 0, stu_num;
    float total = 0;
    int count = 0;
    float t2;
    struct student t;
    struct student* pClass;

    printf("Please input the number of students\n");
    scanf("%d", &stu_num);
    if ((pClass = (struct student*)malloc(stu_num*sizeof(struct student))) == NULL)
    {
        printf("Malloc memory is wrong!\n");
        exit(-1);
    }
    printf("Please input the information of students\n");
    for(i = 0; i < stu_num; i++)
    {
        scanf("%d%s%d%f", &pClass[i].no, pClass[i].name, &pClass[i].age,&pClass[i].
            score);
        if (pClass[i].no == -1) break;
        total += pClass[i].score;
        if (pClass[i].score < 60)
        {
```

```
            count++;
        }
        n++;
    }
    printf("    i    no    name        age    Scores\n");
    for(i = 0; i < n; i++)
    {
        for(j = i + 1; j < n; j++)
            if(pClass[i].score < pClass[j].score)
            {
                t = pClass[i]; pClass[i] = pClass[j]; pClass[j]=t;
            }
            printf("%5d%6d    %-12s%4d   %-10.2f\n", i + 1, pClass[i].no, pClass[i].
                name, pClass[i].age, pClass[i].score);
    }
    printf("\nThe average score is %5.1f \n", total/n);
    printf("The number of student failed to pass the exam is %5d\n", count);
    free(pClass);
    return 0;
}
```

读者可以自行测试程序运行结果。

与例 9-13 的不同之处在于，上述程序引入了结构体，从而方便了程序的操作。

10.4 链表的定义和操作

数组作为存放同类数据的集合，给程序设计带来了很多的方便，增加了灵活性。但数组也存在一些弊端，如数组的大小在定义时要事先规定，不能在程序中进行调整。这样一来，在程序设计中针对不同问题，有时可能需要 30 个元素的数组，有时可能需要 50 个元素的数组，也就是说，数组的大小难于确定。我们只能根据可能的最大需求来定义数组，而这常常会造成一定存储空间的浪费。

我们希望构造动态的数组，随时可以调整数组的大小，以满足不同问题的需要。链表就是所需要的动态数组。它是在程序的执行过程中根据需要向系统申请所需存储空间，不会构成对存储空间的浪费。

10.4.1 链表

链表是最基本的一种动态数据结构。链表中的每一个元素除了需存放数据本身外，还有一个数据项专门用于存放相邻元素的地址，如图 10-1 所示。

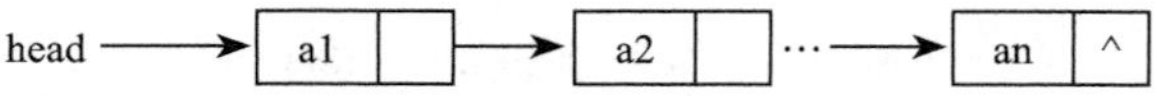

由图 10-1 可知：

图 10-1 链表结构

1）为了能得到链表中的第一个元素，用一个名为 head 的指针变量指向它。

2）链表中的每个元素既要存放数据，又要存放下一个元素的地址，以便通过这个地址能得到下一个元素。

3）表中最后一个元素没有下一个元素，因此其地址部分放一个特殊值（NULL）作为标记。NULL 是一个符号常量，在 stdio.h 中定义为 0。

显然这个链表中的元素个数可多可少，且它们在内存中的位置可以是任意的，只要知道了 head，就可以逐个得到表中的全部元素。可以将表中元素理解为某种结构类型。仍以职工数据为例说明相应的结构类型：

```
struct employee{
    char          num[6];          /* 工号 */
    char          name[10];        /* 姓名 */
    struct date   birthday;        /* 出生年月 */
    int           age;             /* 年龄 */
    char          married;         /* 婚否 */
    char          depart[20];      /* 部门 */
    char          job[20];         /* 职务 */
    char          sex;             /* 性别 */
    float         salary;          /* 工资 */
    struct employee *next;         /* 指向下一个结构元素 */
} ;
```

这里定义的结构类型中，有一个成员 next，它是指针类型，指向 struct employee 类型数据。

定义好结构类型后，现在可以考虑为元素分配相应的空间。以前是通过在程序中定义若干结构变量而得到若干结构元素的空间，但为了充分利用内存资源，链表中的元素不应在程序中事先定义好，因此应该用某种方法在程序运行时请求计算机分配一块大小适当的内存给用户作为一个链表元素的存储单元，当链中的某个元素删除不用时，把相应的内存单元释放给计算机系统，即使用第 9 章介绍的动态存储管理函数 malloc 和 free。可以说，动态存储管理是实现动态数据结构的基本手段。

下面介绍如何实现对链表的各种操作，即利用结构、指针等工具建立链表，检索和删除链表中的元素等。

10.4.2 链表的建立

下面通过例 10-6 来说明链表是怎样建立的。

例 10-6 建立一个含有若干个单位电话号码的链表。假设每个单位只有一个电话号码。

分析：首先设计链表中结点结构所含的数据和类型，其中应包含单位、电话号码和指针字段 3 个数据项，程序如下：

```
struct unit_tele
{
    char unitname[50];
    char telephone[15];
    struct unit_tele *next;
};
```

同时用变量 head 作为链表的头指针。下面用逐步求精的方法考虑建立链表的算法：

1）输入单位名，如果不是结束标志，则执行第 2 步；否则，转到第 5 步。

2）申请空间，通过调用 malloc 函数创建一个 struct unit_tele 类型结点。给新结点成员进行赋值。

3）将新结点加至链表尾部。

4）转到第 1 步。

5）结束。

现在考虑如何对"把新结点加至链表尾部"进行求精。在此之前，根据前面的分析，把一个元素加至链表尾部，可以分两种情况进行处理：

1）加入前，链表是空的，即 head=NULL，在这种情况下，加入的结点 p 既是链表最后一个结点，也是链表第一个结点，因此要修改 head 的值。

2）加入前，链表中已有结点，这时要把结点 p 加至链表尾部，需要知道当时尾部结点的指针，假设这个指针变量是 q。

对于第 1 种情况，"把 p 加至链表尾部"应表示为：

```
head = p;q = p;
```

这里，"q = p"是必需的，确保第 2 种情况能正确操作。

对于后一种情况的操作是：

```
q->next = p;q = p;
```

这两种情况下，插入 y 前后链表的变化如图 10-2 所示。

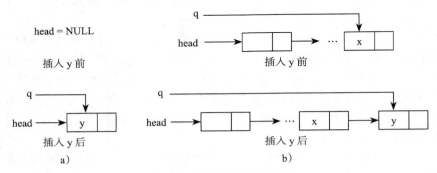

图 10-2   链表插入操作演示

现在可以得到一个完整且足够细化的算法描述：

1）初始化头指针和尾指针，将它们赋值为 NULL。

2）输入单位名，如果不是结束标志，则执行第 3 步；否则，转到第 6 步。

3）申请空间，通过调用 malloc 函数创建一个 struct unit_tele 类型结点 p，给新结点赋值。

4）判断新结点是否为首结点，如果是，则让头指针 head 和尾指针 q 都指向 p 结点；否则，将 p 连接到链表的末尾。让尾指针指向 p 结点。

5）转到第 1 步。

6）结束。

下面是相应的程序。为了使程序具有模块化结构，把建立链表这一功能作为一个独立的模块（即函数），其函数名为 create_list，函数返回值是链表的指针。

```c
#include <stdio.h>
#include <stdlib.h>
#include <string.h>
struct unit_tele *creat_list()
{
    struct unit_tele *q, *p, *head;
    char uname[50];
    head = q = NULL;
    while(1)
    {
        printf("please input unit name:");
        scanf("%s", uname);
        if(strcmp(uname, "#") == 0)
            break;
        p = (struct unit_tele *)malloc(sizeof(struct unit_tele));    /* 建立结点 */
```

```
            printf("please input telephone:");
            scanf("%s", p->telephone);
            strcpy(p->unitname, uname);
            if(q == NULL)
                head = q = p;
            else
            {
                q->next = p;
                q = p;
            }
        }
        q->next = NULL;
        return head;
    }
```

注意：在 malloc 函数之前加 "(struct unit_tele *)"，是为了使 malloc 函数返回的指针转换成指向 struct unit_tele 类型指针。"q->next = NULL;" 是为了使链表中最后一个元素的 next 字段值成为 NULL，表示该元素没有后继结点。

10.4.3　输出链表元素

对于一个已建立的链表，可以通过头指针 head 从链表的第一个元素开始逐个输出其中的数据值，直到链表的最后一个元素。

例 10-7　输出例 10-6 建立的链表。程序如下：

```
void print_list(struct unit_tele *head)
{
    struct unit_tele *p;
    for(p = head; p != NULL; p = p->next)
        printf("%s,%s\n", p->unitname, p->telephone);
}
```

函数首先使 p 指向链表的第一个元素，输出其中的数据，然后移动 p 使其指向下一个元素，直至最后一个元素。

10.4.4　删除链表元素

所谓删除链表元素就是把链表中的某些元素从链表中分离出来，使链表不再含有该元素。一般而言，删除的条件是结点中的某些字段值满足一定的条件。下面以指定的单位名作为被删除结点应满足的条件为例进行说明。

例 10-8　删除例 10-6 所建链表中某指定的单位结点。

分析：要把指定单位的结点从链表中删除，首先需要在链表中找到该结点。假设找到的结点指针是 p，如图 10-3 所示。

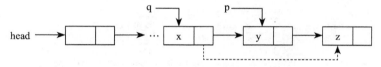

图 10-3　链表删除操作演示

图中虚线表示删除结点 p 以后指针链的变化情况。从图 10-3 可以看出，要把 p 所指结点从链表中删除，而又不破坏链表的结构，就需要修改 q 所指结点的 next 域，使其不再指向 p，而指向 p 的下一个结点，如虚线所示，这说明在查找被删除结点时还应记下它的前一个结点的指针，即图 10-3 中用变量 q 表示的值。

上述分析是基于假设 p 的前一个结点存在的情况，即 p 不是第一个结点。若 p 是第一个结点，则 p 的前一个结点不存在，这时应如何删除呢？这种情况下，删除前 head 指向第一个结点（即 p 结点），删除后，head 不再指向 p 结点，转而指向第二个结点。

除此之外，还需考虑链表中不存在被删除结点和链表为空的情况。进一步分析可以发现，链表为空可以作为链表中不存在被删除结点的特殊情况处理。

根据以上分析，可以得到完成删除功能的程序。

程序中，结点 p 从链表中删除以后就释放其存储空间。注意：使用动态存储时，一定要及时释放不用的存储空间，这样才能将其再分配给用户，否则会造成内存资源逐渐被耗尽，使应用程序无法运行。本例中，调用函数 free 释放被删除的结点。程序如下：

```
struct unit_tele *delete_list(struct unit_tele *head,char uname[])
{
    struct unit_tele *q,*p;
    for(p = head, q = NULL; p != NULL; q = p, p = p->next)      /* 检索结点 */
        if(strcmp(p->unitname, uname) == 0)     break;
    if(p != NULL)
    {
        if(q == NULL)
            head = p->next;
        else
            q->next = p->next;
        free(p);
    }
    return head;
}
```

10.4.5　插入链表元素

下面考虑如何把一个新输入的数据插入链表中。

例 10-9　把新输入的单位及电话号码插入例 10-6 建立的链表中。

分析：为避免链表中出现两个相同的元素，在插入之前应先检索一下欲插入的元素是否已在链表中存在。如果不存在，就可以把新元素插入链表中。由于没有对链表中元素的排列顺序附加限制条件，因此可以将新元素插入链表中的任何位置。为简单起见，我们把新元素插入链表的最前面。图 10-4 所示为插入前后链表的状况。设新元素的指针为 p，虚线是插入新元素后链表指针的变化。程序如下：

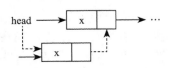

图 10-4　链表插入操作演示

```
struct unit_tele *insert_list(struct unit_tele *head, char uname[], char tele[])
{
    struct unit_tele *q, *p;
    for(q = head; q != NULL; q = q->next)
        if(strcmp(q->unitname, uname) == 0) break;
    if(q == NULL)
    {
        p = (struct unit_tele *)malloc(sizeof(struct unit_tele));
        strcpy(p->unitname, uname);
        strcpy(p->telephone, tele);
        p->next = head;
        head = p;
    }
    return head;
}
```

10.4.6 查询链表元素

查询链表元素就是使链表中满足一定条件的元素显示出来。下面以指定的单位名作为被查询结点应满足的条件为例进行说明。

例 10-10 查询例 10-6 所建链表中某指定单位结点。程序如下：

```c
void query_list(struct unit_tele *head, char uname[])
{
    struct unit_tele *p;
    for(p = head; p != NULL; p = p->next)
        if(strcmp(p->unitname, uname) == 0) break;
    if(p != NULL)
        printf("unit_name: %s,telephone: %s\n", uname, p->telephone);
    else
        printf("no this unit\n");
    printf("press any key return");
    getchar();
    return;
}
```

可以写一个 main 函数，通过调用以上函数将它们组织成一个完整的程序：

```c
#include <stdio.h>
#include <stdlib.h>
#include <string.h>
struct unit_tele
{
    char unitname[50];
    char telephone[15];
    struct unit_tele *next;
};
int main()
{
    struct unit_tele *head;
    char uname[50], tele[15];
    head = creat_list();
    print_list(head);
    printf("input unit_name for delete:\n");
    scanf("%s", uname);
    head=delete_list(head,uname);
    printf("input unit_name for query:\n");
    scanf("%s", uname);
    query_list(head, uname);
    printf("input unit_name and it's telephone for insert:\n");
    scanf("%s%s", uname, tele);
    head=insert_list(head, uname, tele);
    printf("input unit_name for delete:\n");
    scanf("%s", uname);
    head = delete_list(head,uname);
    print_list(head);
    return 0;
}
```

10.5 联合

10.5.1 联合的定义

联合是 C 语言中的另一种构造类型。首先通过一个示例来说明为什么需要联合。

在学生学籍管理中，假设英语和数学这两门课程是每个学生必选的，计算机和音乐这两门课程则每名学生只能选修其中一门，音乐课以 A、B、C、D 计分，其他课程以百分制计分，定义如下的结构：

```
struct student
{
    char class[15];        /* 班级 */
    char name[10];         /* 姓名 */
    int english;           /* 英语 */
    int math;              /* 数学 */
    int computer;          /* 计算机 */
    char music;            /* 音乐 */
};
```

根据题意可以看出，对一个确定的学生来说，他要么选计算机，要么选音乐，不能同时选修这两门课程，即结构成员 computer 和 music 中有一个是不用的。上面这样定义的结构浪费了内存，在学生数很多的情况下这种浪费是很大的。如果有一种方法使 computer 和 music 占用相同的存储单元，当一个学生选修计算机时，存储单元中存放的是 computer 成员值，而当学生选修音乐时，存储单元中存放的是 music 成员值，那就可以节省内存了。构造类型联合（union）正是实现这一功能的方法。结构 struct student 利用联合可定义成：

```
struct student
{
    char class[15];
    char name[10];
    int english,math;
    union
    {
        int computer;
        char music;
    }selective;
};
```

在这个结构中，有一个成员是一个联合（union）。定义一个联合类型的一般形式为：
union ＜联合标识符＞
{
　＜类型标识符＞＜成员标识符＞;
　…
};

从定义形式来看，定义一个联合与定义一个结构的区别是前者定义关键字是 union，后者是 struct，但联合和结构的含义是不同的。编译系统处理联合时，同一个联合中的所有成员用同一段内存存放成员值，这一段内存的长度等于最长成员的长度。如果 int 型数据占 4 个字节，那么结构 student 中的联合就占 4 个字节，其中第 1 个字节是 computer 和 music 共同占用。由于在一个时刻只有一个成员有值，这个值放在这段内存中。而结构中的成员所占的内存是互不覆盖的，因此一个结构所占的内存是各成员所占内存之和。

与结构的定义相似，定义联合时，union 后的联合名可以省略，如上面 struct student 中联合的定义没有联合名。也可以含联合名，例如，

```
union course
{
    int computer;
    char music;
};
```

```
struct student
{
    char class[15];
    char name[10];
    int english, math;
    union course selective;
};
```

或

```
struct student
{
    char class[15];
    char name[10];
    int   english, rnath;
    union course{
        int computer;
        char music;
    }selective;
};
```

10.5.2 联合成员的引用

对联合成员的引用与结构成员的引用相同。例如，如果有：

```
struct student st;          /* 定义结构 student 类型变量 st*/
union course cs;            /* 定义联合 course 类型变量 cs*/
union course *pcs;          /* 定义指向联合 course 类型的指针变量 pcs*/
pcs=&cs;
```

那么可以：

```
st.selective.music = 'A'; /* 结构变量 st 的选修课程（selective）中 music 置为 'A' */
cs.computer = 92;         /* 联合变量 cs 的成员 computer 置为 92 */
(*pcs).computer = 92;      /* 指针 pcs 所指向的联合变量成员 computer 置为 92*/
pcs ->music = 'B';        /* 指针 pcs 所指向的联合变量成员 music 置为 'B'*/
```

不能写成：

```
st.selective = 'A';
cs = 92;
```

因为分配给联合的存储区可以放几种不同类型的数据，所以仅写出联合变量名不指出成员，无法确定数据类型及实际使用的存储区大小。

联合成员可以参加与其类型相适应的表达式运算，例如，

```
ave = (english+math+st.selective.computer)/3;
printf("%c",st.selective.music);
```

使用联合时，应注意：

1）联合成员所占内存的起始地址都一样，但实际所占的内存长度依成员类型的不同而不同。对联合中不同成员取地址（&）得到的值应该是一样的，都等于联合变量的地址。例如 &cs、&cs.music、&cs.computer 都是同一地址值。

2）尽管联合中的成员占用相同的内存段，但某一时刻只有一个成员占用该内存段，其他成员没有使用该内存段。例如，赋值语句

```
cs.music = 'A';
```

使成员 music 占用变量 cs 的存储单元。此时，如引用其 computer 成员：

```
printf("%d",cs.computer);
```

将产生错误。因此，为了正确引用联合成员，还应记住此刻占用联合中存储单元的成员是哪
一个。这可以在定义联合时，增加一个标志项，每次对联合成员赋值的同时设置标志项值，
以便能确定当前有效的成员是哪一个。例如，

```
struct student
{
    char class[15];
    char name[10];
    int english, math;
    char select;
    union course
    {
        int computer;
        char music;
    }selective;
}st;
```

这里增设了结构成员 select，用于识别联合 course 中存放的是哪一个成员。例如，

```
st.selective.music = 'A';
st.select = 'M';
```

或

```
st.selective.comput = 86;
st.select = 'C';
```

其中"st.select = 'M'"表示存放 music；"st.select = 'C'"表示存放 computer。

3）联合类型可以出现在结构和数组中，结构和数组也可以出现在联合中。

10.5.3 应用示例

例 10-11 按以上定义的 struct student，输入 5 个学生的成绩，然后输出它们。程序如下：

```
#include <stdio.h>
#include <ctype.h>
int main()
{
    struct student
    {
        char classname[15];
        char name[10];
        int english, math;
        char select;
        union course
        {
            int computer;
            char music;
        }selective;
    }stud[5];
    int i;
    for(i = 0; i < 5; i++)
    {
        scanf("%s,%s,%d,%d,%c", stud[i].classname, stud[i].name, &stud[i].english,
            &stud[i].math, &stud[i].select);
        stud[i].select = toupper(stud[i].select);
```

```
            if(stud[i].select == 'M')
                scanf("%c", &stud[i].selective.music);          /* 选修音乐课程 */
            else
                scanf("%d", &stud[i].selective.computer);    /* 选修计算机课程 */
    }
    printf("class name english mathematic music computer\n");
    for(i = 0; i < 5; i++)
    {
        printf("%s %s %d %d", stud[i].classname, stud[i].name, stud[i].english, stud
                [i].math);
        if(stud[i].select == 'M')
            printf("%c\n", stud[i].selective.music);
        else
            printf(" %d\n", stud[i].selective.computer);
    }
    return 0;
}
```

10.5.4 数组、结构和联合类型的比较

数组、结构和联合是 C 语言中 3 种不同的构造数据类型，表 10-1 从不同角度对它们进行了比较。

表 10-1 数组、结构和联合类型的比较

比较类型	数　　组	结　　构	联　　合
概念	相同类型元素的有序集合	不同类型元素的有序集合	不同类型元素共用一个存储单元。在某一时刻，只有其中的一个元素使用存储单元
长度	元素类型长度 * 元素个数	元素类型长度之和	最大的元素类型长度
元素的引用	通过下标或指针引用元素	通过成员运算符 "." 和 "->" 引用元素	
参数传递	数组名作为参数表示传递数组的首地址	允许	不允许
初始化	允许	允许	不允许
赋值	允许对数组元素进行赋值和访问	允许对结构整体和成员进行赋值，但不能整体输入/输出	只能对联合体成员赋值，不能对联合体变量进行整体赋值
函数返回值	不允许作为 "整体数值" 返回		

10.6 枚举类型

我们在程序设计中经常会遇到一些只能取几种可能值的变量，如变量 x 表示电视机尺寸，其取值为 9、12、14、16、18、20、21 等，虽然可以把 x 声明为 int 型数据，但事实上 x 只能是几个有限的值，而 int 型变量的取值范围比这大得多。如果把 x 定义为 int 型，一旦把 3000 之类的值赋给变量 x，那么系统无法自动检测到这种逻辑上的错误，且程序也不易于阅读理解。如果能够在声明变量 x 时就限定它的取值，程序的容错性和可读性会更好。在 C 语言中，可以用枚举类型实现这一功能。

所谓枚举类型就是把变量的取值一一列举出来，例如，

```
enum tvsize{c9,c12,c14,c16,c18,c20,c21};
```

定义了 tvsize 类型变量只能取值 c9,c12,c14,c16,c18,c20,c21。这里 c9，c12，… ，c21 是枚举元素或枚举常量。规定枚举元素必须符合标识符的起名规则，所以这里前面加了字母 c。现在可以定义变量 x 了。

```
enum tvsize x;
```

定义枚举类型和枚举类型变量的一般格式依次为：

enum < 类型标识符 >< 枚举表 >;

enum < 类型标识符 >< 变量表 >;

枚举表就是用花括号括起来的若干个可能的值，如 c9、c12、c14 等。

也可以直接定义枚举类型变量：

enum[< 类型标识符 >] < 枚举表 >< 变量表 >;

例如，

```
enum tvsize { c9,c12,c14,c16,c18,c20,c21} x;
```

或

```
enum {c9,c12,c14,c16,c18,c20,c21} x;
```

前者在定义枚举类型变量 x 的同时定义了该枚举类型 tvsize; 后者仅定义了枚举类型变量 x，没有给该枚举类型命名。

又如，

```
enum monthtype {January, February, March, April, May, June, July,
                August, September, October, November, December}
                month;
```

定义变量 month 是枚举型的，值为一年中的 12 个月份。因此，下面的语句是正确有效的：

```
month = April;
```

和

```
if(month == May) ...
```

这里 January，February，…，December 等是枚举元素或枚举常量。在 C 语言中，枚举类型中的枚举元素是与整型相对应的。如在 enum monthtype 中，编译系统自动把常量 0 与枚举表中第一个枚举元素对应，后面相继出现的枚举元素依次加 1 对应，即 January 对应 0，February 对应 1，March 对应 2 …… December 对应 11。因此，

```
month = March;
```

等价于

```
month = (enum monthtype)2;
```

但不能把整型值直接赋给枚举变量，例如，下面的语句是非法的：

```
month = 2;
```

也可以在定义枚举类型时，强制改变枚举元素对应的整型值。例如，

```
enum monthtype{January = 1,February,March,April,May,June,July,
    August,September,October,November,December} month;
```

使 January 对应 1，February 对应 2 …… December 对应 12。再如，

```
enum weekday {Sun = 7, Mon = 1, Tue, Wed,Thu,Fri,Sat};
```

使 Sun 对应 7，Mon 对应 1 …… Sat 对应 6。

枚举变量和枚举元素可以进行比较，比较规则建立在定义时枚举元素对应的整型值的比

较基础上。例如，因为 March 对应 3，May 对应 5，March ＜ May，所以比较为真。

尽管枚举类型和整型属于不同的类型，但枚举类型在输出时按整型数输出。例如，

```
month = July;
printf("%d\n",month);
```

将输出整数 7。

10.7   用 typedef 定义类型名

在 C 语言中，对语言提供的标准类型和用户构造的类型，可以用一个新的类型名来标识。例如语句

```
typedef    float    REAL;
typedef    int      COUNTER;
```

定义 REAL 类型与 float 类型相同，COUNTER 类型与 int 类型相同。因此，下列语句

```
COUNTER i,j;
```

等价于

```
int i,j;
```

用代码定义类型名。例如，

```
typedef char STRING[30];   /* 定义 STRING 为含有 30 个字符的字符数组 */
STRING unitname,telephone;
```

等价于

```
char unitname[30],telephone[30];
```

因此，

```
typedef struct
{
    STRING unitname;
    STRING telephone;
}UNIT;
UNIT u1;
```

等价于

```
struct
{
    char unitname[30];
    char telephone[30];
}u1;
```

而

```
typedef int NUM[11];        /* 定义 NUM 为含有 10 个元素的整型数组 */
NUM a;
```

等价于

```
int a[10];
```

从 typedef 语句的一般格式和上面的示例可以看出，用 typedef 定义新类型标识的方法如下：

1）用定义变量的方法写定义语句。

2）把定义语句中的变量名换成新的类型标识。

3）在定义语句前加 typedef。

4）用新的类型名定义变量。

使用 typedef 时，需要注意的是：

1）typedef 并没有定义新的数据类型，仅仅是给已存在的数据类型定义了一个新的名称，以后再定义变量时用新名称和原来的类型标识是同义的。

2）使用 typedef 主要是为了便于程序移植。例如，考虑到整型数据可能出现的最大值，需要定义某变量 X 是占 4 个字节的整型，在某计算机系统中，4 个字节的整型是标准整型 int，而在另一个计算机系统中，4 个字节的整型是长整型 long int。为了使程序便于移植，在前一个计算机系统中的程序用 typedef 定义：

```
typedef int INT;
```

而在后一个计算机系统中的程序，有定义：

```
typedef long INT;
```

对变量 x 统一定义成：

```
INT x;
```

这样程序在不同计算机系统之间移植时，只需要用 typedef 修改 INT 的定义，不需要修改各处 x 的定义。

3）typedef 与 #define 有某些相似之处。例如，

```
#define INT int;
```

和

```
typedef int INT;
```

两者都用 INT 替代 int，但它们是有区别的：首先，反映在实际处理时，#define 是预编译时处理的，而 typedef 是编译时处理；其次，#define 所能做的仅仅是简单的文字替换，它无法定义前面 NUM 之类的新类型标识。

习题

10.1 请在以下嵌套结构中填空，给出李明的姓名、年龄（20 岁）、性别（男）、生日（1976 年 5 月 6 日）、语种（c）及系别（计算机系）的信息，并输出这些信息。

```
#include<stdio.h>
struct date
{
    int month;
    int day;
    int year;
};
struct student
{
_____ name[20];
_____ age;
_____ sex;
_____ date_birthday;
```

```
_____    language;
_____    department[30];
};
void main()
{
    struct sudent s1= _____ ;
    printf _____ ;
}
```

10.2 下列程序用于读入时间数值，将其加 1s 后输出。时间格式为 hh:mm:ss，即时：分：秒，当小时数等于 24 时，置为 0，请在以下空白处填空。

```
#include<stdio.h>
struct{
    int hour,minute,second;
}time;
void main(void)
{
    scanf("%d:%d:%d",_____);
    time.second++;
    if(_____ == 60)
    {
        _____ ;
        time.second=0;
        if(time.minute == 60)
        {
            time.hour++;
            time.minute = 0;
            if(_____) time.hour = 0;
        }
    }
    printf("%d:%d:%d",time.hour,time.minute,time.second);
}
```

10.3 定义一个结构体变量（包括年、月、日），计算该日在本年中为第几天。（注意：考虑闰年问题）要求写一个函数 days，实现上面的计算。由主函数将年、月、日传递给 days 函数，计算后将日子传递回主函数输出。

10.4 编程将一链表逆转，即链首变成链尾，链尾变成链首。

10.5 有一单链表，每个元素包括一个整型值，编写一函数插入一结点至单链表的末尾。

10.6 如果例 10-6 中链表的元素已按整型值从小到大排列，并且要求插入元素后，链表元表仍升序排列。编程实现该插入过程。

10.7 编写一个 print 函数，打印一个学生的成绩数组，该数组中有 5 个学生的数据记录，每个记录包括 num、name 和 score[3]，用主函数输入这些记录，用 print 函数输出这些记录。

10.8 在习题 10.7 的基础上，编写一个 input 函数，用来输入 5 个学生的数据记录。

10.9 有 10 个学生，每个学生的数据包括学号、姓名、3 门课程的成绩，从键盘输入 10 个学生数据，要求输出 3 门课程总平均成绩以及取得最高分的学生的数据（包括学号、姓名、3 门课程成绩、平均分数）。

10.10 13 个人围成一圈，从第 1 个人开始顺序报号 1，2，3。凡报到 3 者退出圈子。找出最后留在圈子中的人原来的序号。要求用链表实现。

10.11 写一个 insert 函数，用来向一个动态链表插入结点。

10.12 已有 a、b 两个链表，每个链表中的结点包括学号和成绩，并已分别按成绩升序排列，写一函数合并这两个链表，并使合并后的链表也按成绩升序排列。

10.13 有两个链表 a 和 b，设结点中包含学号和姓名。从 a 链表中删去与 b 链表中有相同学号的那些
      结点。

10.14 建立一个链表，每个结点包括学号、姓名、性别及年龄。输入一个年龄，如果链表中的结点所
      包含的年龄等于此年龄，则将此结点删去。

10.15 口袋中有红、黄、蓝、白、黑五种颜色的球若干个，每次从口袋中取出 3 个。问：得到 3 种不
      同颜色的球的可能取法，打印出每种组合的 3 种颜色（提示：用枚举类型）。

10.16 编写一个 getbits 函数，从一个 16 位的单元中取出某几个（即该几位保留原值，其余位为 0）。
      函数调用形式为：getbits(value，n1，n2)。value 为该 16 位中的数据值，n1 为欲取出的起始位，
      n2 为欲取出的终止位。

10.17 在计算机中有一个重要的概念——栈。栈是指这样一段内存，它可以理解为一个栈结构，先放
      进栈中的数据被后放进筒中的数据"压住"，只有后放进栈中的数据都取出后，先放进去的数
      据才能被取出，这称为"后进先出"。堆栈的长度可以随意增加。栈结构可以用链表实现。设
      计一个链表结构需包含两个成员：一个存放数据；另一个为指向下一个结点的指针。每次有一
      个新数据要放入栈时，这一操作称为"压栈"，这时动态建立一个链表的结点，并连接到链表
      的结尾；每次从栈中取出一个数据时，这一操作称为"弹出栈"，这意味着从链表的最后一个
      节点中取出该结点的数据成员，同时删除该结点，并释放该结点所占的内存。栈不允许在链表
      中间添加、删除结点，只能在链表的结尾添加和删除结点。试用链表方法实现栈结构。

10.18 请读者自己编写一个程序，该程序可以完成个人财务管理。每个人的财务项目应当包括姓名、
      年度、收入、支出等。为了叙述简单，以一个财政年度为统计单位，程序中可以计算每个人的
      每个财政年度的收入总额、支出总额、存款余额等，并能够打印出来。需要注意的是，收入总
      额不可能只输入一次，而可能是多次收入的总和；同样的，支出总额也不可能是一次支出，应
      是多次支出的总和。

第 11 章　文 件 操 作

到目前为止，程序运行时所需的数据要么是已经存储在内存中的，要么是从键盘输入内存，其运行结果是输出到显示器上的。键盘和显示器为输入和输出设备，但输入和输出设备中不仅有显示器和键盘，还有软磁盘、硬磁盘和磁带等，程序运行所需的数据可以来自于这些设备，那么程序运行结果也可以输出到这些设备以便暂存。与显示器和键盘相比，磁盘、磁带上的数据可以重复使用，更方便、更安全。比如说，一个程序运行所需的数据来自于另一个程序的运行结果，这时应把第一个程序运行的结果以文件的形式保存到磁盘上，运行第二个程序时，其运行数据不是来自于键盘，而是从文件读取数据，这种方式可以避免烦琐的数据输入工作。本章将介绍文件的概念及与文件相关的操作。

11.1　文件的基本概念

在 C 语言中，所有与输入 / 输出有关的资源都可以看作文件，如打印机文件、显示器文件和磁盘文件等。

11.1.1　概述

所谓文件，一般是指存储在外部介质上的数据集合。如程序文件是程序代码的有序集合；数据文件是一组数据的有序集合。一般来说，存储介质往往是磁盘和磁带，所以即使在计算机关机或断电的情况下，文件上的信息也不会丢失。操作系统和程序设计语言都提供了对文件进行操作的方法，但操作系统提供的一般是对整个文件的操作，如文件的复制、重命名等。而程序设计中介绍的文件操作是利用 C 函数对存储在介质上的文件中的数据进行各种输入和输出操作。

11.1.2　文件分类

从不同的角度，可以对文件进行不同的分类：

1）按存储介质的不同，文件可以分为磁盘文件、磁带文件、打印机文件等。

2）按文件组织方式的不同，文件可以分为索引文件、散列文件、序列文件等。

3）按数据组织的方式不同，文件可以分为流式文件和记录式文件。C 语言中的文件是流式文件。

4）按数据存储形式的不同，文件可以分为顺序读写文件和随机读写文件。

5）按数据输入 / 输出的传递方式，文件又可以分为缓冲文件系统和非缓冲文件系统。

一个文件按不同的分类可属于不同的类别，如对磁盘上的一个 C 文件进行随机存取时，该文件既是一个磁盘文件，又是一个流式文件和随机读写文件，如果对这个文件只能读不能写，那么这个文件还可以称作只读文件。

11.1.3　缓冲文件系统和非缓冲文件系统

在计算机系统中，把一个程序变量值写到输出设备或从输入设备读入一个数据给程序变量时，一般不是在程序变量和输入／输出设备之间直接进行的，而是通过内存中的一段区域进行的，这个区域称作文件缓冲区。从内存向磁盘等输出数据时，先送到缓冲区，待装满缓冲区或关闭文件时才把缓冲区内容一起送到磁盘；而从磁盘输入数据时，一次性将文件中的一批数据送到内存缓冲区，然后再从缓冲区逐个将数据送到程序变量。

　　缓冲文件系统是指系统自动地在内存中为每一个正在使用的文件开辟一个缓冲区。而非缓冲文件系统是指系统不会自动为文件开辟缓冲区，而由程序为每个文件设定缓冲区。

11.1.4　流式文件

　　文件按数据组织方式的不同可分为流式文件和记录式文件。记录式文件中的数据是以记录为单位组织的，如人事记录、学籍记录等，数据以记录为单位进行输入／输出等文件操作。C 语言中的文件是流式文件，即文件中的数据没有记录概念，文件是以字符为单位组织的，或者说以字符为记录。根据数据流的形式，文件又可分为 ASCII 文件和二进制文件。ASCII 文件又称为文本文件，它的每一个字节是一个 ASCII 码，代表一个 ASCII 字符。如整型数据 2000 在 ASCII 文件中存储要占 4 字节，分别是字符 2、0、0、0 的 ASCII 码，如图 11-1a 所示。二进制文件属于非文本文件，它是把数据以其在内存的形式存放到文件中，因此如果整型数据 2000 在内存占 2 个字节，其在文件中也占 2 个字节，如图 11-1b 所示。ASCII 文件直观，且可以直接显示，统一采用 ASCII 编码，易于移植，便于对字符逐个进行处理。但在读写文件时，要把内存中以二进制形式存在的数据转换成 ASCII 编码形式，或把 ASCII 字符形式的数据转换成二进制形式。一般来说，二进制文件所占存储空间较小，节省了数据在 ASCII 码和二进制之间的转换时间，一般中间结果或数据量很大的数值文件常用二进制文件保存。

a）ASCII 文件

b）二进制文件

图 11-1　文件格式存储示例

　　C 语言中没有输入／输出语句，所有输入／输出工作由标准函数库中的一批标准输入／输出函数来完成。下面首先介绍缓冲文件系统的文件操作。

11.2　标准文件

　　一般情况下，一个程序运行后，免不了要通过键盘、显示屏进行数据输入和结果输出。为此，C 语言定义了 3 个标准文件：

- 标准输入文件（stdin）。
- 标准输出文件（stdout）。
- 标准出错信息输出文件（stderr）。

　　程序运行过程中，如无特别指明，输入数据将来自于标准输入文件，输出结果和出错信息将发往标准输出文件和标准出错信息输出文件。通常，标准输入文件对应键盘，标准输出文件和标准出错信息输出文件对应显示屏，但也可以通过重定向等手段根据用户需要改变为其他指定文件。这些标准文件都是缓冲文件，定义在头文件 stdio.h 中。

C 程序一旦运行，系统就会自动打开这 3 个标准文件，程序员不必在程序中为了使用它们而打开这些文件，可以利用前面介绍的标准输入／输出函数直接进行操作，只要源程序文件中包含了头文件 stdio.h 即可。程序运行结束后，系统会自动关闭这 3 个标准文件。

11.3　文件类型指针

在缓冲文件系统中，通过文件指针与相应的文件建立联系，所有对文件的操作都是对文件指针所标识的文件进行的，因此缓冲文件系统的文件操作是建立在文件指针的基础上的。系统为每一个正在使用的文件开辟一个存储区用于存放该文件的有关信息，如文件名、文件状态、文件当前位置、缓冲区位置等，这些信息存放在一个称作 FILE 的结构中，而文件指针是指向这个 FILE 结构的指针。FILE 结构在头文件 stdio.h 中定义。显然，通过文件指针可以唯一地标识一个文件，进而实现对文件的各种操作。不同版本的 C 语言对结构 FILE 的定义各不相同，但编程人员可以不考虑它们之间的差别，完全可以通过文件指针完成文件操作。

下面是 FILE 的定义：

```
FILE   *fp;
```

即定义指针变量 fp 是指向 FILE 类型结构的指针。通过文件打开操作可以使 fp 指向某个文件的 FILE 结构体变量，从而通过 fp 访问指定文件。

11.4　文件的打开与关闭

11.4.1　文件的打开

在对文件进行任何操作之前，必须先打开这个文件。所谓打开文件，就是为该文件申请一个文件缓冲区和一个 FILE 结构体，并返回指向该 FILE 结构体的指针。fopen 函数是文件打开函数。

定义：

```
FILE *fopen(char *filename, char *mode)
```

返回：指向打开文件的指针或 NULL。

说明：用 mode 方式打开名为 filename 的文件，若打开成功，则返回指向新打开文件的指针；否则，返回 NULL。空指针值 NULL 在 stdio.h 中被定义为 0。例如，

```
FILE *fp;
fp = fopen("abc.dat", "r");
```

表示以只读（"r"）方式打开文件 abc.dat，并把返回的文件指针赋给变量 fp。如果文件打开成功，以后对该文件的操作可以通过引用文件指针变量 fp 完成。

为了确保文件打开的正确性，应对 fopen() 的返回值进行测试：

```
if((fp = fopen("abc.dat", "r")) == NULL)
{
    printf("Can't open file: abc.dat\n");
    exit(0);
}
```

如果文件打开失败，则显示提示信息，然后执行 exit 终止程序的运行；如果文件打开成功，则执行 if 下面的语句。

文件打开失败的原因可能是以 "r" 方式打开一个并不存在的文件，或者没有缓冲区可分配等。

文件打开方式（mode）决定了该文件打开以后所能进行的操作，"r" 方式表示只能从打开文件输入数据，即只能进行读操作。用 fopen() 函数打开文件的方式很多，表 11-1 是对这些方式的总结。

用 fopen() 函数打开文件时，需要注意的是：

表 11-1　文件打开方式

文件使用方式	含　　义
"r/rb"（只读）	为输入打开一个文本 / 二进制文件
"w/wb"（只写）	为输出打开或建立一个文本 / 二进制文件
"a/ab"（追加）	向文本 / 二进制文件尾部追加数据
"r+/rb+"（读写）	为读 / 写打开一个文本 / 二进制文件
"w+/wb+"（读写）	为读 / 写建立一个文本 / 二进制文件
"a+/ab+"（读写）	为读 / 写打开或建立一个文本 / 二进制文件

1）用 "r" 方式只能打开已存在的文件，且只能从该文件中读数据，不能向该文件写数据。

2）用 "w" 方式打开文件时，如文件存在，则自动清除该文件中已有的内容；如文件不存在，则自动建立该文件。用这种方式打开的文件，不能从该文件读数据，只能把数据写到该文件中去。

3）用 "a" 方式打开文件时，如文件已存在，则文件打开的同时，文件位置指针移到文件末尾，只能向该文件尾部添加新的数据，不能从文件读数据，文件中原来存在的数据不会丢失。如文件不存在，则先自动建立该文件，然后可以向它写数据。

4）用 "r+" "w+" "a+" 方式打开的文件，既可以进行读操作，也可以进行写操作。用 "r+" 方式只能打开已存在的文件；用 "w+" 方式先自动建立该文件，然后向它写数据或从它读数据；用 "a+" 方式只能打开已存在的文件，同时文件位置指针移到文件末尾，文件中原来的数据不会丢失。

5）上述原则对文本文件和二进制文件都适用。

6）若要指明打开的文件是文本文件，则在读写方式后加上 t，如 "rt" "wt" 等。如果以二进制方式打开或创建文件，则在读写方式后加上 b，如 "rb" 等。如果既不指明 t，又不指明 b，则以系统此时的设置为准。如系统将 t 设成文本方式，那么以文本方式打开或创建文件；如系统将 t 设成二进制方式，那么以二进制方式打开或创建文件。通常，系统将 t 设成文本方式。

7）从文本文件中读取数据时，系统会自动将回车符转换为一个换行符，在输出时会把换行符转换为回车符和换行符两个字符。在二进制文件中不会出现这种转换，输出到文件中的数据形式与内存中的数据形式完全一致。

8）对于标准输入文件、标准输出文件和标准出错信息输出文件，在程序运行时系统会自动打开。它们的文件位置指针分别是 stdin，stdout 和 stderr，这 3 个标识符在头文件 stdio.h 中定义。

这里提到了文件位置指针，每个打开着的文件都有一个文件位置指针，它指向文件中的某个位置，当把数据写到文件中去时，就写到文件位置指针此时所指的这个位置，从文件读数据时也是读位于文件位置指针所指的这个位置上的数据。文件位置指针的概念将在 11.8 节进一步介绍。

11.4.2　文件的关闭

当一个打开的文件经过一定操作后不再使用或者要以另一种方式使用时，应当关闭这个文件。一旦文件被关闭，其文件指针就不再指向该文件，文件缓冲区也被系统收回。这个文件指针以后可用于指向其他文件。fclose 函数是文件关闭函数。

定义：`int fclose(FILE *fp)`

返回：0 或 EOF

说明：把 fp 指向的文件关闭，如成功，则返回 0；否则，返回 EOF。

文件结束符 EOF 是一个符号常量，在 stdio.h 中定义为 -1。

例如，下面是典型的文件操作程序段：

```
while((c = fgetc(fp)) != EOF)
    putchar(c);
```

文件操作语句：

```
fclose(fp);
```

用 fclose 函数把 fp 所指的文件关闭后，就不能再通过 fp 对该文件进行操作，除非再次打开该文件。考虑到每一个操作系统对同时打开的文件数有限制，一个文件不再操作时，应及时关闭它以释放缓冲区和文件指针变量，同时可以确保文件数据不致丢失。因为在向文件写数据时，先把数据写到缓冲区，待缓冲区满后才写到文件中去，一旦缓冲区未满而程序非正常终止，就有可能丢失数据。fclose 函数不管缓冲区满了与否，都会先把缓冲区内容写到文件中，然后关闭文件并释放缓冲区和文件指针变量。

在程序终止时，系统会自动关闭 stdin、stdout 和 stderr 这 3 个标准文件。

11.5　文件的顺序读写

文件打开以后，就可以对其进行读写操作了。文件读写方式可分为顺序读写和随机读写。

1. 顺序读写

顺序读写是指从文件中的第一个数据开始，按照数据在文件中的排列顺序逐个进行读写。

2. 随机读写

随机读写是指不按照数据在文件中的排列顺序进行读写，而是随机地对文件中的数据进行读写。

与第 4 章介绍的输入 / 输出函数相似，对文件进行读写操作的函数也有读写字符和读写各种类型数据两类。

11.6　文件顺序读写的常用函数

putchar 函数和 getchar 函数分别是向标准输出设备输出一个字符和从标准输入设备输入一个字符，而 fputc 函数和 fgetc 函数分别是向文件输出一个字符和从一个文件中读入一个字符。

1. fgetc 函数

定义：`int fgetc(FILE *fp)`

返回：一个字符或 EOF

说明：从 fp 所指文件的当前位置读一字符，如成功则返回该字符，同时文件当前位置向后移动一个字符，否则返回 EOF（End Of File）。

例 11-1　把文件 main.c 中内容在屏幕上显示。程序如下：

```
#include <stdio.h>
#include <stdlib.h>
int main()
{
    char c;
    FILE *fp;
    if((fp = fopen("main.c", "r")) == NULL)
    {
        printf("Can't open file: main.c \n");
        exit(1);
    }
    while((c = fgetc(fp)) != EOF)
        putchar(c);
    fclose(fp);
    return 0;
}
```

在上述程序中，第一次执行 fgetc() 时得到文件中的第一个字符，第二次执行 fgetc() 时得到文件中的第二个字符。也就是说，fgetc() 的每一次执行都读入一个字符，同时为读入下一个字符做好准备。当读入最后一个字符后，又一次执行 fgetc() 函数将得到 EOF。

while 循环把文件中的第一个字符至最后一个字符都显示在屏幕上，包括文件 main.c 中的制表符 Tab、换行符等。也可以通过命令行参数，把文件名作为命令行参数。

例 11-2 把若干个文件内容顺序显示在屏幕上。程序如下：

```
#include <stdio.h>
#include <stdlib.h>
int main(int argc, char *argv[])
{
    int i;
    FILE *fp;
    char c;
    if(argc == 1)
    {
        printf("Missing parameters.\n");
        exit(1);
    }
    for(i = 1; i < argc; i++)
    {
        if((fp = fopen(argv[i], "r")) == NULL)
        {
            printf("Can't open source file: %s\n", argv[i]);
            exit(1);
        }
        while((c = fgetc(fp)) != EOF)
            putchar(c);
        fclose(fp);
    }
    return 0;
}
```

命令行参数中的各文件名在 argv[1]~argv[argc−1] 中，程序先打开文件 argv[1]，显示该文件的内容，然后关闭文件；再打开文件 argv[2]，…… 直到所有文件都显示完毕。当第二次、第三次打开文件时，上一次打开的文件已关闭，其文件指针已释放。因此，fp 可用于第二次、第三次打开的文件。

如果这个程序经编译、链接后的可执行文件名为 TYPE_1.EXE，则输入命令：

```
TYPE_1 test1.txt test2.txt
```

将在屏幕上依次显示 test1.txt 和 test2.txt 这两个文件的内容。

2. fputc 函数

定义：`int fputc(char ch, FILE *fp)`

返回：ch 或 EOF

说明：把字符 ch 输出到 fp 所指文件的当前位置上，如成功则返回 ch，同时文件当前位置向后移动一个字符；否则返回 EOF。

例 11-3 将一个磁盘文本文件中的信息复制到另一个磁盘文本文件中。程序如下：

```
#include <stdio.h>
#include <stdlib.h>
int main()
{
    char ch;
    FILE *fp1, *fp2;
    char srcfile[20], tarfile[20];
    printf("Please input source file name: ");
    scanf("%s", srcfile);
    printf("Please input target file name: ");
    scanf("%s", tarfile);
    if((fp1 = fopen(srcfile, "r")) == NULL)
    {
        printf("Can't open source file: %s\n", srcfile);
        exit(1);
    }
    if((fp2 = fopen(tarfile, "w")) == NULL)
    {
        printf("Can't open target file: %s\n", tarfile);
        exit(1);
    }
    while((ch = fgetc(fp1)) != EOF)
        fputc(ch, fp2);
    fclose(fp1);
    fclose(fp2);
    return 0;
}
```

用 fgetc 函数从文本文件读字符时，如遇到文件结束或出错，则返回 EOF（-1）。由于 ASCII 码值在 0 ~ 255 之间，因此如例 11-3 那样，可用 fgetc 的返回值检测是否文件结束。但当用 fgetc 函数从二进制文件读字符时，字节的值完全有可能是 -1，因此用 fgetc 的返回值来检测文件是否结束或出错就不合适了。为了解决这个问题，ANSI C 提供了 feof 和 ferror 函数，其中 feof(fp) 用于检测 fp 所指文件是否结束，而 ferror(fp) 用于检测 fp 所指文件上的操作是否出错。

若 feof 函数检测到文件结束，则返回 1；否则，返回 0。因此，对二进制文件进行顺序读入时，读写字符的 while 循环应改成：

```
while(!feof(fp1))
{
    ch = fgetc(cp1);
    fputc(ch, fp2);
}
```

上述方法也可用于对文本文件的顺序读操作。

后面会进一步介绍 feof 函数和 ferror 函数。

从 fputc 和 fgetc 的定义和功能来看，putchar 和 getchar 与它们很相似，事实上 putchar 和 getchar 在 stdio.h 中以宏的形式定义成：

```
#define putchar(c)  fputc(c, stdout)
#define getchar()  fgetc(stdin)
```

可见，putchar 和 getchar 函数的功能是用 fputc 和 fgetc 函数完成的。

利用 fgetc 和 fputc 函数可以逐个字符地进行输入和输出，而用 fgets 和 fputs 可以以字符串为基本单位进行输入和输出。

3. fputs 函数

定义：int fputs(char *str, FILE *fp)

返回：0 或 EOF

说明：向 fp 所指的文件输出字符串 str，如成功则返回 0，同时文件当前位置向后移动 str 长度个位置；否则返回 EOF。

例 11-4 从键盘读入若干行字符串，对它们按字母大小的顺序排序，然后把排好序的字符串保存到一个文件中。输入一行"#"结束字符串输入。程序如下：

```c
#include <stdio.h>
#include <stdlib.h>
#include <string.h>
int main( )
{
    FILE *fp;
    char str[100][200], filename[20], s[200];    //s 为临时字符数组
    int n = 0, i, j, k;
    printf("Please input filename: ");            // 提示输入文件名
    scanf("%s", filename);
    if((fp = fopen(filename, "w")) == NULL)       // 打开磁盘文件
    {
        printf("Can't open file: %s\n", filename);
        exit(1);
    }
    printf("Enter strings: ");                    // 提示输入字符串
    scanf("%s", s);
    while(strcmp(s, "#") != 0)
    {
        strcpy(str[n++], s);                      // 输入字符串
        printf("Enter strings: ");                // 提示输入下一个字符串
        scanf("%s", s);
    }
    for(i = 0; i < n - 1; i++)                    // 用选择法对字符串排序
    {
        k = i;
        for(j = i + 1; j < n; j++)
            if(strcmp(str[k], str[j]) > 0) k = j;
        if(k != j)
        {
            strcpy(s, str[i]);
            strcpy(str[i], str[k]);
            strcpy(str[k], s);
        }
    }
    for(i = 0; i < n; i++)
    {
        fputs(str[i], fp);                        // 向磁盘文件写一个字符串
```

```
        printf("%s\n", str[i]);                    // 在屏幕上回显
    }
    return 0;
}
```

4. fgets 函数

fgets 函数用于从指定文件读入一个字符串。

定义：`char *fgets(char *str, int n, FILE *fp)`

返回：地址 str 或 NULL

说明：从 fp 所指文件的当前位置开始读入 n−1 个字符，自动加上结束标志 '\0'，作为字符串送到 str 中。如果读入过程中遇到换行符或文件结束，则输入提前结束，实际读入的字符数不足 n−1 个。如输入成功，则返回地址 str；否则，返回 NULL。

例如，如果例 11-3 文件复制中的源文件每行不超过 299 个字符，那么例 11-3 的程序可改成：

```c
#include<stdio.h>
#include<string.h>
#include <stdlib.h>
int main()
{
    FILE *fp1, *fp2;
    char srcfile[20], tarfile[20], buf[300];
    printf("Please input source filename: ");
    scanf("%s", srcfile);
    printf("Please input target filename: ");
    scanf("%s", tarfile);
    if((fp1 = fopen(srcfile, "r")) == NULL)
    {
        printf("Can't open source file: %s\n", srcfile);
        exit(1);
    }
    if((fp2 = fopen(tarfile, "w")) == NULL)
    {
        printf("Can't open target file: %s\n", tarfile);
        exit(1);
    }
    while(fgets(buf, 300, fp1) != NULL)
        fputs(buf, fp2);
    fclose(fp1);
    fclose(fp2);
    return 0;
}
```

例 11-3 是逐个字符复制，而这里是逐行复制。

fgets、fputs 函数与 gets、puts 函数很相似，在 stdio.h 中 gets 和 puts 被定义成：

```c
#define gets(buf, n)  fgets(buf, n, stdin)
#define puts(buf)  fputs(buf, stdout)
```

fprintf 函数和 fscanf 函数与 printf 函数和 scanf 函数相似，fprintf 函数和 fscanf 函数是格式化输入和输出函数，前者是从标准输入 / 输出文件进行读写操作，而后者可以从任一指定文件进行读写操作。

5. fprintf 函数

定义：`int fprintf(FILE *fp, char format[], 输出列表 args)`

返回：EOF 或已输出的数据个数

说明：fprintf 函数中的格式控制串 format 和输出列表 args 的形式和用法与 printf 函数中的非常相似，只是该函数向 fp 所指的文件按 format 指定的格式输出数据，而 printf 函数是向标准输出文件（显示屏）输出数据。如输出成功，则函数返回实际输出数据的个数；否则，返回 EOF。

例 11-5   建立一个学生成绩文件"grade.txt"，其数据包括班级、姓名以及数学、英语、计算机三门课程的成绩。程序如下：

```
#include <stdio.h>
#include <stdlib.h>
int main()
{
    FILE *fp;
    char class[20], name[10], ans;
    float math, English, computer;
    if((fp = fopen("grade.txt", "w")) == NULL)
    {
        printf("Can't open source file: grade.txt\n");
        exit(1);
    }
    while(1)
    {
        printf("Please input class, name, math, English, computer\n");
        scanf("%s%s%f%f%f", class, name, &math, &English, &computer);
        fprintf(fp, "%s,%s,%f,%f,%f\n", class, name, math, English, computer);
        printf("input anymore(y/n):?");
        fflush(stdin);
        ans = getchar();
        if(ans != 'y' && ans != 'Y')
            break;
    }
    fclose(fp);
    return 0;
}
```

6. fscanf 函数

定义：`int fscanf(FILE *fp, char *format, 输入列表)`

返回：EOF 或已读入的数据个数

说明：fscanf 函数中的格式控制串 format 和输入列表 args 的形式和用法与 scanf 函数中的非常相似，只是 fscanf 是从 fp 所指的文件按指定格式输入数据，而 scanf 函数是从标准输入文件（键盘）输入数据。如输入成功，则函数返回实际输入数据的个数；否则，返回 EOF。

例 11-6   从键盘按格式输入数据，然后将其存到磁盘文件中去。程序如下：

```
#include <stdio.h>
#include <stdlib.h>
int main()
{
    char s[80], c[80];
    int a, b;
    FILE *fp;
    if((fp = fopen("test", "w")) == NULL)
    {
        puts("can't open file");
        exit(1);
    }
```

```
    fscanf(stdin, "%s%d", s, &a);          /*read from keyboard*/
    fprintf(fp, "%s %d", s, a);            /*write to file*/
    fclose(fp);
    if((fp = fopen("test", "r")) == NULL)
    {
        puts("can't open file");
        exit(1);
    }
    fscanf(fp, "%s%d", c, &b);             /*read from file*/
    fprintf(stdout, "%s %d", c, b);        /*print to screen*/
    fclose(fp);
    return 0;
}
```

在上述程序中，fscanf(stdin, "%s%d", s, &a) 的功能与 scanf("%s%d", s, &a) 相同。

非格式化读写函数 fgetc 和 fputc 的功能是读写一个字符，但有时需要从文件读写一段数据，fgets 和 fputs 可以读写若干个字符（字符串），而 fread 函数和 fwrite 函数可以读写一段任意类型的数据。

7. fread 函数

定义：int fread(char buf[], unsigned size, unsigned n, FILE *fp)

返回：0 或实际读入的数据段个数

说明：fread 函数用于从 fp 所指文件中读入 n 段数据，每段数据的长度为 size 个字符（或字节），读入的数据依次放在 buf 为起始地址的内存中。如读入成功，则返回实际读入的数据段个数；否则，返回 0。

8. fwrite 函数

定义：int fwrite(char buf[], unsigned size, unsigned n, FILE *fp)

返回：0 或实际输出的数据段个数

说明：fwrite 函数用于向文件写 n 段数据。从 buf 为起始地址的内存中，将 n 段数据写到 fp 所指文件中，每段数据的长度为 size 个字符（或字节）。如写成功，则返回实际输出的数据段个数；否则，返回 0。

fread 函数和 fwrite 函数一般用于读写二进制文件，对文本文件由于在读写时要进行转换，有时文本文件中看到的字符个数与实际读写的字符个数可能不同，如文本文件中有 "a\142c"，共 6 个字符，但 C 语言中它实际表示的是 3 个字符，其中 "\142" 表示字符 "b"，而二进制文件就不会有这种情况，因文件中的数据形式与内存中的完全相同，不需要经过转换。

例 11-7 用 fwrite、fread 函数建立一个二进制学生文件 "grade.dat"，然后显示文件中的数据。程序如下：

```
#include <stdio.h>
#include <stdlib.h>
struct student
{
    char class[10], name[10];
    float math, English, computer;
};
main()
{
    struct student stud;
    FILE *fp;
```

```
    char ans;
    if((fp = fopen("grade.dat", "wb")) == NULL)
    {
        printf("Can't open file: grade.dat\n");
        exit(1);
    }
    while(1)
    {
        printf("Please input class, name, math, English, computer\n");
        scanf("%s%s%f%f%f", stud.class, stud.name, &stud.math, &stud.English, &stud.
            computer);
        fwrite((char*)(&stud), sizeof(struct student), 1, fp);
        printf("input anyone()y/n:?");
        fflush(stdin);
        ans = getchar();
        if(ans != 'y' && ans != 'Y')
            break;
    }
    fclose(fp);
    if((fp = fopen("grade.dat", "rb")) == NULL)
    {
        printf("Can't open file: grade.dat\n");
        exit(1);
    }
    while(!feof(fp))
    {
        fread((char*)(&stud), sizeof(struct student), 1, fp);
        printf("%10s,%10s,%6.2f,%6.2f,%6.2f\n", stud.class, stud.name, stud.math,
            stud.English, stud.computer);
    }
    return 0;
}
```

11.7　文件顺序读写的应用示例

例 11-8　在一个文本文件 text.dat 中，统计大小字母 A ～ Z、a ～ z、数字 0 ～ 9 和其他字符的出现频数。

分析：要统计各个字符出现的频数，应该用字符输入函数 fgetc，而不宜用其他输入函数，否则空格、换行符等无法统计。用整型数组 lower[26]、upper[26]、digit[10] 和变量 others 记录各种符号的出现频数。

程序如下：

```
#include <stdio.h>
#include <stdlib.h>
#include <ctype.h>
int main()
{
    FILE *fp;
    char c;
    int lower[26] = {0}, upper[26] = {0}, digit[10] = {0}, others = 0, i;
    if((fp = fopen("text.dat", "r")) == NULL)
    {
        printf("Can't open file: text.dat\n");
        exit(1);
    }
    while((c = fgetc(fp)) != EOF)
    {
```

```
        if(isdigit(c))
            digit[c-'0']++;
        else
            if(isalpha(c))
                if(islower(c))
                    lower[c-'a']++;
                else
                    upper[c-'A']++;
                else
                    others++;
    }
    for(i = 0; i < 26; i++)
        printf("%c: %d\n", 'a'+i, lower[i]);
    for(i = 0; i < 26; i++)
        printf("%c: %d\n", 'A'+i, upper[i]);
    for(i = 0; i < 10; i++)
        printf("%c: %d\n", '0'+i, digit[i]);
    printf("others: %d\n", others);
    fclose(fp);
    return 0;
}
```

这里用到了 isdigit()、isalpha() 和 islower() 函数，它们是 C 语言标准库函数，在头文件 ctype.h 中声明，分别用于检查一个字符是否是数字、字母和小写字母。如果是，则返回 1；否则，返回 0。

11.8　文件的随机读写

前几节的输入 / 输出是顺序操作，即按照数据在文件中的顺序依次读入，或把数据按照写操作的顺序在文件中顺序排列。但文件中数据的读写顺序也可能与其排列顺序不完全一致，这就是**文件的随机读写**。利用 C 语言的标准输入 / 输出函数也可以完成随机读写操作。

文件的随机读写涉及数据在文件中的位置。因为 C 文件是流式文件，字符或字节是文件的基本单位，所以一个数据在文件中的位置用该数据与文件头相隔多少个字符（或字节）来表示。同时，文件在进行读写时也有一个文件位置指针，正如前几节提到的那样，对文件进行读入操作时，读入的是该文件的文件位置指针此时所指位置上的数据，而对文件进行写操作时，数据是写到该文件的文件位置指针此时所指的位置上。显然，通过移动文件的文件位置指针，就可以实现文件的随机读写。

11.8.1　文件的定位

一个打开的文件中有一个用于定位的文件位置指针，文件刚打开时，文件位置指针处于文件数据的第一个字符（或字节），随着读写操作的进行，每读入或写出一个字符（或字节），文件位置指针就会自动向后移动一个字符（或字节），处于下一个要写或要读的位置。如果要进行随机读写，就要人为地改变文件位置指针的这种变化规律，使其强制指向另一位置。任一时刻，文件位置指针所处的位置称为当前位置。在 C 语言中，有一组用于改变文件当前位置的标准函数。

1. rewind 函数

rewind 函数用于使文件的文件位置指针重新置于文件头。

定义：void rewind(FILE *fp)

返回：无

说明：使 fp 所指文件的文件位置指针重新置于文件的开头，与文件刚打开时的状态一样。

2. feof 函数

feof 函数用于检测文件当前读写位置是否处于文件尾部。只有当前位置不在文件尾部时，才能从文件读数据。

定义：int feof(FILE *fp)

返回：0 或非 0

说明：如 fp 所指文件的位置处于文件尾部，则返回非 0；否则，返回 0。在对文件进行读操作前，应当用这个函数测试当前位置是否在文件尾部。

例 11-9 有一个磁盘文件，内有一些信息。要求第 1 次把它复制到另一文件上，第 2 次将它的内容显示在屏幕上。程序如下：

```
#include <stdio.h>
#include <stdlib.h>
int main()
{
    FILE *fp1, *fp2;
    if((fp1 = fopen("tx1.dat", "r")) == NULL)
    {
        printf("Can't open file: tx1.dat\n");
        exit(1);
    }
    if((fp2 = fopen("tx2.dat", "w")) == NULL)
    {
        printf("Can't create file: tx2.dat\n");
        exit(1);
    }
    while(!feof(fp1))
        fputc(fgetc(fp1), fp2);       // 从文件头逐个读入字符，输出到 tx2.dat 文件
    rewind(fp1);                       // 使文件位置标记返回文件头
    while(!feof(fp1))
        putchar(fgetc(fp1));           // 逐个读入字符并输出到屏幕
    fclose(fp1);
    fclose(fp2);
    return 0;
}
```

在上述程序中，如果不用 rewind 函数，为了把 tx1.dat 中内容显示在屏幕上，需关闭 tx1.dat，然后再打开它，但这样的执行速度比 rewind 慢。

3. fseek 函数

fseek 函数用于将文件读写指针移动至另一位置。

定义：int fseek(FILE *fp, long offset, int base)

返回：0 或非 0

说明：按方式 base 和偏移量 offset 重新设置文件 fp 的当前位置。base 的取值是 0、1 和 2 中的一个，分别表示偏移量 offset 是相对文件头、文件当前位置或文件末尾，base 的实参也可以用符号 SEEK_SET，SEEK_CUR 和 SEEK_END 代替。它们在 stdio.h 中分别被定义成 0、1 和 2。如移动成功，则返回 0；否则，返回非 0。例如，

```
fseek(fp, 20L, 1)              // 使文件位置指针从当前位置向前移动 20 个字节
fseek(fp, -20L, SEEK_CUR)      // 使文件位置指针从当前位置往回移动 20 个字节
fseek(fp, 20L, SEEK_SET)       // 使文件位置指针移到距文件头 20 个字节处
fseek(fp, 0L, 2)               // 使文件位置指针移到文件尾
```

例 11-10   如有一个二进制文件"zggz"按职工号顺序存放如下结构的数据，职工号依次是 1、2、3、…。编写程序，实现的功能为：输入任一职工号，显示该职工的数据。程序如下：

```c
#include<stdio.h>
#include<stdlib.h>
struct emp_sal
{
    int num;
    char name[10];
    float salary;
};
int main()
{
    struct emp_sal emp;
    int n;
    FILE *fp;
    if((fp = fopen("zggz", "rb")) == NULL)
    {
        printf("Can't open file: zggz\n");
        exit(1);
    }
    while(1)
    {
        printf("Please input employee number: ");
        scanf("%d", &n);
        if(n == 0) break;
        fseek(fp, (long)(n - 1) * sizeof(struct emp_sal), SEEK_SET);
        fread((char *)(&emp), sizeof(struct emp_sal), 1, fp);
        printf("name = %10s,salary = %7.2f\n", emp.name, emp.salary);
    }
    fclose(fp);
    return 0;
}
```

文本文件也可以随机读写，但需要注意的是，文本文件中的数据的长度与该数据在机器内的长度可能不一致。这点在上一节介绍 fwrite 函数时已提到过。

函数参数 base 是起点，而 offset 是相对的位移量（以字节计）。offset 为正数时，从起点向前移；offset 为负数时，从起点往后移。要求 offset 是长整型，以确保文件很长时，也能在文件内正确移动文件位置指针。

4. ftell 函数

对文件进行一系列读写操作后，程序员很难记住此时文件位置指针的值，可以用 ftell 函数了解文件的当前位置。

定义：`long ftell(FILE *fp)`

返回：−1L 或当前位置

说明：取 fp 所指文件的当前位置。如成功，则返回该值；否则，返回 −1L。

例 11-11   可用 ftell 函数和 fseek 函数相对于当前位置进行定位。程序如下：

```c
#include <stdio.h>
#include <stdlib.h>
struct emp_sal
{
    int num;
    char name[10];
```

```
    float salary;
};
int main()
{
    struct emp_sal emp;
    int n;
    FILE *fp;
    if((fp = fopen("zggz", "rb")) == NULL)
    {
        printf("Can't open file: zggz\n");
        exit(1);
    }
    while(1)
    {
        printf("Please input employee number:");
        scanf("%d", &n);
        if(n == 0) break;
        fseek(fp, (long)(n - 1) * sizeof(struct emp_sal) - ftell(fp), SEEK_CUR);
        fread((char *)(&emp), sizeof(struct emp_sal), 1, fp);
        printf("name = %10s,salary = %7.2f\n", emp.name, emp.salary);
    }
    fclose(fp);
    return 0;
}
```

11.8.2　文件操作的出错检测

文件操作的每一个函数在执行中都有可能出错，为此，C 语言提供了相应的标准函数，用于检测文件操作是否出现错误。

1. ferror 函数

定义：`int ferror(FILE *fp)`

返回：0 或非 0

说明：检查上次对文件 fp 所进行的操作是否成功。如成功，则返回 0；否则，返回非 0。对文件的每一次操作都将产生一个新的 ferror 函数值，而 ferror 只能检测最近的一次错误，因此，应该及时调用 ferror 函数检测操作执行的情况，以免丢失信息。

2. clearerr 函数

定义：`void clearerr(FILE *fp)`

返回：无

说明：将文件的错误标志和文件结束标志置为 0，即清除错误标志和结束标志。当文件操作产生错误时，其错误标志将一直保持，直至下一个输入 / 输出操作或 clearerr 函数的调用，同样，其文件结束标志也将保持到文件位置指针新的移动或 clearerr 函数的调用。

11.9　非缓冲文件系统

尽管利用缓冲文件系统的文件操作函数可对文件进行各种操作，但仍有许多版本的 C 语言保留了不属于 ANSIC 的非缓冲文件系统。建议读者在实际中尽量少用非缓冲文件系统，因为它是一种低级输入 / 输出系统，相对来说程序的移植性较差。

在非缓冲文件系统中，系统不会自动分配缓冲区。要由程序分配缓冲区给文件，且在非缓冲文件系统中没有文件指针，而是通过一个称作"文件描述符"的整数来标识操作的文件。打开或建立文件时，系统会自动分配一个整数给这个文件，这个整数就是该文件的文件描述符。得到了文件描述符，就可以利用非缓冲文件系统中的一组函数来对指定文件描述符的文件进行读写等操作。

1. creat 函数

定义：`int creat(char *filename, int mode)`

返回：−1 或正整数

说明：建立一个名为 filename 的文件，并以 mode 方式打开它。如成功，则返回一个正整数作为打开文件的文件描述符；否则，返回 −1。打开方式 mode 的值是 0、1 或 2 中的一个，它限定了可以在打开的文件上执行哪些操作。用 creat 函数建立文件时，如文件已存在，则文件中原有的内容都将丢失，如要使原有文件内容不丢失，应使用 open 函数打开文件，而不是建立文件。

mode	操作
0	只读
1	只写
2	读 / 写

例如，

```
int fd;
if((fd = creat("abc.dat", 1)) == -1)
{
    printf("Can't creat file: abc.dat\n");
    exit(1);
}
```

通过文件打开或文件建立，可以得到文件描述符，一旦一个文件描述符与某文件建立了联系，就可以通过这个文件描述符访问文件，直到文件被关闭。

2. open 函数

定义：`int open(char *filename, int mode)`

返回：−1 或正整数

说明：以 mode 方式打开指定文件，如成功，则返回一个正整数作为该文件的文件描述符；否则，返回 −1。

其中 mode 的含义和取值与 creat 函数中的 mode 相同。open 函数以指定的方式 mode 打开文件（一般该文件已存在）。对于不存在的文件，将产生一个错误信号，应先用 creat 函数建立文件。也有的 C 版本在执行 open 函数时，如文件存在则打开，如不存在则先建立，再打开。

3. close 函数

与 fclose 函数相似，close 函数也可用于关闭打开着的文件。

定义：`int close(int fd)`

返回：−1 或 0

说明：关闭文件描述符 fd 代表的文件。如成功，则返回 0；否则，返回 −1。

执行 close 函数将文件关闭后，这个文件描述符就与文件不再有联系，在打开其他文件时，系统可能会把这个函数分配给别的文件使用。由于一个 C 语言内允许同时打开的文件数目总有限制，例如 fd 的值在 1~10，因此应及时关闭不再使用的文件，以使系统有足够的空闲文件描述符可供文件打开时使用。

4. write 函数

write 函数用于将缓冲区中的内容写到文件中。

定义：`int write(int fd, void *buf, unsigned int size)`

返回：−1 或一个正整数。

说明：把缓冲区 buf 中长度为 size 个字节的数据写到 fd 代表的文件中。如写入成功，则返回实际写入的字符个数；否则，返回 −1。

参数 buf 声明为 "`void *buf;`"，这表示 buf 是一个指针，而且指针所指内容的类型可以是任意的。考虑到缓冲区可能很大，因此 size 是 unsigned 类型的。

例 11-12 把从键盘输入的以 "#" 为结束符号的字符序列写到文件 "temp" 中。程序如下：

```
#include <stdio.h>
#include <stdlib.h>
#include <string.h>
#define MAXL 256
int getline(char buf[]);
int main()
{
    char buf[MAXL];
    int n, fd;
    if((fd = creat("temp", 1)) == -1)
    {
        printf("Can't creat file.\n");
        exit(1);
    }
    while(1)
    {
        n = getline(buf);
        if(strcmp(buf, "#") == 0) break;
        if(write(fd, buf, n) != n)
        {
            printf("Error on write!\n");
            exit(1);
        }
    }
    close(fd);
    return 0;
}
int getline(char buf[])
{
    char *p;
    int i;
    p = buf;
    for(i = 0; i < MAXL - 1 && (*(p + i) = getchar()) != '\n'; i++);
    *(p + i) = '\0';
    return (i);
}
```

5. read 函数

read 函数用于将文件中的内容读入缓冲区。

定义：`int read(int fd, void *buf, unsigned int size)`

返回：−1 或一个正整数

说明：从 fd 所指文件读入 size 个字节的数据，并将其存入缓冲区 buf 中。如读入成功，则返回实际读入的字节数；否则，返回 −1。

例 11-13 把文件"temp"中的内容显示在屏幕上。程序如下：

```c
#include <stdio.h>
#include <stdlib.h>
#define MAXL 256
int main()
{
    int fd, n;
    char buf[MAXL];
    if((fd = open("temp", 0)) == -1)
    {
        printf("Can't open file.\n");
        exit(1);
    }
    while((n = read(fd, buf, MAXL - 1)) != -1)
    {
        buf[n] = '\0';
        printf("%s", buf);
    }
    close(fd);
    return 0;
}
```

当最后文件内容读完时，read 函数返回 −1。

6. lseek 函数

在非缓冲文件系统中，每个打开着的文件中也有一个用于定位的文件位置指针。对文件进行读入操作时，读入的是该文件的文件位置指针此时所指的位置；而对文件进行写操作时，数据是写到该文件位置此时所指的位置上。同时每个读入或写出一个字符，文件位置指针就自动向后移动一个字符，处于下一个要读或要写的位置。通过移动文件位置指针，可对文件进行随机读写。lseek 函数可用于移动文件位置指针。

定义： `int lseek(int fd, long offset, int base)`

返回：0 或非 0

说明：对 fd 所指文件的文件位置指针，相对参数 base 指定的基准点，移动 offset 个字节。如成功，则返回 0；否则，返回非 0。与 fseek 函数一样，base 函数的取值含义也有 3 种：

0　文件首

1　文件位置

2　文件尾

如缓冲文件系统那样，通过 lseek 函数移动文件位置指针，就能实现文件的随机读写操作。

7. tell 函数

定义： `long tell(int  fd)`

返回：−1L 或当前位置

说明：取 fd 所指文件的当前位置。如成功，则返回当前位置；否则，返回 −1L。

习题

11.1　写一个函数 getline(FILE *fp, char *s)，从文件 fp 当前位置开始读 280 个字符，并将其放到字符串 s 中。

11.2　从键盘输入以"#"结尾的字符序列，将其中的大写字母转换成小写字母，小写字母转换成大写字母，然后输出到一个磁盘文件"test"中保存。

11.3　统计一个磁盘文件"test"中的数字个数、字母个数及其他字符个数。

11.4　逐行比较两个文本文件"file1.txt"和"file2.txt"，如不相等，则输出在哪行的第几个字符处发生不等。

11.5　按表 11-2 中的数据建立文件"gz.dat"（字段长度自己定），其中画"×"的值需先计算出来。

表 11-2　习题 11.5 用表

职工号	姓名	基本工资	附加工资	房租费	水电费	实发工资
1011	王强	235.00	120.00	21.10	17.6	×
1023	赵建明	180.00	120.00	16.00	9.50	×
...	...	...	...	...	...	×

11.6　文件 gz.dat 是习题 11.5 建立的，现从键盘输入一职工号，如文件中有该职工的数据，则显示这些数据，否则显示提示信息。

11.7　文件 gz.dat 是习题 11.5 建立的，现从键盘输入一职工号，用 gz.dat 中除该职工外的其他职工数据建立一个新的文件 gz1.dat。

11.8　文件 gz.dat 是习题 11.5 建立的，现从键盘输入一个数值，用 gz.dat 中实发工资大于该数值的职工数据建立一个新的文件 gz2.dat。

11.9　把习题 11.5 建立的文件 gz.dat 中的数据，按实发工资的值从小到大排序后输出到文件 gz3.dat，然后显示输出 gz3.dat 中的数据。设文件中的职工人数不会超过 50。

11.10　文件 gz3.dat 是习题 11.9 建立的，已按实发工资从小到大排好序，现从键盘输入任一职工的数据，如文件 gz3.dat 中没有该职工的数据，则把它加到 gz3.dat 中，并使新文件仍按实发工资从小到大排序。

11.11　习题 11.10 是一个很实用的小程序。如果能够把用户输入的数据存盘，下次运行时读出，就更有用了，编程尝试增加此项功能。

11.12　有两个磁盘文件"A"和"B"，各存放一行字母，现要求把这两个文件中的信息合并（按字母顺序排列），输出到一个新文件"C"中去。

11.13　从键盘输入若干行字符（每行长度不等），输入后把它们存储到一磁盘文件中。再从该文件中读入这些数据，将其中小写字母转换成大写字母后在显示屏上输出。

第 12 章　综合实训

在前面的章节中，我们特意安排了许多示例，这些基本型实训的功能比较单一，主题非常明确，针对性也非常强，对读者理解 C 语言相关概念、熟悉 C 语言语法非常有帮助。但是要想进一步提高，读者必须将课本上的理论知识和实践有机地结合起来，通过较大规模的实训锻炼自己分析、解决实际问题的能力和实践编程的能力。为此，本章设计了 3 个综合实训，以演示采用 C 语言解决实际问题的方法和步骤。

12.1　综合实训 1：俄罗斯方块游戏

12.1.1　问题描述

1985 年 6 月，莫斯科科学计算机中心的阿列克谢·帕基特诺夫在玩过一个拼图游戏之后受到启发，制作了一个以 Electronica 60（一种计算机）为平台的游戏，这就是俄罗斯方块游戏。后来瓦丁·格拉西莫夫将这款游戏移植到了 PC 上。俄罗斯方块原名是俄语 Тетрис（英语是 Tetris），这个名字来源于希腊语 tetra，意思是"四"，由于游戏的作者最喜欢网球（tennis），于是他把两个词 tetra 和 tennis 合二为一，命名为 Tetris。

在本实训中，我们要求读者完成一个控制台下运行的俄罗斯方块游戏，具体要求包括：

（1）游戏界面要求　设计两个游戏界面：一个用于主游戏区的游戏画布，用来显示游戏时运动和落下去的当前方块形状；另一个用于显示下一个方块形状以及游戏运行时间、得分和游戏者的名字等信息。

（2）游戏控制要求　方块下落时，可通过键盘方向键（向左键←、向右键→、向下键↓）和空格键，对该方块进行加速（向下键↓），向左、向右移动（向左键←和向右键→）以及变形操作等（空格键）。

（3）图形显示要求　简单的俄罗斯方块游戏中主要有 7 种方块形状：长条形、Z 字形、反 Z 字形、田字形、7 字形、反 7 字形、T 字形。游戏要求能随机给出不同的方块形状，方块在下落过程中可以人为控制左右移动、形状形态变换等，遇到边界或其他已落定方块，则落定填充给定的区域。若填满一条（整个行中无空格）或多条，则消掉填充好的条，维持未填充好的行的状态不变，并按规则记分。当达到一定的分数时，过关。游戏一共设置 10 关，每关方块下落的速度不同。游戏中如果方块顶到了游戏边界的上边框，则游戏结束。

12.1.2　问题分析

俄罗斯方块游戏需要解决的问题如下：

1）整个游戏界面的图形显示。由于到目前为止，我们学习和练习的都是 VC++ 的 Console 类应用，还没有学习通过 MFC 或其他途径开发图形界面类应用，因此需要在字符界面下模拟出一个图形界面。

2）各种方块形状的表示。即在字符界面下怎样显示游戏中需要用到的 7 种方块的不同形状和不同状态。

3）如何控制方块的移动、旋转和下落速度。

4）如何判断方块是否到底，包括方块已经触到底部或已经落到了一个已经落定的方块上。

5）如何判断一行是否填满以及如何消去填满的行，还要重点解决满行消掉后的重绘，即消掉满行后，其他留下行的状态不变地被重新绘制。

6）如何判断游戏的结束及如何终止游戏，即方块是否已经顶到了游戏框的上边界。

7）游戏难度的设计和得分规则。

12.1.3　数据结构分析

首先定义一组游戏中需要用的常数：

1）游戏界面包括两个：左边为游戏界面，右边为信息窗口界面。程序通过符号常量定义游戏界面的宽度和高度分别为 12 和 25，定义信息窗口界面的宽度和高度分别为 8 和 25。

```
#define GAME_FRAME_WIDTH 12              // 左边框宽度
#define GAME_FRAME_HEIGHT 25             // 左边框高度
#define GAME_INFO_FRAME_WIDTH 8          // 右边框宽度
#define GAME_INFO_FRAME_HEIGHT 25        // 右边框高度
```

2）定义本俄罗斯方块游戏中支持的方块形状的个数为 7。如果是复杂的高阶俄罗斯方块游戏，则可以支持更多的方块种类数。

```
#define TYPE_COUNT 7                     // 方块种类数
```

3）定义游戏中的消行积分规则。本程序中定义为：一次消 1 行得 10 分，一次消 2 行得 30 分，一次消 3 行得 60 分，一次消 4 行得 100 分。

```
#define ONE_SCORE   10                   // 一次消 1 行得 10 分
#define TWO_SCORE   30                   // 一次消 2 行得 30 分
#define THREE_SCORE  60                  // 一次消 3 行得 60 分
#define FOUR_SCORE 100                   // 一次消 4 行得 100 分
```

4）定义游戏过关升级需要的积分数，本实验中定义 1000 分升 1 级，游戏难度增加 1 级，方块下落速度增加 1 档。

```
#define CHANGE_SPEED_PER_SCORE 1000     // 每得 1000 分加速 1 档
```

然后程序需要定义一些数据结构，包括用结构体定义的方块和棋盘等数据类型。

5）定义游戏中需要用到的方块形状和变形。本实验中通过定义一个四维数组来储存 7 种方块类型和任一方块 4 种形态的数据，每个方块存储在一个 4×4 正方形容器里（即 C 语言的二维数组）。特别需要注意的是，有些形状可能只有两种或一种不同形态，比如长条形只有两种形态，田字形只有一种形态。但是，在本程序中为了方便统一操作，认定每种形状都有 4 种形态，只是有些重复形态进行了重复存储。

```
int bricks[TYPE_COUNT] [4][4][4]=
{
  {
  {{1,0,0,0},{1,0,0,0},{1,0,0,0},{1,0,0,0}}, // 形态 1 ■
  {{0,0,0,0},{0,0,0,0},{0,0,0,0},{1,1,1,1}}, // 形态 2 ■
  {{1,0,0,0},{1,0,0,0},{1,0,0,0},{1,0,0,0}}, // 形态 3 ■
  {{0,0,0,0},{0,0,0,0},{0,0,0,0},{1,1,1,1}}  // 形态 4 ■
  },
  {
```

```
      {{0,0,0,0},{0,0,0,0},{1,1,0,0},{1,1,0,0}},  // 形态1
      {{0,0,0,0},{0,0,0,0},{1,1,0,0},{1,1,0,0}},  // 形态2 ■■
      {{0,0,0,0},{0,0,0,0},{1,1,0,0},{1,1,0,0}},  // 形态3 ■■
      {{0,0,0,0},{0,0,0,0},{1,1,0,0},{1,1,0,0}}   // 形态4
    },
    {
      {{0,0,0,0},{0,0,0,0},{1,1,0,0},{0,1,1,0}},  // 形态1
      {{0,0,0,0},{0,1,0,0},{1,1,0,0},{1,0,0,0}},  // 形态2 ■■
      {{0,0,0,0},{0,0,0,0},{1,1,0,0},{0,1,1,0}},  // 形态3 ■■
      {{0,0,0,0},{0,1,0,0},{1,1,0,0},{1,0,0,0}}   // 形态4
    },
    {
      {{0,0,0,0},{0,0,0,0},{0,1,1,0},{1,1,0,0}},  // 形态1
      {{0,0,0,0},{1,0,0,0},{1,1,0,0},{0,1,0,0}},  // 形态2 ■■
      {{0,0,0,0},{0,0,0,0},{0,1,1,0},{1,1,0,0}},  // 形态3 ■■
      {{0,0,0,0},{1,0,0,0},{1,1,0,0},{0,1,0,0}}   // 形态4
    },
    {
      {{0,0,0,0},{0,0,0,0},{1,0,0,0},{1,1,1,0}},  // 形态1
      {{0,0,0,0},{1,1,0,0},{1,0,0,0},{1,0,0,0}},  // 形态2 ■
      {{0,0,0,0},{0,0,0,0},{1,1,1,0},{0,0,1,0}},  // 形态3 ■■■
      {{0,0,0,0},{0,1,0,0},{0,1,0,0},{1,1,0,0}}   // 形态4
    },
    {
      {{0,0,0,0},{0,0,0,0},{0,0,1,0},{1,1,1,0}},  // 形态1
      {{0,0,0,0},{1,0,0,0},{1,0,0,0},{1,1,0,0}},  // 形态2 ■
      {{0,0,0,0},{0,0,0,0},{1,1,1,0},{1,0,0,0}},  // 形态3 ■■■
      {{0,0,0,0},{1,1,0,0},{0,1,0,0},{0,1,0,0}}   // 形态4
    },
    {
      {0,0,0,0},{0,0,0,0},{1,1,1,0},{0,1,0,0}},   // 形态1
      {{0,0,0,0},{0,1,0,0},{1,1,0,0},{0,1,0,0}},  // 形态2 ■■■
      {{0,0,0,0},{0,0,0,0},{0,1,0,0},{1,1,1,0}},  // 形态3 ■
      {{0,0,0,0},{1,0,0,0},{1,1,0,0},{1,0,0,0}}   // 形态4
    }
};
```

bricks 数组中的第一维 TYPE_COUNT 表示 TYPE_COUNT 种形状, 第二维表示每个形状有 4 种形态, 最后的两维 4×4 表示用一个 4×4 的二维数组来存储一个具体形状的具体形态数据。在数组中, 对应的元素为 "1", 表示在输出形状时输出字符 '■'; 对应的元素为 0, 表示在输出形状时输出字符 ' '(空格)。

6)定义下一个结构体表示即将到来的形状。

```
typedef struct tagNextBrick
{
    int type;
    int shape;
    int x;
    int y;
    int (*p)[TYPE_COUNT][4][4][4];
}NextBrick;
```

其中 type 表示形状类型, shape 表示形状的形态, x 和 y 表示形状的左上角坐标, 数组指针 p 用来指向某一个具体形状的具体形态。

7)定义结构体表示游戏的当前状态。

```
typedef struct tagChess
{
    // 定义一个12*24的棋盘
    int Chessboard[GAME_FRAME_HEIGHT][GAME_FRAME_WIDTH];
```

```
    int (*p)[TYPE_COUNT][4][4][4];          // 指向当前显示方块
    int type;
    int shape;
    int x;                                  // 现行方块左上角横坐标
    int y;                                  // 现行方块左上角纵坐标
    int left;                               // 左边距离
    int right;                              // 右边距离
    int top;                                // 上边距离
    int bottom;                             // 下边距离
}Chess;
```

8）定义程序需要的全局变量。

```
HANDLE g_hOut;
HANDLE g_hIn;
int Score;                                  // 总分数
BOOL gameover = FALSE;
Chess chess;
NextBrick next;
```

12.1.4　程序执行流程和设计分析

　　为了模块化设计，程序将比较独立的操作封装成了函数。程序中设计的函数树如图 12-1 所示。

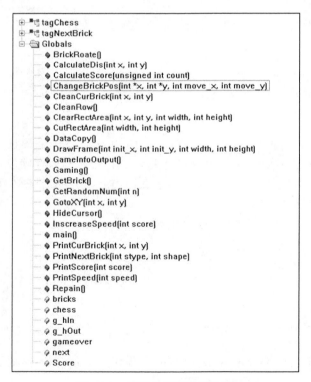

图 12-1　程序中设计的函数树

　　下面将主要讲解程序的执行流程和关键设计。

　　（1）程序的主要执行流程　程序执行流程主要在 main 函数中落实，涉及的主要函数有 main 和 InitGame。程序执行流程如图 12-2 所示。程序如下：

```
int main()
{
    system("color 3f");
    g_hOut = GetStdHandle(STD_OUTPUT_HANDLE);          // 控制台输出句柄
    g_hIn =  GetStdHandle(STD_INPUT_HANDLE);           // 控制台输入句柄
    HideCursor();
    CutArea(GAME_FRAME_WIDTH + GAME_INFO_FRAME_WIDTH + 4,GAME_FRAME_HEIGHT);
    DrawFrame(0,0,GAME_FRAME_WIDTH,GAME_FRAME_HEIGHT);
    DrawFrame(GAME_FRAME_WIDTH * 2 + 4,0,GAME_INFO_FRAME_WIDTH,GAME_INFO_FRAME_HEIGHT);
    GameInfo();
    SetConsoleTitle(" 俄罗斯方块 ");
    InitGame();
    Sleep(5000);
    getchar();
    CloseHandle(g_hIn);     // 关闭输入句柄
    CloseHandle(g_hOut);    // 关闭输出句柄
    return 0;
}
/* 处理游戏开始的准备工作和程序进行中的工作 */
void Gaming()
{
    int timestar,i,j;
    gameover = FALSE;
    for(i = 0;i<20;i++)
        for(j = 0;j < 10;j++)
            chess.Chessboard[i][j] = 0;
    /* 重画游戏信息窗口界面 */
    DrawFrame(0,0,GAME_FRAME_WIDTH ,GAME_FRAME_HEIGHT);
    DrawFrame(GAME_FRAME_WIDTH * 2 + 4,0,GAME_INFO_FRAME_WIDTH,GAME_INFO_FRAME_HEIGHT);
    // 重画游戏信息窗口界面
    PrintScore(0);
    PrintSpeed(1);
    next.type = Getrand(TYPE_COUNT);
    next.shape = Getrand(4);
    while (!gameover){
        GetBrick();
        PrintCurBrick(chess.x,chess.y);                // 显示当前方块
        PrintNextBrick(next.type,next.shape);          // 显示下一个方块
        timestar = GetTickCount();
        while(ChangeBrickPos(&chess.x,&chess.y,0,1) == 1
                && !gameover){
            if(GetTickCount()-timestar>15)
                if(GetAsyncKeyState(VK_LEFT))
                    ChangeBrickPos(&chess.x,&chess.y,-1,0);
                else
                    if(GetAsyncKeyState(VK_RIGHT))
                        ChangeBrickPos(&chess.x,&chess.y,1,0);
                    else
                        if(GetAsyncKeyState(VK_DOWN))
                            ChangeBrickPos(&chess.x,&chess.y,0,2);
                        else if(GetAsyncKeyState(VK_SPACE))
                            BrickRoate();
            timestar = GetTickCount();
            Sleep(450 - Score / 10);
        }
        DataCopy();
        CleanRow();
    }
}
```

（2）整个游戏界面的图形显示 前面提过，到目前为止，我们学习和练习的都是 VC++ 的 Console 类应用，还没有学习通过 MFC 或其他途径开发图形界面类应用，因此本实训通过字符界面来模拟游戏运行的图形界面。图形界面的绘制主要涉及 CutRectArea、DrawFrame 和

GameInfoOutput 这 3 个函数。程序如下：

```
/* 缓冲区裁剪函数，去除滚动条，参数：宽度 width 高度 height，无返回值 */
void CutRectArea(int width,int height)
{
    COORD size = {width * 2 + 1,height + 1};
    SMALL_RECT winPon = {0,0,width * 2,height};
    SetConsoleWindowInfo(g_hOut,1,&winPon);
    SetConsoleScreenBufferSize(g_hOut,size);
    return;
}
/* 通过该函数绘制游戏界面和信息窗口界面，参数：宽度 width，高度 height，无返回值 */
void DrawFrame(int init_x, int init_y, int width, int height)
{
    int i;
    GotoXY(init_x,init_y);
    printf(" ┌ ");
    for(i = 0;i<width;i++)
        printf(" ─ ");
    printf(" ┐ ");
    for(i = init_y;i < (init_y + height);i++)
    {
        GotoXY(init_x,i + 1);
        printf(" │ ");
        GotoXY(init_x + (width + 1) * 2,i + 1);
        printf(" │ ");
    }
    GotoXY(init_x,init_y + height);
    printf(" └ ");
    for(i = 0;i < width;i++)
        printf(" ─ ");
    printf(" ┘ ");
    return;
}

/* 信息窗口界面中相关信息的输出，无参数，无返回值 */
void GameInfoOutput()
{
    int i;
    GotoXY(GameFrameHeight + 6,2);
    printf("Next:");
    GotoXY(GameFrameHeight + 6,10);
    for(i = 0;i<GameInfoFrameWidth;i++)
        printf(" ─ ");
    GotoXY(GameFrameHeight + 6,13);
    printf("Speed:");
    GotoXY(GameFrameHeight + 6,16);
    printf("Score:");
    GotoXY(GameFrameHeight + 6,22);
    printf("Gamer:");
    GotoXY(GameFrameHeight + 12,22);
    printf("Bernie");
    PrintSpeed(1);
    PrintScore(0);
}
```

（3）各种方块形状的表示和绘制　程序主要是通过数组 bricks 来存储 7 种形状和每种形状的 4 种形态，方块的绘制主要涉及 PrintNextBrick 和

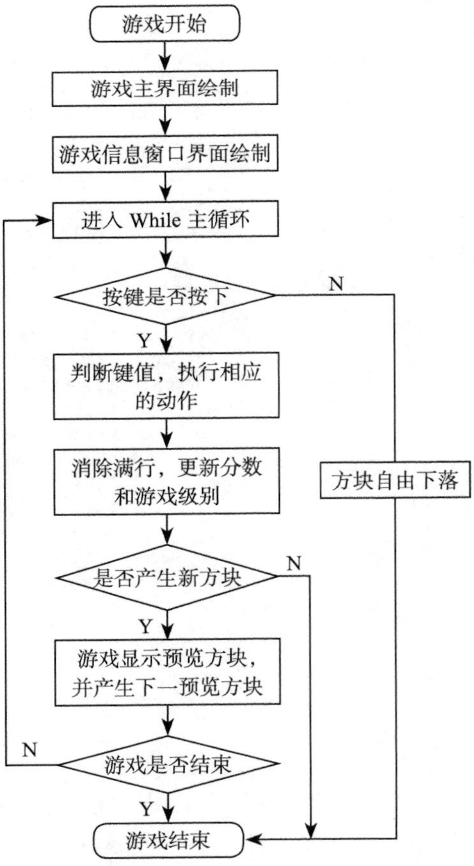

图 12-2　程序执行流程

PrintCurBrick 两个函数。PrintNextBrick 和 PrintCurBrick 思路相似,PrintNextBrick 程序如下:

```
/* 在游戏信息窗口界面中, 显示下一个方块 */
void PrintNextBrick(int stype,int shape )
{
    int i,j,row;
    row = 1;
    GotoXY(GameFrameHeight + 11,3);
    for(i = 0;i < 4;i++)
    {
        for(j = 0;j < 4;j++)
            if(bricks[stype][shape][i][j] == 1)
                printf(" ■ ");
            else printf(" ■ ");
        GotoXY(GameFrameHeight + 11,3 + (row++));
    }
}
```

所有方块绘制函数都利用了数组 bricks 中存储的方块的具体形态数据,不同的函数根据具体情况,在由 (x, y) 指定的位置根据 bricks 中具体元素的值来绘制。绘制的基本原理是:如果 bricks 中对应的元素为 1,则在由 (x, y) 指定的位置输出字符 "■";如果 bricks 中对应的元素为 0,则在由 (x, y) 指定的位置输出字符 " "(空格)。

(4)控制方块的移动、旋转和下落速度 控制方块的旋转由函数 BrickRoate 实现,控制方块的移动和加速则都由函数 ChangeBrickPos 实现。而控制是进行旋转、左移、右移还是加速,则由 Gaming 函数中的 while 循环根据所侦测到的按键来决定。如果得到的按键值是 VK_LEFT(向左键←),则方块左移一位;如果得到的按键值是 VK_RIGHT(向右键→),则方块右移一位;如果得到的按键值是 VK_DOWN(向下键↓),则方块加速下落;如果得到的按键值是 VK_SPACE(空格键),则方块按照规则旋转。注意:旋转只是变换形状的形态,不会变更方块的形状。程序如下:

```
/* 方块旋转 */
void BrickRoate()
{
    int i,j;
    CleanCurBrick(chess.x,chess.y);
    if(chess.shape == 3)
        chess.shape = 0;
    else chess.shape++;
    CalculateDis(chess.x,chess.y);
    for(i = 0;i < 4;i++)
        for(j = 0;j < 4;j++)
            if(chess.Chessboard[chess.y + i][chess.x / 2 + j - 1] + bricks[chess.
                type][chess.shape][i][j] == 2 || chess.left <= 0 || chess.right >
                GAME_FRAME_WIDTH || chess.bottom >= GAME_FRAME_HEIGHT){
                if(chess.shape == 0)
                    chess.shape = 3;
                else chess.shape--;
                break;
            }
    PrintCurBrick(chess.x,chess.y);
    CalculateDis(chess.x,chess.y);
}
/* 方块左右移动和方块是否触到边界的检测 */
int ChangeBrickPos(int *x,int *y,int move_x,int move_y)
```

```
{
    int i,j;
     if(chess.left + move_x <= 0 ||
        chess.right + move_x > GAME_FRAME_WIDTH ||
        chess.bottom + move_y >= GAME_FRAME_HEI-GHT)
        return 0;
    for(i = 0;i < 4;i++)
       for(j = 0;j < 4;j++)
           if(move_y){
              if(chess.Chessboard[chess.y + i + move_y][chess.x / 2 + j - 1 +
                 move_x] + bricks [chess.type][chess.shape][i][j] == 2)
                      return 0;
                 }
              else if(move_x)
    if(chess.Chessboard[chess.y + i + move_y][chess.x / 2 + j - 1 + move_x] +
    bricks [chess.type][chess.shape][i][j] == 2)
        return 1;
    CleanCurBrick(chess.x,chess.y);
    chess.x += move_x*2;
    chess.y += move_y;
    PrintCurBrick(chess.x,chess.y);
    CalculateDis(chess.x,chess.y);
    return 1;
}
```

（5）判断方块是否触底　判断方块是否触底，包括方块已经触到底部或已经落到了一个已经落定的方块上。该功能主要由函数 ChangeBrickPos 实现，主要是在方块的移动过程中，判断是否触到了游戏界面的边框。

（6）消行、重绘和游戏结束判断　判断一行是否填满以及如何消去填满的行，并重绘所有剩下的行；判断游戏的结束及如何终止游戏。这两个功能的主要流程由函数 CleanRow 实现，具体还涉及 CalculateScore 和 Repain 函数。程序如下：

```
/******************************************************/
/* 判断行是否可消，如果有行可消，记录可以消的行数        */
/* 消除填满的行，并通过调用界面重绘函数重新绘制剩余的行    */
/* 根据能消的函数计算得分，更新游戏等级，增加方块下落速度  */
/******************************************************/
void CleanRow()
{
    int i,j,count = 0,map = -1,temp;
    for(i = 0;i < GAME_FRAME_WIDTH;i++)
       if(chess.Chessboard[2][i] == 1){
          ClearRectArea(2,1,10,19);
          GotoXY(3,10);
          printf("Game is over!\n");
          gameover = TRUE;
          return;
       }
    for(i = GAME_FRAME_HEIGHT - 1;i >= 0;i--){
       temp = 0;
       for(j = 0;j < GAME_FRAME_WIDTH;j++)
          if(chess.Chessboard[i][j] == 1)
              temp++;
           else break;
           if(temp == GAME_FRAME_WIDTH)  // 该行是否可消
           {
              count++;                          // 记录消几行
              if(map == -1)
```

```
            map = i;                    // 记录从哪行开始消行
        }
    }
    if(map != -1)                           // 逻辑数据清除
    {
        for(i = map;i >= 0;i--)
            for(j = 0;j < 10;j++)
                if(i - count <= 0)
                    chess.Chessboard[i][j] = 0;
                else
                    chess.Chessboard[i][j]=chess.Chessboard[i - count][j];
        Repain();                           // 刷新界面
        CalculateScore(count);
        PrintScore(Score);
        PrintSpeed(InscreaseSpeed(Score));
    }
}
```

（7）游戏难度的设计和得分规则　计分功能主要由 CalculateScore 函数根据已定的得分规则（本实训中用的是常量定义）完成，更新游戏等级和难度主要是通过 InscreaseSpeed 函数，根据游戏玩家的得分来提高方块下落的速度来完成。这两个函数的实现比较容易，请读者自己尝试实现，也可以参考本书的教辅资料。

12.1.5　程序运行和测试

运行程序，游戏初始界面如图 12-3 所示，这时速度为初始速度 1，得分为 0，游戏主界面中显示的第一个方块为 T 形，游戏信息窗口界面中显示的下一个即将出现的方块还是 T 形方块。

图 12-4 显示了游戏进行中的一个状态，玩家已经得了 60 分，游戏速度还没有升级，还是初始的 1 级。游戏主界面中显示的当前方块为 Z 形，游戏信息窗口界面中显示的下一个即将到来的方块为 7 字形。

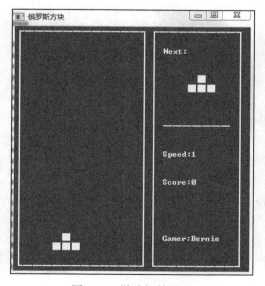

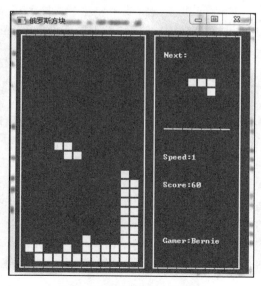

图 12-3　游戏初始界面　　　　　　　　　图 12-4　游戏进行中的界面

图 12-5 表示游戏已经结束。游戏主界面中显示出 "Game is over" 的字样，游戏结束。

12.2　综合实训 2：五子棋游戏

12.2.1　问题描述

请用所学的 C 语言知识实现一个命令行下的五子棋游戏。要求有棋盘界面，并实现人与人、人与计算机、计算机与人 3 种对弈模式。另外，游戏还必须具有游戏用户注册、排名和胜率统计功能。

12.2.2　问题分析

五子棋游戏是一个比较流行的小游戏。为了实现该游戏，需要注意以下问题：

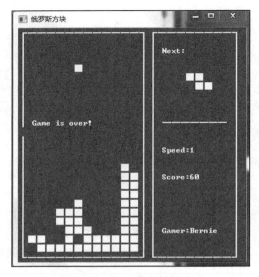

图 12-5　游戏结束界面

1）游戏界面。如果借用 Windows 的可视化界面，问题可能比较简单，但是读者以目前所学的知识还不足以开发一个有界面的 Windows 程序，因此需要用字符模拟出一个命令行下的界面。为此，可以借助 unicode 码字符集的一些特殊符号来实现。

2）由于要实现人与人、人与计算机、计算机与人这 3 种对弈模式，所以对弈程序的实现必须分 3 种情况：

①人与人对弈，即程序只需要根据人的指令落子，并根据五子棋的游戏规则判断输赢。

②人与计算机对弈，表示人先落子，计算机后落子。这种情况程序必须具有一定的智能性，需要根据人的落子情况自动选择对自己最有利的落子位置，最后根据局势判断输赢。

③计算机与人对弈，表示计算机先落子，人后落子。这种情况的处理过程与情况 2 类似。

3）由于要实现游戏用户注册、排名和胜率统计功能，因此需要进行多次文件操作。可以引入专门存储游戏用户数据的文件 user.dat 文件，以便存储用户名、密码、完成的总游戏次数以及获胜的游戏次数。

12.2.3　数据结构分析

首先解释在命令行下显示一个由字符组合的五子棋棋盘所需要的数据结构。字符（char）在内存中是以 ASCII 码的形式保存，其数值范围是 −128 ～ 127，其中也包括像 "$" "%" "&" 等符号。但由于 ASCII 码一个字节表示一个字符，最多能表示 256 个字符，因此无法显示中文等符号。为此引入了 Unicode 码，它用两个字节保存一个字符，最多能表示 65 535 个字符，能涵盖中文等全世界的大多数符号，自然也涵盖了我们关注的 "┌" "┐" "└" "┘" 等表格符号。表 12-1 给出了这些符号对应的 Unicode 值，读者可以尝试写一个简单的 C 语言程序来验证其正确性。

前面提及，"putchar();"可以打印字符，比如 "putchar(48);"（等价于 "putchar('0');"）可以显示一个字符 "0" 到屏幕上。同理，执行如下代码：

```
putchar ( 0xA9 );
putchar ( 0xB3 );
```

就能在屏幕上打印出一个 "┌"，其他字符也可用相同的方法显示。但这样编码会很复杂，我们可以将上述字符的 Unicode 码保存到一个全局的数组中，打印时直接调用即可。

表 12-1　程序用到的 Unicode 码表

符　号	Unicode 值（十六进制）	符　号	Unicode 值（十六进制）
┌	0xA9B3	┐	0xA9B7
└	0xA9BB	┘	0xA9BF
┬	0xA9D3	┴	0xA9DB
├	0xA9C4	┤	0xA9CC
┼	0xA9E0	○	0xA1F0
●	0xA1F1		

比如在程序中有如下的实现：

```c
const char element[][3] = {
    {0xA9, 0xB3},  // top left
    {0xA9, 0xD3},  // top center
    {0xA9, 0xB7},  // top right
    {0xA9, 0xC4},  // middle left
    {0xA9, 0xE0},  // middle center
    {0xA9, 0xCC},  // middle right
    {0xA9, 0xBB},  // bottom left
    {0xA9, 0xDB},  // bottom center
    {0xA9, 0xBF},  // bottom right
    {0xA1, 0xF1},  // black
    {0xA1, 0xF0}   // white
};
```

在定义字符串时，切记结尾的 '\0' 也需要占用一个字节的空间，因此 element 每个元素的长度为 3。为了提高调用代码的可读性，程序还定义了一些常量，它们分别对应上述符号所在的下标。

```c
#define TAB_TOP_LEFT 0x0
#define TAB_TOP_CENTER 0x1
#define TAB_TOP_RIGHT 0x2
#define TAB_MIDDLE_LEFT 0x3
#define TAB_MIDDLE_CENTER 0x4
#define TAB_MIDDLE_RIGHT 0x5
#define TAB_BOTTOM_LEFT 0x6
#define TAB_BOTTOM_CENTER 0x7
#define TAB_BOTTOM_RIGHT 0x8
#define CHESSMAN_BLACK 0x9
#define CHESSMAN_WHITE 0xA
```

另外，程序定义了一个整型二维数组来记录棋盘的状态。现在标准的五子棋棋盘规格是 15×15，因此程序中做如下定义。

```c
#define BOARD_SIZE 15
int chessboard[BOARD_SIZE+2][BOARD_SIZE+2];
```

不要忘记棋盘的边缘部分，所以 chessboard 的真实大小是 17×17。

为了标记五子棋的位置，程序定义了一个"坐标"数据类型，它是一个由横坐标 x 和纵坐标 y 组成的结构体，用来指定五子棋的位置。坐标的结构体定义如下：

```c
typedef struct {
    int x, y;
} POINT;
```

最后，程序定义了一个数组，用于遍历棋子的 8 个方向：

```
const int dir[4][2] = {
    {0, -1},          // 横
    {-1, -1},         // 撇
    {-1, 0},          // 竖
    {-1, 1}           // 捺
};
```

另外，程序定义了 4 个全局变量：

```
int gTotalGame = 0;
int gWinGame = 0;
char gname[20] = {0};
char gpassword[20] = {0};
```

这些全局变量分别用来存储当前游戏玩家的用户名、密码、已经玩过的总游戏次数和获胜的游戏次数。

12.2.4　程序执行流程和设计分析

为了模块化设计，程序将比较独立的操作封装成了函数。程序中设计的函数树如图 12-6 所示。

对于图 12-6 中的数据结构，上一节已经进行了说明，下面主要是对其函数功能进行说明。cal_value 函数主要用于计算落子于该点的价值，choice1 和 choice2 用于显示游戏的登录界面和选择对弈方式的界面，from_computer 和 from_user 主要用于获取机器和人的落子位置，has_end 函数用于判断是否已经有玩家胜出（游戏结束），init_chessboard 用于初始化棋盘，register_user 用于新用户注册，login 用于用户登录。游戏的主要流程体现在 main 函数中。

（1）程序主要流程　程序执行流程主要在 main 函数中落实，如图 12-7 所示。

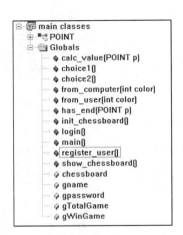

图 12-6　五子棋游戏设计的函数树

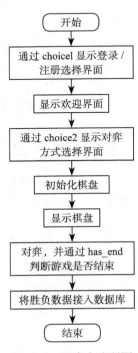

图 12-7　程序主流程图

（2）新用户注册和用户登录　新用户注册和用户登录主要涉及文件操作，为此程序引入了用户数据库文件 user.dat 文件。程序主要是通过函数 register_user 完成新用户注册，如果是游戏新玩家，则在 choice1 显示注册和登录界面时，先进行注册；如果是已有游戏玩家，则直接进行登录。为了防止用户进行暴力猜测密码，在 login 函数中，限定用户允许输入错误用户名或密码的次数为 5 次，如果超过 5 次，则直接退出程序。login 函数的实现如下：

```c
int login()
{
    char tempName[20] = {0};
    char tempPassword[20] = {0};
    int iTryCount = 5;
    int iFlag = 0;
    FILE* fp;
    printf("Please input your user name:\n");
    scanf("%s", gname);
    printf("Please input your password:\n");
    scanf("%s", gpassword);
    if ((fp=fopen("user.dat","rb")) == NULL)
    {
        printf("Can not open the file\n");
        exit(1);
    }
    while (--iTryCount > 0)
    {
        while(!feof(fp))
        {
            fscanf(fp, "%s%s%d%d", tempName, tempPassword,
                    &gTotalGame, &gWinGame);
            if (strcmp(tempName, gname)== 0 && strcmp(tempPassword,
                gpassword) == 0)
            {
                system("cls");
                printf("Welcome %s, your total game count is %d,
                        the win game count is %d\n", gname,
                            gTotalGame, gWinGame);
                iFlag = 1;
                break;
            }
        }
        if (iFlag == 1)
        {
            break;
        }
        else
        {
            printf("You can try %d times again\n", iTryCount);
            printf("Please input your user name, again:\n");
            scanf("%s", gname);
            printf("Please input your password, again:\n");
            scanf("%s", gpassword);
            rewind(fp);
        }
    }
    fclose(fp);
    if (iTryCount <= 0)
    {
        printf("You are an illegal user, please register firstly\n");
        exit(-1);
    }
}
```

在 login 函数中，为了在游戏结束时记录玩家的游戏记录，对玩家的信息采用了全局变量进行记录。

（3）显示棋盘　基于上述数据结构定义，要打印左上角的表格符只需执行"printf("%s", element[TAB_TOP_LEFT]);"即可。而通过对这些符号输出的合理组织就可以构建一个期望的字符棋盘界面。

程序刚刚启动时，通过 init_chessboard 函数来对棋盘状态数组 chessboard 进行初始化，生成一张空的棋盘。每次显示棋盘时，都需要清空屏幕，这或许要牵涉到 API 调用等乱七八糟的事情，这里提供一种简便的方法：用 system 函数（stdlib.h）调用系统清屏命令。比如在 Windows 下清屏命令是"cls"，在 Linux 下是"clear"。为了方便程序调用，我们定义一个宏：

```
#undef CLS
#ifdef WIN32
#   define CLS "cls"
#else
#   define CLS "clear"
#endif
```

在程序编译时，根据不同的系统自动选择不同的清屏命令。以后的代码中就可以使用"system (CLS);"来清屏了。

另外一个需要注意的地方是：Windows 下命令提示符默认是黑底白字，也就是平常实训中所看到的输出程序结果的黑框。使得原本的黑子变成了白色，而白子反而成了黑色，因此需要通过"system ("color F0");"将屏幕设置成白底黑字。

（4）对弈　根据题目要求，落子操作可以由人或计算机完成，因此在程序启动时需要打印菜单提供用户选择模式。但无论落子的位置由谁提供，整个操作的过程是一样的——都只需提供当前棋子的颜色（黑色或白色），然后函数返回落子的坐标。

人落子操作通过 from_user 函数完成，计算机落子操作通过 from_computer 函数完成。这两个函数的返回值、参数类型相同，操作原理也基本相同。在执行人机对弈时需要在这两个函数之间来回切换。为了方便编码，可以考虑使用一个长度为 2 的函数指针数组来动态决定选择哪个落子函数，在实际调用时，只要通过类似于"POINT p = (*get_point[who]) (color);"来获得落子的位置，其中 who 取值为 0 或 1，通过一个整数的最后一位变化来模拟对弈者的轮换落子，color 为当前棋子的颜色。

落完子后，通过 has_end 函数判断比赛是否已经结束。判断时无须大费周章地扫描整个棋盘，只需检查最后一颗落子的位置是否构成五子连珠。除去棋盘边缘部分，和棋子相连的都有 8 个方向，但这 8 个方向都是两两对称的（比如上方向和下方向），因此真正检查的只有 4 个方向。基于 dir 数组，从落子的位置出发，检查每个方向同色棋子相连的个数是否不小于 5 个。

（5）落子　对弈中已经涉及落子的两个函数为 from_computer 和 from_user。这里将详细介绍这两个函数的实现方法。

计算机落子函数 from_computer 相对难一些。但是，这里是 C 语言的一个综合实训，虽然问题描述中提到要求实现人机对弈的功能，但并没有要求这个计算机具备五子棋大师的水平，因为计算机下棋属于人工智能领域的内容，和 C 语言本身并不相关，所以读者可以放心大胆地去尝试，只要能让计算机"乖乖"地按照五子棋规则下棋即可，输赢并不重要。

最最简单的方法莫过于在棋盘上随机返回一个未落子的点，但这几乎可以说是必输的方法。虽然题目并没说不能用这种方法，但应该尝试稍微像模像样点的方法，至少让计算机看起来像一个五子棋初学者。

在"最最简单的方法"的基础上进行一些改良：扫描整个棋盘，对每个未落子的位置进行分析，获得"将棋子放到该处"的价值，最后把棋子摆放在价值最高的位置。计算五子棋摆放位置的价值由函数 calc_value 完成，calc_value 函数的实现如下：

```c
int calc_value ( POINT p )
{
    static const int values[] = {
        0, 100, 600, 6000, 40000
    };
    static const int center = BOARD_SIZE / 2 + BOARD_SIZE % 2;
    int i, j, d;
    int sum = 0;

    for ( i = 0; i < sizeof(dir)/sizeof(dir[0]); i++ ) {
        int count = 0;
        for ( d = 0; d < 4; d++ ) {
            for ( j = 1; j < 5; j++ ) {
                POINT m = p;
                m.y += dir[i][0] * j * ((d&1)?-1:1);
                m.x += dir[i][1] * j * ((d&1)?-1:1);
                if ( !IN_BOARD(m) ) {
                    break;
                } else if ( !(d&2) && IS_BLACK(m) ) {
                    count++;
                } else if ( (d&2) && IS_WHITE(m) ) {
                    count++;
                } else if ( IS_AVAILABLE(m) ) {
                    continue;
                } else {
                    break;
                }
            }
        }
        if ( count >= 4 ) {
            count = 4;
        }
        sum += values[count];
    }
    return sum + (center-abs(center-p.x)) *
           (center-abs(center-p.y));
}
```

下面简单地介绍一些五子棋的规则：在棋盘某处放一颗棋子，如果它能和周围其他棋子连成二子连珠、三子连珠，则称其为"活二""活三"；如果能阻挡对方的棋子形成二子连珠、三子连珠，则将其称为"冲二""冲三"，以此类推。那么就可以给"活二""冲三"等设定一个价值，将这些所有值累加起来，就是在该位置落子的价值了。

除了这些，我们还可以添加位置的价值，比如越靠近中心的位置价值越高，边缘部分则价值相对较低。方法有很多，源码给出了一种实现方法，读者可以尝试改进这一估值策略。

对于人的落子函数 from_user 的方法就很简单了，用户从键盘输入坐标即可，只是要确保输入的位置是可用的。

（6）胜负记录文档化 当通过 has_end 判断出游戏胜负已分时，需要将当前玩家的游戏记录更新到数据库 user.dat 中，因此又涉及文件的操作。本程序中的文件操作有字符串操作又有整数操作，所以将数据库文件当作二进制文件进行操作。另外，在更新数据库时，要特别注意 C 语言中的文件操作特点。

12.2.5 程序运行和测试

程序运行后，首先显示了如图 12-8 所示的注册 / 登录选择界面，如果是已有玩家，则直接登录即可。图 12-9 显示的是 zhangjun 登录后的欢迎界面，显示该游戏用户的用户名以及以往的游戏记录：游戏总次数和胜出次数，并显示了当次游戏的对弈模式。如果选择 2）人机对弈，则进入图 12-10 所示的初始界面，并显示执黑棋的人先行，落子方法为输入落子的坐标位置，比如输入 5 5 表示在横坐标和纵坐标为 5 的交叉点落子，人落子后，计算机根据既定策略进行落子，图 12-11 显示了多步对弈后，执黑棋的人获胜后的界面。

图 12-8 注册 / 登录选择界面

图 12-9 五子棋游戏欢迎和功能选择界面

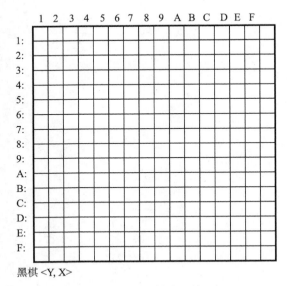

图 12-10 五子棋游戏初始界面

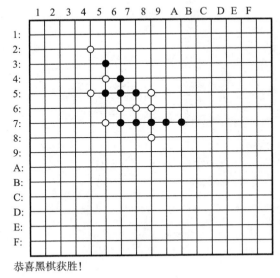

图 12-11 多步对弈后黑棋获胜界面

12.3 综合实训 3：员工管理系统

12.3.1 问题描述

用 C 语言完成一个简单的员工管理系统，辅助初创型公司的 HR 管理者进行公司的日常员工管理，实现员工的插入、删除、查找、排序等功能。具体要求：员工信息包括姓名、性别、出生年月、工作年月、学历、职务、住址、电话等。基本功能如下：

1）新增一名员工：将新增员工对象按姓名以字典方式存至员工管理文件中。

2）删除一名员工：从员工管理文件中删除一名员工对象。

3）查询：从员工管理文件中查询符合某些条件的员工。

4）修改：检索某个员工对象，对其某些属性进行修改。

5）排序：按某种需要对员工对象文件进行排序。

为了培养一定的工程意识，请在实现系统时注意以下问题：

1）考虑权限因素，比如有些功能只能输入密码，认证通过后才能操作等。

2）将员工对象按散列法存储，并设计解决冲突的方法，在此基础上实现增、删、查询、修改、排序等操作。

12.3.2 问题分析

员工管理系统中涉及的数据操作如下：

1）文件操作。文件主要是当作员工数据库使用，以便永久存储员工数据。员工信息由键盘输入，以文件方式保存，程序执行时先将文件读入内存。文件的另外一个作用就是用于存储权限相关的信息，比如用户名和密码。

2）员工数据的存储。本程序中主要采用散列表来存储员工数据。对于散列有冲突的情况，采用链表数据结构解决冲突，所以添加和删除只需对链表进行操作，删除时修改指针指向即可。一般将所添加的员工数据放在表头。

3）通常的员工查询或浏览。可以看到所有员工的资料信息，如姓名、职位、性别、工作时间和个人学历，这些操作通过散列查找或链表的遍历即可完成。如果要查看员工的出生年月、身份证号和居住地址、手机号码等敏感信息时，则需要通过输入密码来获得更高的权限。需要特别注意的是，为了安全起见，员工的各种数据在后台存储是用 DES 加密过的。

4）系统支持的员工人数有一定的上限，主要考虑便于一次读入内存，所有操作不经过内外存交换。

12.3.3 数据结构分析

根据上述算法分析，首先定义一个员工（employee）结构体和一个员工链表（employeelist）结构体。员工结构体包含了员工的编号、出生年月、入职时间、学历等属性，员工链表结构体包含了人数以及管理员权限等属性。程序如下：

```
typedef struct tagEmployee
{
    int tag;                    //用于标记该地址是否被占用了
    int key;                    //相当于员工编号，同时用于散列函数
    char name[32];
    char sex[10];               //只有man woman
    char birth[32];             //格式为1997.03.05
    char worktime[32];          //格式为2015.09.01
    char degree[32];            //高中，本科，硕士，博士4种
    char job[64];               //具体职务
```

```
    char address[64];              // 家庭住址
    char phone[12];                // 电话号码
    struct tagEmployee *next;      // 下一个的指针
}employee;

typedef struct tagEmployeelist
{
    employee workers[MAXVERTEXNUM];
    int number;                    // 实际人数
    int root;                      // 表示权限
}employeelist;
```

为了进行 DES 的加密操作，还需要定义多个辅助数据结构，比如初始置换表 `IP_Table` `[64]`、逆初始置换表 `IP_1_Table[64]`、扩充置换表 `E_Table[48]`、置换表 `P_Table[32]`、S 盒 `S[8][4][16]`、置换选择 1 `PC_1[56]`、置换选择 2 `PC_2[48]` 以及规定左移次数的数组 `OVE_` `TIMES[16]`。由于篇幅的限制，这里没有给出具体定义，读者可以通过网络查找资料、理解并实现也可以参考本书的教辅资料。

12.3.4　程序执行流程和设计分析

为了模块化设计，程序将比较独立的操作封装成了函数。程序中设计的函数树如图 12-12 所示，其中 DES 开头的函数基本都是与 DES 加解密有关的函数。

（1）程序执行流程　程序的主要执行流程如下：

1）程序启动时，执行 main 函数，首先通过 DES 加密函数对名单、新名单以及密码进行加密。

2）程序进入一个永真循环，调用 menu 函数打印操作菜单到屏幕，直到用户选择退出。程序提供的功能有“添加员工”“删除员工”“快速查询”“模糊查询”“数据修改”“姓名排序”“提升权限”以及“保存退出”。

3）若选择“添加员工”菜单，则执行 Insert 函数，向现有数据中添加一行新的记录，执行过程，提示用户一步一步地输入每个字段的信息。

4）若选择“删除员工”菜单，则执行 Delete 函数。函数先通过键盘选择按照编号的散列值查找记录，然后根据选定关键字查找到所有符合条件的记录，并将它们逐项删除。

5）若选择“快速查询”菜单，则执行 quickfind 函数，这一函数要求输入员工编号进行查询，仅仅执行查找操作，找出符合条件的记录并打印到屏幕上。

6）若选择“模糊查询”菜单，则执行 slowfind 函数，这一函数可以输入某个模糊的信息如职务、学历、姓名等，根据输入信息找出所有符合条件的记录。

7）若选择“数据修改”菜单，则执行 Change 函数，这个操作比较简单，可以采用先删除指定的记录再重新添加修改好的记录。

8）若选择“姓名排序”菜单，则执行 Order 函数。函数可以按照指定的字段排序，而且根据配置文件里指定的字段类型（字符串或者数字）进行不同方式的排序。

9）若选择“提升权限”菜单，则直接在 main 函数中执行 strcmp 来判断输入的密码是否错误，以此来判断能否为该用户提升权限。

10）若选择“退出”菜单，则执行 exit 函数，将操作后的数据重新保存到配置文件中。

```
☐ ☐ EmployeeManage classes
  ☐ ☐ tagEmployee
  ☐ ☐ tagEmployeelist
  ☐ ☐ Globals
      ◆ Bit64ToChar8(ElemType bit[], ElemType ch[])
      ◆ BitToByte(ElemType bit[], ElemType *ch)
      ◆ ByteToBit(ElemType ch, ElemType bit[])
      ◆ Change(employeelist *a, int x, int y, char *st)
      ◆ Char8ToBit64(ElemType ch[], ElemType bit[])
      ◆ Compare(employeelist *ab, employee *a, char *st)
      ◆ Copy(employee *a, employee *b)
      ◆ Delete(employeelist *a, int x)
      ◆ DES_Decrypt(char *cipherFile, char *keyStr, char *plainFile)
      ◆ DES_DecryptBlock(ElemType cipherBlock[], ElemType subKeys[][48], ElemType plainBlock[])
      ◆ DES_E_Transform(ElemType data[])
      ◆ DES_Encrypt(char *plainFile, char *keyStr, char *cipherFile)
      ◆ DES_EncryptBlock(ElemType plainBlock[], ElemType subKeys[][48], ElemType cipherBlock[])
      ◆ DES_IP_1_Transform(ElemType data[])
      ◆ DES_IP_Transform(ElemType data[])
      ◆ DES_MakeSubKeys(ElemType key[], ElemType subKeys[][48])
      ◆ DES_P_Transform(ElemType data[])
      ◆ DES_PC1_Transform(ElemType key[], ElemType tempbts[])
      ◆ DES_PC2_Transform(ElemType key[], ElemType tempbts[])
      ◆ DES_ROL(ElemType data[], int time)
      ◆ DES_SBOX(ElemType data[])
      ◆ DES_Swap(ElemType left[], ElemType right[])
      ◆ DES_XOR(ElemType R[], ElemType L[], int count)
      ◆ Hash(int a)
      ◆ InitEmployeeList(employeelist *a)
      ◆ Insert(employeelist *a, employee x)
      ◆ Judgephone(char st[])
      ◆ Judgetime(char st[])
      ◆ main()
      ◆ menu()
      ◆ Order(employeelist *a, employee c[])
      ◆ Printf(employeelist *ab, employee *a)
      ◆ quickfind(employeelist *a, int x)
      ◆ slowfind(employeelist *a, char *st)
      ◇ E_Table
      ◇ IP_1_Table
      ◇ IP_Table
      ◇ MOVE_TIMES
      ◇ P_Table
      ◇ PC_1
      ◇ PC_2
      ◇ S
```

图 12-12　程序中设计的函数树

（2）程序设计说明

1）录入数据时，考虑了简单的容错性，比如对输入日期、电话号码等进行有效性检查。例如输入日期 2016.6.61，系统能自动提示输入错误，请重新输入，输入的电话号码有非法字符时能自动提示出错。判读日期合法性的函数是 Judgetime，该函数实现比较简单，请读者尝试自行完成，也可以参考本书的教辅资料。

2）该系统是以散列表的形式存储员工数据，对于有散列冲突的情况，则将具有同样散列值的员工存储在一个链表中。在添加新员工或删除旧员工以及修改员工数据时，只需对该员工号进行散列，获得对应链表的首地址，并对该链表进行操作即可。在添加新员工时特别需要考虑员工号是否已经存在，而在删除时需要考虑被删除的员工在员工列表中是否真的存在。修改数据需要高权限，即需要先通过"提升权限"处输入密码，验证通过后，提升自己的权限。在要修改某个员工时需要知道他的编号，编号在后台是以散列值存储的，所以输入的编号首先会被散列，然后用该散列值到后台数据库进行匹配。增加、删除、修改操作都需要首先通过查找函数来判断对应的员工是否存在，这主要通过调用 quickfind 函数来实现，该函数采用了散列查找的方法，其具体实现如下：

```
/* 输入员工编号，查找员工 */
employee *quickfind(employeelist *a,int x)
{
```

```
    employee *p;
    int i;
    int y = Hash(x);
    p = &a -> workers[y];
    while(p != NULL)
    {
        if(p == &a->workers[y]&&p->tag == ISCANT&&p->key == x)
            return p;
        else if(p->key == x)
            return p;
        p = p->next;
    }
    return NULL;
}
```

3）考虑到数据以明文存储不安全，程序采用通过 DES 加密，以存储密文的方式来保证数据的安全。DES 全称为 Data Encryption Standard，即数据加密标准，是一种使用密钥加密的块算法，于 1977 年被美国国家标准局（ANSI）确定为联邦资料处理标准（FIPS），并授权在非密级政府通信中使用，随后该算法在国际上广泛流传开来。需要注意的是，在某些文献中，作为算法的 DES 称为数据加密算法（Data Encryption Algorithm，DEA），以与作为标准的 DES 区分开来。DES 算法的入口参数有 3 个：Key、Data、Mode。其中 Key 为 7 个字节共 56 位，是 DES 算法的工作密钥；Data 为 8 个字节 64 位，是要被加密或被解密的数据，Mode 为 DES 的工作方式，有两种：加密或解密。DES 设计中使用了分组密码设计的两个原则：混淆（confusion）和扩散（diffusion），其目的是抗击敌手对密码系统的统计分析。混淆是使密文的统计特性与密钥的取值之间的关系尽可能复杂化，以使密钥和明文以及密文之间的依赖性对密码分析者来说是无法利用的。扩散的作用就是将每一位明文的影响尽可能迅速地作用到较多的输出密文位中，以便在大量的密文中消除明文的统计结构，并且使每一位密钥的影响尽可能迅速地扩展到较多的密文位中，以防对密钥进行逐段破译。本程序中借鉴了网络上 C 程序员社区关于 DES 的实现，有兴趣的读者可以自己通过网络查找相关知识，彻底理解 DES 的原理和实现方法。读者也可以通过课本提供的配套资料获取 DES 算法的全部实现源码，并自行进行调试。

12.3.5 程序运行和测试

运行程序，首先显示程序主界面，如图 12-13 所示。

如果输入 1，会提示你要输入这个员工的编号以及其他一些关于这个员工的数据，运行界面如图 12-14 所示。

图 12-13　程序主界面　　　　　　　　　　图 12-14　员工数据录入界面

当输入 6 时，员工数据库中的所有员工信息将被显示出来，运行界面如图 12-15 所示。

特别注意到图 12-15 中只显示了员工的部分信息，涉及员工隐私的信息都没有显示出来。如果需要显示出员工的所有信息，需要先选择 7，进行权限提升。运行结果如图 12-16 所示。

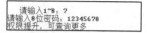

```
请输入1~8：6
25  carol 女 2015.06.21 教授 博士
 1   丁一 男 2015.09.01 职工 高中
19 杜十九 男 2016.09.01 顾问 本科
 7   顾七 男 2015.09.01 顾问 硕士
 2   华二 男 2015.09.01 职工 高中
 8   金八 男 2015.09.01 经理 本科
 4   李四 男 2015.09.01 职工 高中
17 潘十七 男 2015.09.01 职工 本科
18 沈十八 男 2015.09.01 董事 硕士
 5   王五 男 2015.09.01 职工 本科
 9   吴九 男 2015.09.01 董事 博士
 3   张三 男 2015.09.01 经理 本科
 6   赵六 男 2015.09.01 经理 本科
```

图 12-15　员工信息显示结果

```
请输入1~8：7
请输入8位密码：12345678
权限提升，可查询更多
```

图 12-16　输入密码提升权限界面

权限提升后，若再输入一次 6，则员工的所有信息将全部显示，如图 12-17 所示。

```
25  carol 女 2015.06.21 教授 博士 1979.06.30 学正街18号 13516478954
 1   丁一 男 2015.09.01 职工 高中 1991.03.05   滨江公寓 1360XXXX333
19 杜十九 男 2016.09.01 顾问 本科 2000.03.05   钱塘公园 1360XXXX233
 7   顾七 男 2015.09.01 顾问 硕士 1997.03.05   萧山公寓 1366XXXX333
 2   华二 男 2015.09.01 职工 高中 1992.03.05   江干公寓 1361XXXX333
 8   金八 男 2015.09.01 经理 本科 1998.03.05   余杭公寓 1367XXXX333
 4   李四 男 2015.09.01 职工 高中 1994.03.05   下城公寓 1363XXXX333
17 潘十七 男 2015.09.01 职工 本科 1998.06.01   七号大街 1509XXXX333
18 沈十八 男 2015.09.01 董事 硕士 1999.03.05   福延公寓 1370XXXX333
 5   王五 男 2015.09.01 职工 本科 1995.03.05   西湖公寓 1364XXXX333
 9   吴九 男 2015.09.01 董事 博士 1999.03.05   六号大街 1368XXXX333
 3   张三 男 2015.09.01 经理 本科 1993.03.05   上城公寓 1362XXXX333
 6   赵六 男 2015.09.01 经理 本科 1996.03.05   拱墅公寓 1365XXXX333
```

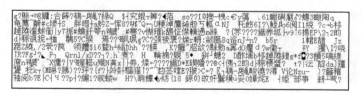

图 12-17　提升权限后的员工信息显示结果

由于经过 DES 加密，如果直接打开存储员工的数据库文件，将看不到任何有用的信息，如图 12-18 所示。

图 12-18　加密后的员工数据库

由于篇幅有限，此处不再赘述程序的一些其他功能测试。

12.4　综合实训设计中的分析与讨论

1. 大型程序的组织

前面见到的一些程序规模都不大，所以通常将所有代码都放在一个文件中。但是如果具备了一定的规模后，还是将所有代码放在一个文件中，将导致该源文件过大而不易于理解，难于修改和维护。为了有效地组织大型程序，使程序易于理解、层次分明，通常通过多文件、多文件夹的方式来组织程序。在 C 语言中，扩展名为 .c 或 .cpp 的文件表示源文件。所有可执行 C 语言语句都应该存放在扩展名为 .c 或 .cpp 的源文件中，为了程序组织结构的合理性，通常将实现同一个逻辑功能的代码放入同一个源文件。每个源文件可以单独编译形成目标文件（扩展名为 .o），在经过链接程序将多个目标文件链接成可执行程序（扩展名为 .exe）。多个源文件，通过扩展名为 *.h 的文件进行交互。扩展名为 *.h 的文件称为头文件，通常在 *.h 文件里声明外部其他模块或源文件可能用到的数据类型、全局类型定义、宏定义和常量定义。需要使用这些对象的其他文件或模块时，只需要包含该头文件，使用上与自己定义的没有区别。基于头文件主要起开放接口的作用，为了使软件在修改时，一个模块的修改不会影响到其他模块，所以修改头文件需要非常注意，修改某个头文件不能导致使用这个头文件的其他模块需要重新编写。

2. 项目文件组织和划分原则

项目文件组织和划分的合理性对于一个大型项目的成功实施至关重要，而且对于后期程序的维护和升级也有着较大的影响。Linux 是一个源码开放的操作系统，其源代码的组织结构非常优秀，值得读者借鉴。我们根据 C 语言的特点，并借鉴一些成熟软件项目代码，给出了以下 C 项目中代码文件组织的基本建议：

1）将整个项目按 "top-down" 的方式，进行模块的层次划分，最终形成树形模块层次结构。进行模块划分时，应该力求模块内有较紧的耦合性，模块间有较松的耦合性。

2）每个模块的文件最好保存在独立的一个文件夹中。通常情况下，实现一个模块的文件不止一个，这些相关的文件应该保存在一个文件夹中，文件夹命名时能体现该模块的功能或特点。

3）模块调用关系应该尽量局部化。使用层次化和模块化的软件开发模型。每个模块只能使用所在层和下一层模块提供的接口，从而保证了调用关系的局部化。

4）条件编译的组织。很多情况下可能需要条件编译，比如为了提供功能可定制服务、为了项目具有较好的平台移植性等。一般用于模块裁减的条件编译宏保存在一个独立的文件里，便于软件裁减。

5）硬件相关代码和操作系统相关代码与纯 C 代码相对独立保存，以便于软件移植。

6）声明和定义分开，使用头文件开放模块需要提供给外部的函数、宏、类型、常量、全局变量，尽量做到模块对外部透明，用户在使用模块功能时不需要了解具体的实现就能直接使用。头文件一旦发布，修改一定要很慎重，不能影响其他使用了该头文件的模块。文件夹和文件命名要能够反映出模块的功能。

7）在 C 语言里，每个 C 文件就是一个模块，头文件为使用这个模块的用户提供接口，用户只要包含相应的头文件就可以使用在这个头文件开放的接口。

3. 头文件书写规则

所有头文件的书写都建议参考以下的规则：

1）头文件中不能有可执行代码，也不能有数据的定义，只能有宏、类型（typedef, struct, union, menu），数据和函数的声明。例如以下的代码可以包含在头文件里：

```
#define PI    3.1415926
typedef    char*  string;
enum{
    red=1,
    green=2,
    blue=3
};
typedef    struct{
    int    uid;
    char   name[10];
    char   sex;
    int    score
} student;
extern   add(int x, int y);
```

```
extern    int    name;
```

2）全局变量和函数的定义不能出现在头文件里。例如下面的代码不能包含在头文件：

```
char    name[10];
int     add(int x, int y)
{
    return x + y;
}
```

3）只在模块内使用的函数及变量，不要用 extern 在头文件里声明；只有模块自己使用的宏、常量及类型，也不要在头文件里声明，应该只在相应的源文件里声明。事实上，为了避免名字"污染"，对于只在模块内使用的函数、变量，应该在其定义前加上关键字 static，以限定其作用域。

4）防止头文件被重复包含。使用下面的宏可以防止一个头文件被重复包含。

```
#ifndef    MY_INCLUDE_H
#define    MY_INCLUDE_H
```

< 头文件内容 >

```
#endif
```

因此，所有头文件都应该采用上述写法，读者也可以参照 VC 自己生成的头文件的写法：

```
#if !defined(AFX_MAINFRM_H__171DE35B_CAD6_40A5_8A48_1B5BB35BD1E2__INCLUDED_)
#define AFX_MAINFRM_H__171DE35B_CAD6_40A5_8A48_1B5BB35BD1E2 __INCLUDED_
```

< 头文件内容 >

```
#endif
```

其中，AFX_MAINFRM_H__171DE35B_CAD6_40A5_8A48_1B5BB35BD1E2__INCLU-DED_ 是 VC 通过 GUIDGEN.EXE 工具产生的全球唯一的标识符，其目的就是为了避免头文件重复包含，因此在书写头文件时，我们也可以借助 GUIDGEN.EXE 产生一个全球唯一的标识符。

5）保证在使用这个头文件时，用户不用再包含使用此头文件的其他前提头文件（当然，如果头文件书写时采用了避免重复包含的技术，这也不会出错），即要使用的头文件已经包含在此头文件里。例如，area.h 头文件包含了面积相关的操作，要使用这个头文件，不需同时包含关于点操作的头文件 piont.h。用户在使用 area.h 时不需要手动包含 piont.h，因为我们已经在 area.h 中用 "#include "point.h"" 语句包含了这个头文件。

第 13 章　初涉 ACM/ICPC

13.1　ACM/ICPC 概述

　　ACM/ICPC（ACM International Collegiate Programming Contest）是由美国计算机协会（Association for Computing Machinery，ACM）组织的国际大学生程序设计竞赛的简称，该项竞赛从 1970 年开始举办，是世界上公认的规模最大、水平最高的国际大学生程序设计竞赛，旨在使大学生运用计算机来充分展示自己分析问题和解决问题的能力。在过去十几年中，世界著名信息企业 APPLE、AT&T、MICROSOFT 和 IBM 都曾担任过竞赛的赞助商。ACM 国际大学生程序设计竞赛是参赛选手展示计算机才华的广阔舞台，是著名大学计算机教育成果的直接体现，是信息企业与世界顶尖计算机人才对话的最好机会。

　　ACM 程序设计竞赛规定，每支队伍最多由 3 名参赛队员组成，每支队伍中至少有两名参赛队员必须是未取得学士学位或同等学力的学生，取得学士学位超过两年或进行研究生学习超过两年的学生不符合参赛队员的资格，任何参加过两次决赛的学生不得参加地区预赛或者世界决赛。

　　竞赛中至少命题 6 题，至多命题 10 题，比赛时间为 5 个小时，参赛队员可以携带诸如书、手册、程序清单等参考资料，试题解答后提交系统运行，每一次运行会被判为正确或者错误，判决结果会及时通知参赛队伍，正确解答中等数量及中等数量以上试题的队伍会根据解题数目进行排名，解题数在中等数量以下的队伍会得到确认但不会进行排名。在决定获奖和参加世界决赛的队伍时，如果多支队伍解题数量相同，则根据总用时加上惩罚时间进行排名，总用时和惩罚时间由每道解答正确的试题的用时加上惩罚时间而成。每道试题用时将从竞赛开始到试题解答被判定为正确为止，期间每一次错误的运行将被加罚 20 分钟时间，未正确解答的试题不计时，地区预赛可以使用的语言包括 C/C++ 和 Java，每支队伍使用一台计算机，所有队伍使用计算机的规格配置完全相同。

　　与其他编程竞赛相比，ACM/ICPC 题目难度更大，更强调算法的高效性，也就是说，不仅要解决一个指定的命题，而且必须以最佳的方式解决指定的命题。它涉及知识面广，与大学计算机系本科以及研究生如程序设计、离散数学、数据结构、人工智能、算法分析与设计等相关课程直接关联，对数学要求更高，由于采用英文命题，对英语要求高，ACM/ICPC 采用 3 人合作的模式（共用一台计算机），所以它更强调团队协作精神；由于许多题目并无现成的算法，需要具备创新的精神，ACM/ICPC 不仅强调学科的基础，更强调全面素质和能力的培养。ACM/ICPC 是一种全封闭式的竞赛，能对学生能力进行实时的、全面的考察，其成绩的真实性更强，所以目前已成为内地高校的一个热点，是培养全面发展优秀人才的一项重要活动。概括来说就是：强调算法的高效性、知识面要广、对数学和英语要求较高、团队协作和创新精神。

　　程序设计竞赛中常见的算法包括：

　　（1）搜索　深度优先搜索（DFS）和广度优先搜索（BFS）是用得较多的、做题时优先考虑的算法。BFS：把前面的信息存储，把所有信息计算并保存，这样不用重复计算前面的信息。BFS 是一层一层搜索，搜索完一层再搜索下一层（常用来从前向后推）；DFS 是一直向下搜，直至到底才返回（常用递归来实现）。

（2）递推公式　组合数学上讲得比较多。关系递推、欧拉公式、母函数等都会有所涉及，尤其是从现有的已知条件中如何获取递推公式，找到层与层之间的关系是解题的关键。这需要对这种题的原型有较多的研究，对这部分的概念有较深的理解。

（3）排列组合、数论及数字游戏等　对数学的知识要求比较高，不过纯粹数学的题近年来出现得不多。

（4）动态规划＝分析＋前面的结果　和递推有点类似。

（5）图论　数据结构和离散数学上都有涉及，竞赛中涉及的有最短路径问题、最小生成树、Euler 图、二分图（实际模型很多，比较难看出来，用得较多）。

（6）模拟题　考的是基本功。要求学生编程速度快、基本功扎实、读题时要认真仔细、肯花时间。

下面通过具体示例的分析和解决来介绍上述相关算法，使读者对其有个初步的了解。

13.2　迷宫问题与深度优先搜索

13.2.1　问题描述

老鼠走迷宫是递归求解的基本题型，如图 13-1 所示，我们在二维阵列中用 2 表示迷宫墙壁，用 1 来表示老鼠的行走路径，老鼠在迷宫中只能横着走或竖着走，不能斜着走，试以程序求出由入口（1，1）至出口（5，5）的路径。（相似题目：http://acm.zjgsu.edu.cn/problems/3499）

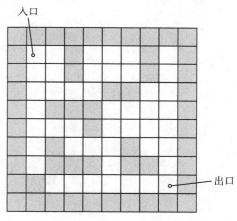

图 13-1　迷宫问题

13.2.2　问题分析与求解

假设所求的路径为"当前路径"，"当前位置"指的是"在搜索过程中某一时刻所在图中某个方块位置"。在"当前位置"上下左右 4 个方向中，如果有一个是通道并且未曾抵达（下一位置），则称该位置"可通"；否则，称该位置"不可通"。求迷宫中一条路径的算法的基本思想是：若当前位置"可通"，则纳入"当前路径"，并朝下一个可通位置继续探索；若当前位置"不可通"，则沿原路退回，并朝其他可通方向继续探索；若该可通通道的 4 个方向均不能到达出口，则应从"当前路径"上删除该通道。重复上面的操作，直至找到出口，按照这种想法的思路写出的伪代码如下：

```
int visit(int i, int j) {
    置迷宫 [i][j] 已被访问；
    如果该点为迷宫终点
        则访问成功；

    if( 未找到终点 && 迷宫 [i][j+1] 未被访问 ) 访问迷宫 (i, j+1);
    if( 未找到终点 && 迷宫 [i+1][j] 未被访问 ) 访问迷宫 (i+1, j);
    if( 未找到终点 && 迷宫 [i][j-1] 未被访问 ) 访问迷宫 (i, j-1);
```

```
    if( 未找到终点 && 迷宫 [i-1] [j] 未被访问 ) 访问迷宫 (i-1, j);
    若上述方向均访问失败
        置迷宫 [i] [j] 未被访问 ;
}
```

按照伪代码的思路，在迷宫中，老鼠每次先判断当前位置是否是迷宫的终点，若是迷宫的终点，则访问成功；反之，则继续判断该位置的 4 个方向是否可达，并对可以访问的相邻位置进行访问。若当前位置的相邻点均无法访问，则重新置当前位置未被访问，并且回溯到上一位置。程序如下：

```c
#include <stdio.h>
#include <stdlib.h>
int visit(int, int);
int maze[7][7] = {{2, 2, 2, 2, 2, 2, 2},
            {2, 0, 0, 0, 0, 0, 2},
            {2, 0, 2, 0, 2, 0, 2},
            {2, 0, 0, 2, 0, 2, 2},
            {2, 2, 0, 2, 0, 2, 2},
            {2, 0, 0, 0, 0, 0, 2},
            {2, 2, 2, 2, 2, 2, 2}};
int startI = 1, startJ = 1;              // 入口
int endI = 5, endJ = 5;                  // 出口
int success = 0;
int main(void) {
    int i, j;
    printf(" 显示迷宫: \n");
    for(i = 0; i < 7; i++) {
        for(j = 0; j < 7; j++)
            if(maze[i][j] == 2)
                printf(" ■ ");
            else
                printf(" ■ ");
        printf( " \n" );                 // 打印迷宫
    if(visit(startI, startJ) == 0)
        printf("\n 没有找到出口！ \n");
    else {
        printf("\n 显示路径: \n");
        for(i = 0; i < 7; i++) {
            for(j = 0; j < 7; j++) {
                if(maze[i][j] == 2)
                    printf(" ■ ");
                else if(maze[i][j] == 1)
                    printf(" ◇ ");
                else
                    printf("  ");        // 打印路径
            }
        }
        printf("\n");
    }
    return 0;
}

int visit(int i, int j) {
    maze[i][j] = 1;
    if(i == endI && j == endJ)
        success = 1;
    if(success != 1 && maze[i][j+1] == 0) visit(i, j+1);
    if(success != 1 && maze[i+1][j] == 0) visit(i+1, j);
    if(success != 1 && maze[i][j-1] == 0) visit(i, j-1);
```

```
    if(success != 1 && maze[i-1][j] == 0) visit(i-1, j);
    if(success != 1)
        maze[i][j] = 0;
    return success;
}
```

13.2.3 问题小结

在迷宫问题的分析与求解过程中，我们通常可以采用深度优先搜索加回溯或者广度优先搜索两种策略去求解。上述代码则是采用了深度优先搜索对迷宫问题进行求解，它的优点是无须像广度优先搜索那样记录前驱结点，但它找到的第一条可行路径不一定是最短路径。如果需要找到最短路径。那么需要找出所有可行路径后，再逐一比较，求出最短路径。相对应的，广度优先搜索可以确保找出的第一条路径就是最短路径，但在实现上稍微复杂，需要记录结点的前驱结点，来形成路径。有兴趣的读者可以阅读广度优先搜索相关的资料。

13.3 斐波那契数列

13.3.1 问题描述

斐波那契（1170—1250 年）是欧洲著名的数学家。他曾在自己的著作中提到：若有一只兔子每个月生 1 只小兔子，一个月后小兔子也开始生产。起初只有 1 只兔子，一个月后就有两只兔子，两个月后有 3 只兔子，3 个月后有 5 只兔子（新出生的小兔子经过一个月发育成熟后，则开始生产）……假设生下的所有兔子都能成活，且所有兔子都不会因年龄大而老死，请问每个月的兔子总数为多少？

相似题目：http://acm.zjgsu.edu.cn/problems/3499。

13.3.2 问题分析与求解

如果不太理解这个例子，请读者参考图 13-2。

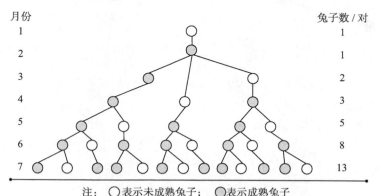

注：○表示未成熟兔子； ●表示成熟兔子

图 13-2 兔子繁殖数量

注意：新出生的小兔子需一个月成长期才能开始生产，我们可以发现每月兔子总数有如下规律：1、1、2、3、5、8、13、21、34、55、89…

此数列的规律是第 1、2 项都是 1，从第 3 项开始，都是其前两项之和，并且有固定循环次数，因此可以用 for 循环实现。这里还用到了迭代算法，迭代算法的基本思想是：不断地用新值取代变量的旧值，或由旧值递推出变量的新值。由此，我们可以推导出每个月兔子的数量为原来已有的兔子总数加上新出生的兔子总数，其通项公式为：

$$F(n) = \begin{cases} 0, & \text{当 } n = 0 \\ 1, & \text{当 } n = 1 \\ F(n-1) + F(n-2), & \text{当 } n > 1 \end{cases}$$

程序如下：

```c
#include <stdio.h>
#include <stdlib.h>
#define N 20
int main(void) {
    int Fib[N] = {0};
    int i;
    Fib[0] = 0;
    Fib[1] = 1;
    for(i = 2; i < N; i++)
        Fib[i] = Fib[i-1] + Fib[i-2];
    for(i = 0; i < N; i++)
        printf("%d", Fib[i]);
    printf("\n");
    return 0;
}
```

13.3.3 问题小结

斐波那契数列是编程书中讲递归必提的，因为它是按照递归定义的，但同时它也有很多种求解方法，所以我们首先从递归讲起。

1. 递归求解

```c
int Fib(int n) {return n < 2 ? 1 : (Fib(n-1) + Fib(n-2));}
```

这是编程最方便的解法，当然也是效率最低的解法，因为会出现大量的重复计算。为了避免这种情况，可以采用递推的方式。

2. 递推求解

```c
int Fib[1000]; Fib[0] = 0;Fib[1] = 1; for(int i = 2;i < 1000;i++) Fib[i] =
Fib[i-1] + Fib[i-2];
```

递推的方法可以在 $O(n)$ 的时间内求出 Fib(n) 的值。但是这还是不够好，因为当 n 很大时这个算法还是无能为力的。

接下来就要来讲一个有意思的东西：矩阵。

3. 矩阵递推关系

学过代数的人可以看出，式（13-1）是成立的：

$$\begin{bmatrix} Fib(n+1) \\ Fib(n) \end{bmatrix} = \begin{bmatrix} 1 & 1 \\ 1 & 0 \end{bmatrix} \begin{bmatrix} Fib(n) \\ Fib(n-1) \end{bmatrix} \tag{13-1}$$

不停地利用这个式子迭代右边的列向量，能得到式（13-2）：

$$\begin{bmatrix} Fib(n+1) \\ Fib(n) \end{bmatrix} = \begin{bmatrix} 1 & 1 \\ 1 & 0 \end{bmatrix}^n \begin{bmatrix} Fib(0) \\ Fib(1) \end{bmatrix} \tag{13-2}$$

这样问题就转化为如何计算这个矩阵的 n 次方了——可以采用快速幂的方法。快速幂是利用结合律快速计算幂次的方法。比如要计算 2^{20}，已知 $2^{20} = 2^{16} * 2^4$，而 2^2 可以通过 $2^1 * 2^1$

来计算，而 2^4 可以通过 $2^2 * 2^2$ 计算，以此类推。通过这种方法，可以在 O（lbn）的时间里计算出一个数的 n 次幂。程序如下：

```
int Qpow(int a,int n)
{
    int ans = 1;
    while(n)
    {
        if(n&1) ans*= a;
        a *= a;
        n >>= 1;
    }
    return ans;
}
```

上述代码是计算数 a 的 n 次幂，如果要求矩阵的 n 次幂，只要将上述代码中的整型变量 a 变成矩阵，数的乘法变成矩阵乘法，就能得到矩阵的快速幂算法。

4.通项公式

无论如何，对于一个数列，我们都是希望可以建立 F(n) 与 n 的关系，也就是通项公式，而用不同方法去求解通项公式也是很有意思的。其中包括构造等比数列、线性代数解法、特征方程解法和母函数法，具体解法读者可阅读相关资料。

13.4   8 枚银币

13.4.1   问题描述

现有 8 枚银币（a、b、c、d、e、f、g、h），已知其中 1 枚是假币，其质量不同于真币，但不知是较轻或较重，如何使用天平以最少的比较次数确定出哪枚是假币，并得知假币比真币轻或是重？

13.4.2   问题分析与求解

单求假币的问题并不难，但问题限制使用最少的比较次数，所以不能以单纯的循环比较来求解。为了获得最少的比较次数，可以考虑采用决策树（decision tree），使用分析与树状图来协助求解。

决策树构建的基本步骤如下：

1）开始将所有记录看作一个节点。

2）遍历每个变量的每一种分割方式，找到最好的分割点。

3）分割成两个节点 N1 和 N2。

4）对 N1 和 N2 分别继续执行第 2～3 步，直到每个节点足够"纯"为止。

具体到本示例的 8 枚银币问题，建立决策树（见图 13-3）时，可以得出如下几种情况：

情况一：首先比较 a+b+c 与 d+e+f，如果相等，则假币必是 g 或 h，再比较 g 或 h 哪个较重。

1）如果 g 较重，再与 a 比较（a 是真币）。如果 g 等于 a，则 g 为真币，h 为假币。由于 h 比 g 轻而 g 是真币，则假币的质量比真币轻。

2）如果 g 较重，再与 a 比较。如果 g 大于 a，则 g 为假币且假币的质量比真币重。

3）如果 h 较重，再与 a 比较。如果 h 等于 a，则 h 为真币，则 g 为假币。由于 h 比 g 重而 h 是真币，则假币的质量比真币轻。

4）如果 h 较重，再与 a 比较。如果 h 大于 a，则 g 为真币，则 h 为假币。由于 h 比 g 重而 g 是真币，则假币的质量比真币重。

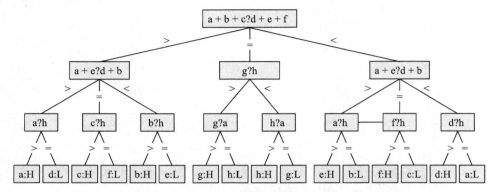

图 13-3   8 枚硬币问题的决策树

情况二：首先比较 a+b+c 与 d+e+f，如果 a+b+c 大于 d+e+f，则说明这两组中有一组包含一枚假币，但不确定是在左侧还是在右侧。

1）先比较 a+e 或 b+d 哪个较重。如果 a+e 较重，再令 a 与 h（h 是真币）比较，如果 a 大于 h，则 a 为假币且比真币重；反之，如果 a 等于 h，则 d 为假币且比真币轻。

2）如果 a+e 等于 b+d，再比较 c 和 h。如果 c 大于 h，则 c 是假币且比真币重；若 b 等于 h，则 f 是假币且比真币轻。

3）如果 a+e 小于 b+d，再比较 b 和 h。如果 b 大于 h，则 b 是假币且比真币重；如果 b 等于 h，则 e 是假币且比真币轻。

情况三：分析方法与情况二相似，由于篇幅的限制，这里就不再展开。

具体代码如下：

```
#include <stdio.h>
#include <stdlib.h>
#include <time.h>
void compare(int[], int, int, int);
void eightcoins(int[]);
int main(void) {
    int coins[8] = {0};
    int i;
    srand(time(NULL));
    for(i = 0; i < 8; i++)
        coins[i] = 10;
    printf("\n 输入假币的质量（比 10 大或小）: ");
    scanf("%d", &i);
    coins[rand() % 8] = i;
    eightcoins(coins);
    printf("\n\n 列出所有钱币的质量: ");
    for(i = 0; i < 8; i++)
        printf("%d", coins[i]);
    printf("\n");
    return 0;
}
void compare(int coins[], int i, int j, int k) {
    if(coins[i] > coins[k])
        printf("\n 假币 %d 较重 ", i+1);
    else
```

```
        printf("\n假币 %d 较轻 ", j+1);
    }
void eightcoins(int coins[])
{
    if(coins[0] + coins[1] + coins[2] == coins[3] + coins[4] + coins[5])
    {
        if(coins[6] > coins[7])
            compare(coins, 6, 7, 0);
        else
            compare(coins, 7, 6, 0);
    }
    else if(coins[0] + coins[1] + coins[2] > coins[3] + coins[4] + coins[5])
    {
        if(coins[0] + coins[3] == coins[1] + coins[4])
            compare(coins, 2, 5, 0);
        else if(coins[0] + coins[3] > coins[1] + coins[4])
            compare(coins, 0, 4, 1);
        if(coins[0] + coins[3] < coins[1] + coins[4])
            compare(coins, 1, 3, 0);
    }
    else if(coins[0] + coins[1] + coins[2] < coins[3] + coins[4] + coins[5])
    {
        if(coins[0] + coins[3] == coins[1] + coins[4])
            compare(coins, 5, 2, 0);
        else if(coins[0] + coins[3] > coins[1] + coins[4])
            compare(coins, 3, 1, 0);
        if(coins[0] + coins[3] < coins[1] + coins[4])
            compare(coins, 4, 0, 1);
    }
}
```

13.4.3 问题小结

决策树过渡拟合往往是因为太过"茂盛"，即节点过多，所以需要裁剪（prune tree）枝叶。裁剪枝叶的策略对决策树正确率的影响很大。通常有以下两种裁剪策略：

1）前置裁剪。在构建决策树的过程时，提前停止。这种方法由于将切分节点的条件设置得很苛刻，导致决策树很短小，因此容易导致决策树无法达到最优。实践证明这种策略无法得到较好的结果。

2）后置裁剪。决策树构建好后，然后才开始裁剪。通常采用两种方法：①用单一叶节点代替整个子树，叶节点的分类采用子树中最主要的分类；②以一个子树完全替代另外一颗子树。后置裁剪有个问题就是计算效率，有些节点计算后就被裁剪了，导致计算浪费。

13.5 筛选求质数

13.5.1 问题描述

除了自身之外，无法被其他整数整除的数称为质数。对于相应的问题，求解质数往往不难，但如何快速地求出质数一直是程序设计人员与数学家努力解决的课题。下面介绍一个著名的 Eratosthenes 求解质数方法。

13.5.2 问题分析与求解

首先知道这个问题可以使用循环来求解，将一个指定的数除以所有小于它的数，若可以整除就不是质数，但是如何减少循环的检查次数？如何求出小于 N 的所有质数？

首先假设要检查的数是 N，则事实上只要检查至 N 的开根号就可以了，道理很简单，假设 A*B = N，如果 A 大于 N 的开根号，则事实上在检查过程中检查到 B 这个数时（显然 B 小于 A）便已经发现 N 可以整除 B。不过在此过程中使用开根号会涉及精确度的问题，所以可以使用"i*i<= N"进行检查，且执行更快。

又如，假设有一个筛子存放 1 ～ N，例如，[2 3 4 5 6 7 8 9 10 11 12 13 14 15 16 17 18 19 20 21...N]，先将 2 的倍数筛去：[2 3 5 7 9 11 13 15 17 19 21...N]，再将 3 的倍数筛去：[2 3 5 7 11 13 17 19...N]，再来将 5 的倍数筛去，再来将 7 的质数筛去，再来将 11 的倍数筛去……这样进行到最后留下的数就都是质数，这就是 Eratosthenes 筛选方法，程序如下：

```c
#include <stdio.h>
#include <stdlib.h>
#define N 1000
int main(void) {
    int i, j;
    int prime[N + 1];

    for(i = 2; i <= N; i++)
        prime[i] = 1;
    for(i = 2; i*i <= N; i++) {    // 这边可以改进
        if(prime[i] == 1) {
            for(j = 2*i; j <= N; j++) {
                if(j % i == 0)
                    prime[j] = 0;
            }
        }
    }
    for(i = 2; i < N; i++) {
        if(prime[i] == 1) {
            printf("%4d", i);
            if(i % 16 == 0)
                printf("\n");
        }
    }
    printf("\n");
    return 0;
}
```

检查的次数还可以再减少，事实上，只要检查 6n+1 与 6n+5 就可以了，即直接跳过 2 与 3 的倍数，使得过程中的 if 的检查动作可以减少。

13.5.3　问题小结

Eratosthenes 筛选法虽然效率高，但做了许多"无用功"，因为一个数会被筛选到好几次。Eratosthenes 筛选法最后的时间复杂度是 O(nloglogn)，这对于普通素数算法而言已经非常高效了。

但与之对应的，欧拉筛选法的时间复杂度仅仅为 O(n)，其思想就是不做"无用功"。Eratosthenes 筛法的第一重循环是用来找素数，然后对素数的倍数加以标记；而欧拉筛法换了一个角度，第一位是找素数没有问题，但标记时用的是所有数。当数据较小时，欧拉筛选法不如 Eratosthenes 筛选法快；但当数据变大后，欧拉筛选法明显快于 Eratosthenes 筛选法。具体解法读者可阅读相关资料。

13.6 超长整数运算（大数运算）

13.6.1 问题描述

如前所述，C 语言中的每种数据类型所能表示的数据大小均有一个范围。比如在 Visual C++ 6.0 中，有符号长整型数据的表达范围为：−2147483648 ～ 2147483647。作为一个结果，类似于 123456789123456789 这样的长整数不可能储存在 long 型变量中，我们将这类数据称为超长整数或大数，将这类数据的四则运算称为超长整数运算或大数运算。

13.6.2 问题分析与求解

一个整型变量无法表示超长整数，为此可以以变通的方法用多个同类型变量进行表示，当然使用矩阵可能最为方便。假设程序语言的变量最大可以储存至 65 535 的数，为了计算方便及符合使用十进位制的习惯，我们人为规定每一个矩阵元素可以存储 1 个四位数，该四位数的表示范围是 0 ～ 9999，例如图 13-4 所示的超长整数分割。

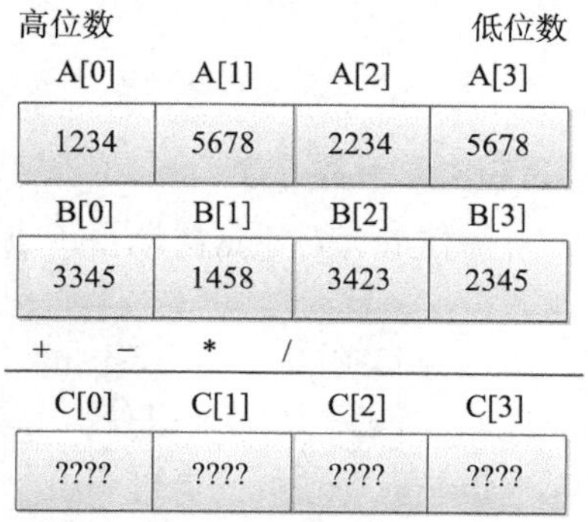

由于使用矩阵来存储数值，而不是直接通过数据类型进行四则运算，因此在运算时的加、减、乘、除等四则运算、位数的进位或借位就必须自行定义。跟普通的整数四则运算一样，加、减、乘都是由低位数开始运算，除法则是由高位数开始运算，下面直接给出了加、减、乘、除运算的函数实现，以供读者参考。程序中用到的 N 为矩阵长度，可以自己根据实际应用的需要通过 #define 进行定义。

高位数			低位数
A[0]	A[1]	A[2]	A[3]
1234	5678	2234	5678
B[0]	B[1]	B[2]	B[3]
3345	1458	3423	2345
+	−	*	/
C[0]	C[1]	C[2]	C[3]
????	????	????	????

图 13-4　超长整数分割

```c
void add(int *a, int *b, int *c) {
    int i, carry = 0;
    for(i = N - 1; i >= 0; i--) {
        c[i] = a[i] + b[i] + carry;
        if(c[i] < 10000)
            carry = 0;
        else {                          // 进位
            c[i] = c[i] - 10000;
            carry = 1;
        }
    }
}

void sub(int *a, int *b, int *c) {
    int i, borrow = 0;
    for(i = N - 1; i >= 0; i--) {
        c[i] = a[i] - b[i] - borrow;
        if(c[i] >= 0)
            borrow = 0;
        else {                          // 借位
            c[i] = c[i] + 10000;
            borrow = 1;
        }
    }
}

void mul(int *a, int b, int *c) {        // b 为乘数
    int i, tmp, carry = 0;
    for(i = N - 1; i >=0; i--) {
```

```
        tmp = a[i] * b + carry;
        c[i] = tmp % 10000;
        carry = tmp / 10000;
    }
}

void div(int *a, int b, int *c) {          // b 为除数
    int i, tmp, remain = 0;
    for(i = 0; i < N; i++) {
        tmp = a[i] + remain;
        c[i] = tmp / b;
        remain = (tmp % b) * 10000;
    }
}
```

13.6.3　问题小结

同样的，对于这类题目，也可以采用字符串型来处理计算。以加法为例，具体处理步骤如下：

1）用字符串型来处理加数和被加数。

2）考虑是否需要进位。基本思路是：先找出最短字符，再从最后一个字符开始，慢慢往前相加，加到最短字符的第一个字符，并判断进位标志，之后长字符的其他部分不变。

3）根据第 2 步中的要求，假设加数是最长字符，将结果直接保存在加数中。反过来，如果输入数字中加数更短，则可以采用子函数 swap() 将两个变量调换位置，将该问题转换为前面描述的问题。

4）对于进位的处理，如果有进位，则设置一个进位标志 flag 将相加的结果 %10，从而求出需要加的值。

13.7　经典 01 背包问题与动态规划算法

13.7.1　问题描述

窃贼在偷窃时发现了 n 件物品，每件物品都具有一定的价值和质量，因为背包的容量有限，并且物品不能被分割成小的部分，因此希望得出他能带走哪几样物品才会使得带走的物品总价值最高。假设第 i 件物品价值为 v_i，质量为 w_i（$1 \leqslant i \leqslant n$）。而窃贼的背包限重已知为 $W_{总}$，且它们都为正整数。试求窃贼最后所能带走的物品的最大价值。

13.7.2　问题分析与求解

由于物品不能被分割，因此每件物品只有拿走（用“1”表示）或不拿走（用“0”表示）两种状态，根据题意建立数学模型：

1）$1 \leqslant i \leqslant n$。

2）x[i]：第 i 件物品的状态（$0 \leqslant x[i] \leqslant 1$）。

3）v[i]：第 i 件物品的价值。

4）w[i]：第 i 件物品的重量。

5）$W = x[1] \times w[1] + x[2] \times w[2] \cdots + x[n] \times w[n]$（$W \leqslant W_{总}$）。

6）$V = x[1] \times v[1] + x[2] \times v[2] \cdots x[n] \times v[n]$。

求 V 的最大值 V_{max}。

由模型中可知，x[i] 有 0 和 1 两种情况，仅凭这个条件进行枚举，理论上限为 2^n。当 n

比较大时效率非常低，因此需要结合其他条件减少枚举量。

　　在这 2^n 次的枚举中不仅包括了最大值，还包括最小值等许多数据。但问题只要求计算最大值，因此可以大大地减少枚举量。考虑以下这种情况：如果某件物品若不拿走，那么问题会变成从剩余 n-1 件物品取得价值最大的，且背包剩余容量 $W'_{总} = W_{总}$；假若物品要被带走，那么背包剩余容量为 $W'_{总} = W_{总} - W[i]$（假设带走第 i 件）。这样一来，问题就转换成原问题的子问题，该子问题与原问题如出一辙，如果原问题所获得的解是最优的，那么其子问题获得的解也应当是最优的（价值最大），也就是说，原问题的最优解包含子问题的最优解，这种性质被称为最优子结构性质。

　　由前面的分析可知，0、1 背包问题具有最优子结构性质。可以通过反证法或者归纳法来证明，限于篇幅，这里不给出证明过程。下面给出最优子结构：

　　若（x_1, x_2, $\cdots$, x_{n-1}, x_n）是原问题的一个最优解，那么（x_1, x_2, $\cdots$, x_{n-2}, x_{n-1}）一定是其子问题 n-1 个物品，限重 $W_{总} - W_n * x_n$ 的一个最优解。

　　根据最优子结构，可以得出问题的一个递归解。假设 f[i][c] 表示背包容量为 c 时前 i 个物品能获得的最大价值，则

$$f[i][c]=\begin{cases} f[i-1][c], & c<w[i] \\ \max(f[i-1][c], f[i-1][c-w[i]]+v[i]), & c\geqslant w[i] \end{cases}$$

　　上述表达式成立。在考虑第 i 个物品时：

　　1）如果背包容量比物品 i 的质量还小，那么物品 i 肯定不能被拿走，所以价值 V 等于背包容量为 c 时前 i-1 个物品所能获得的最大价值。

　　2）否则，就考虑以下两种情况：

　　① 不拿走物品 i 时，价值 V1 等于背包容量为 c 时前 i-1 个物品所能获得的最大价值。

　　② 拿走物品 i 时，价值 V2 等于背包容量为 c-w[i] 时前 i-1 个物品所能获得的最大价值。

　　其中，V1、V2 中的较大值就是所求的价值 V。

　　该表达式确定了子问题的情况以及所需要的子问题的最优解，基于此表达式，物品个数以及限重的大小所构成的子问题是需要先被求解的。这里采用自底向上的方法来求解此问题，最小的子问题是只有一个物品，且在限重确定的情况下，即

$$f[1][c]=\begin{cases} 0, & c<w[1] \\ v[1], & c\geqslant w[1] \end{cases}$$

　　子问题的最优解要先于原问题求解，为了记录子问题的解，需要使用一种方法来记录这些值，在递归过程中，我们会重复求解相同问题（重叠子问题：重叠子问题是指如果在一个问题的两个子问题拥有同样的子子问题，那么求解这两个子问题时，可能同样的子子问题会被求解两次），通过记录这些子问题的解，可以防止求解相同的子问题，我们采用数组的方式来记录子问题的解，解决此问题的 C 关键代码如下：

```c
int getMaxValue(int n,int maxW)
{
    int i,c;
    //f 被定义为二维数组，并全部初始化为 0
    memset(f,0,sizeof(f));
    for(i = 1 ;i <= n; i++)
        for(c = 0; c <= maxW; c++)
```

```
    {
        f[i][c] = f[i-1][c];
        if(c >= w[i])
            f[i][c] = max(f[i][c],f[i-1][c-w[i]] + v[i]);
    }
    return f[n][maxW];
}
```

　　自底向上的方法就是先求解子问题的解，然后通过子问题的解根据递归公式来构造大问题的解。在求解过程中，我们将子问题的解记录下来，使得求解过的子问题不再被重复求解。分析以上算法，它的算法时间复杂度可表示为 O(n*maxW)，若 maxW 过大，耗费的空间与时间将是非常巨大的，因此这种方法不一定优于搜索法，但该算法在某些情况下确实能够降低时间复杂度，使得我们在有限时间内获得最优解。

13.7.3　问题小结

　　如果问题的最优解所包含的子问题的解也是最优的，我们就称该问题具有最优子结构性质（即满足最优化原理）。最优子结构性质为动态规划算法解决问题提供了重要线索。

　　子问题重叠性质是指在用递归演算法自顶向下对问题进行求解时，每次产生的子问题并不总是新问题，有些子问题会被重复计算多次。动态规划算法正是利用了这种子问题的重叠性质，对每一个子问题只计算一次，然后将其计算结果保存在一个表格中，当再次需要计算已经计算过的子问题时，只是在表格中简单地查看一下结果，从而获得较高的效率。

　　动态规划（dynamic programming）是运筹学的一个分支，是求解决策过程（decision process）最优化的数学方法。20 世纪 50 年代初美国数学家 R.E.Bellman 等人在研究多阶段决策过程的优化问题时，提出了著名的最优化原理（principle of optimality），他把多阶段过程转化为一系列单阶段问题，利用各阶段之间的关系，逐个求解，创立了解决这类过程优化问题的新方法——动态规划。

　　动态规划程序设计是对解最优化问题的一种途径、一种方法，而不是一种特殊算法。不像前面所述的那些搜索或数值计算那样，具有一个标准的数学表达式和明确清晰的解题方法。动态规划程序设计往往是针对一种最优化问题，由于各种问题的性质不同，确定最优解的条件也互不相同，因而动态规划的设计方法对不同的问题，有各具特色的解题方法，而不存在一种万能的动态规划算法，可以解决各类最优化问题。因此读者在学习时，除了要正确理解基本概念和方法之外，必须具体问题具体分析处理，以丰富的想象力去建立模型，用创造性的技巧去求解。我们也可以通过对若干有代表性的问题的动态规划算法进行分析、讨论，逐渐学会并掌握这一设计方法。

13.8　二分图的最大匹配、完美匹配和匈牙利算法

13.8.1　问题描述

　　姑姑经营一家相亲网站，春节期间是其业务最繁忙的时候。但是因为春节的假期并不是很长，所以姑姑希望能够尽可能在一天之内安排比较多的相亲。通常一个人同一天只能和一个人相亲，所以要从当前的相亲情况表里选择尽可能多的组合，且每个人不会出现两次。请你帮姑姑想想办法，对于当前给定的相亲情况表，最多能同时安排多少组相亲？

13.8.2　问题分析与求解

　　如图 13-5 所示，先将给定的情况表转换成图 G=(V,E)，图中的顶点可以分别被涂成黑

白两种颜色。不妨将所有表示女性的节点记为点集 A，表示男性的节点记为点集 B，则有 A∪B＝V。由问题可知所有边 e 的两个端点分别属于 AB 两个集合。

同样的，我们将所有边分为两个集合，即集合 S 和集合 M，同样有 S∪M＝E。边集 S 表示在这一轮相亲会中将要进行的相亲，边集 M 表示不在这一次进行。对于任意（u，v）∈ S，我们称 u 和 v 为一组匹配，它们之间相互匹配。在图 G 中，我们将边集 S 用实线表示，边集 M 用虚线表示，则原问题转化为，最多能选择多少条边到集合 S，使得 S 集合中的任意两条边不相邻（即没有共同的顶点）。显然，|S| ≤ Min{|A|, |B|}。那么能不能找到一个算法，使得我们能够很容易计算出尽可能多的边能够放入集合 S？为此，我们不妨来看图 13-5 所示的一个示例。

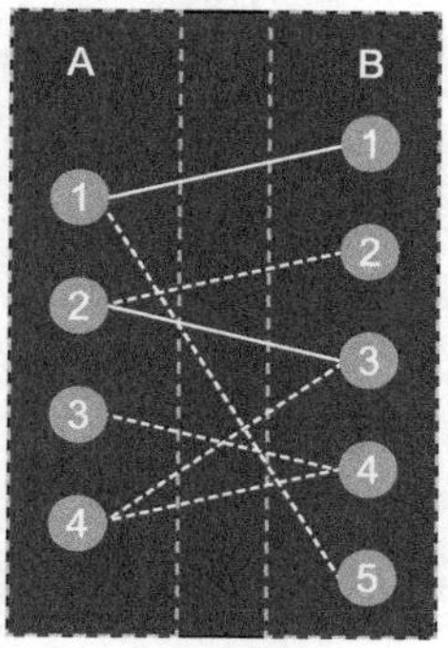

对于已经匹配的点先不考虑，从未匹配的点来做。这里首先选择 A 集合中尚未匹配的点（A3 和 A4）考虑：

1）对于 A3 点，我们可以发现 A3 与 B4 右边相连，且都未匹配，则直接将 (A3,B4) 边加入集合 S 即可。

图 13-5　匈牙利算法问题

2）对于 A4 点，我们发现和 A4 相连的 B3、B4 点都已经匹配了。但是再观察可以发现，如果我们将 A2 和 B2 相连，则可以将 B3 点空出来，那么就可以同时将 (A2,B2)，(A4,B3) 相连。将原来的一个匹配变成了两个匹配。

让我们来仔细看看这一步：我们将这次变换中相关联的边标记出来，如图 13-6 所示的 3 条边 (A2,B2)，(A2,B3)，(A4,B3)。这 3 条边构成了一条路径，且这条路径有个非常特殊的性质，即虚线和实线相互交错，并且起点和终点都是尚未匹配的点，且属于两个不同的集合。我们称这样的路径为交错路径。再进一步分析，对于任意一条交错路径，虚线的数量一定比实线的数量多 1。将虚线和实线相交换，就变成了图 13-7 所示的样子。

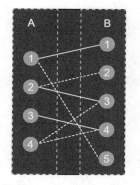

图 13-6　匈牙利算法问题

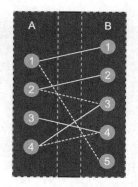

图 13-7　匈牙利算法问题

在原来 1 个匹配的基础上，我们得到了 2 个新的匹配，S 集合边的数量也增加了 1。并且原来已经匹配的点仍然是已经匹配的状态。

再回头看看 A3 点匹配时的情况：(A3,B4) 这条路径同样满足了交错路径的性质。

至此，我们得到了一个找新匹配的有效算法：

1）选取一个未匹配的点，查找是否存在一条以它为起点的交错路径。若存在，将该交错路径的边虚实交换；否则，在当前的情况下，该点找不到可以匹配的点。

2）对于已经匹配的点，该算法并不会改变一个点的匹配状态。

所以当对所有未匹配的点都计算过后，仍然没有交错路径，则不可能找到更多的匹配。此时 S 集合中的边数即为最大边数，我们称之为最大匹配数。

那么我们再一次梳理整个算法，算法步骤可以表述如下：

1）依次枚举每一个点 i。

2）若点 i 尚未匹配，则以此点为起点查询一次交错路径。

3）得到最大匹配数。

伪代码如下：

```
// 寻找从 k 出发的对应项出的可增广路径
bool FindPaht(int k)
{
    while (从邻接表中列举 k 能关联到顶点 j)
    {
        if (j 不在增广路径上)
        {
            把 j 加入增广路径；
            if (j 是未盖点或者从 j 的对应项出发有可增广路径)
            {
                修改 j 的对应项为 k；
                则从 k 的对应项出发，有可增广路径，返回 true；
            }
        }
    }
    则从 k 的对应项出没有增广路径，返回 false；
}
void hungary()
{
    for i->1 to n
    {
        if (则从 i 的对应项出有可增广路径)
            匹配数 ++；
    }
    输出匹配数；
}
```

在此基础上仍然有两个可以优化的地方：

1）对于点的枚举：当枚举了所有 A 中的点后，无须再枚举 B 中的点，就已经得到了最大匹配。

2）在查询交错路径的过程中，有可能出现 A_i 与 B_j 直接相连，其中 B_j 为已经匹配的点，且 B_j 之后找不到交错路径。之后又通过 A_i 查找到了一条交错路径 $\{A_i, B_x, A_y, \cdots, A_z, B_j\}$ 延伸到 B_j。由于之前已经计算过 B_j 没有交错路径，若此时再计算一次就有了额外的冗余，因此可以枚举每个 A_i 时记录 B 集合中的点是否已经查询过，起点不同时则清空记录。

程序如下：

```
int nx,ny;
int map[maxn][maxn];
int cx[maxn],cy[maxn];
bool vis[maxn];
int FindPath( int u )
{
    for( int i = 1; i <= ny; i++ )
    {
        if( map[u][i] && !vis[i] )
        {
```

```
                vis[i] = 1;
                if( cy[i] == -1 || findpath( cy[i] ) )
                {
                    cy[i] = u;
                    cx[u] = i;
                    return true;
                }
            }
        }
    return false;
}

int MaxMatch()
{
    int ans = 0;
    memset(cx,-1,sizeof(cx));
    memset(cy,-1,sizeof(cy));
    for( int i = 1; i <= nx; i ++ )
    {
        if( cx[i] == -1 )
        {
            memset(vis,0,sizeof(vis));
            ans += findpath(i);
        }
    }
    return ans;
}
```

13.8.3　问题小结

　　匈牙利算法的核心就是不停地查找增广路径，并增加匹配的个数，增广路径顾名思义是指一条可以使匹配数变多的路径。在匹配问题中，增广路径的表现形式是一条"交错路径"，也就是说，这条由图的边组成的路径，它的第一条边是目前还没有参与匹配的，第二条边参与了匹配，第三条边没有……最后一条边没有参与匹配，并且始点和终点还没有被选择过。这样交错进行，显然它有奇数条边。那么对于这样一条路径，我们可以将第一条边改为已匹配，第二条边改为未匹配，以此类推。也就是将所有边进行"反色"，容易发现这样修改以后，匹配仍然是合法的，但是匹配数增加了一对。另外，单独的一条连接两个未匹配点的边显然也是交错路径。可以证明，当不能再找到增广路径时，就得到了一个最大匹配。

13.9　中序式转后序式（前序式）

13.9.1　问题描述

　　平常所使用的表达式，主要是将操作数放在运算符的两旁，例如 a+b/d 这样的式子，这称为中序（Infix）表示式，对于人类来说，这样的式子很容易理解，但由于计算机执行指令时是有顺序的，遇到中序表示式时，无法直接进行运算，而必须进一步判断运算的先后顺序，所以必须将中序表示式转换为另一种便于计算机理解的表示方法。

13.9.2　问题分析与求解

　　对于上述问题，我们可以考虑将中序表示式转换为后序（Postfix）表示式，后序表示式又称为逆向波兰表示式，因为它是由波兰的数学家卢卡谢维奇提出的，例如 (a+b)*(c+d) 这个式子，表示为后序表示式时是 a b + c d + *。

用手算的方式来计算后序式相当简单，将运算符两旁的操作数依先后顺序全部加上括号，然后将所有右括号用左边最接近的运算符替换（从最内层括号开始），最后去掉所有左括号就可以得到转换好的后序表示式，例如，

$$a + b * d + c/d => ((a + (b*d)) + (c/d)) \text{ -> } abd* + cd/ +$$

如果要用程序来进行中序转后序，则必须使用堆栈，算法很简单，可以直接描述为：使用循环，取出中序式的字符，遇操作数直接输出；堆栈中运算符优先级大于读入的运算符优先级的话，则直接输出堆栈中的运算符，再将读入的运算符置入堆栈；遇右括号输出堆栈中的运算符直至左括号。

OP	STACK	OUTPUT
(	(	–
a	(	a
+	(+	a
b	(+	ab
)	–	ab+
*	*	ab+
(	*(	ab+
c	*(	ab+c
+	*(+	ab+c
d	*(+	ab+cd
)	*	ab+cd+
–	–	ab+cd+*

图 13-8　中序式转后序式出栈顺序

例如 (a+b)*(c+d) 这个式子，依算法的输出过程如图 13-8 所示。

相应的程序如下：

```c
#include <stdio.h>
#include <stdlib.h>
int postfix(char*);        // 中序转后序
int priority(char);        // 决定运算子优先顺序
int main(void)
{
    char input[80];
    printf("输入中序运算式：");
    scanf("%s", input);
    postfix(input);
    return 0;
}
int postfix(char* infix)
{
    int i = 0, top = 0;
    char stack[80] = {'\0'};
    char op;
    while(1) {
        op = infix[i];
        switch(op) {
            case '\0':
                while(top > 0) {
                    printf("%c", stack[top]);
                    top--;
                }
                printf("\n");
                return 0;
            // 运算子堆叠
            case '(':
                if(top < (sizeof(stack) / sizeof(char))) {
                    top++;
                    stack[top] = op;
                }
                break;
            case '+': case '-': case '*': case '/':
```

```
            while(priority(stack[top]) >= priority(op)) {
                printf("%c", stack[top]);
                top--;
            }
            // 存入堆叠
            if(top < (sizeof(stack) / sizeof(char))) {
                top++;
                stack[top] = op;
            }
            break;
        // 遇 ) 输出至 (
        case ')':
            while(stack[top] != '(') {
                printf("%c", stack[top]);
                top--;
            }
            top--;// 不输出 (
            break;
        // 运算元直接输出
        default:
            printf("%c", op);
            break;
        }
        i++;
    }
}
int priority(char op)
{
    int p;
    switch(op) {
        case '+': case '-':
            p = 1;
            break;
        case '*': case '/':
            p = 2;
            break;
        default:
            p = 0;
            break;
    }
    return p;
}
```

13.9.3 问题小结

如果要将中序式转为前序式，则在读取中序式时是由后往前读取，而左右括号的处理方式相反，其余不变，但输出之前必须先置入堆栈，待转换完成后再将堆栈中的值由上往下读出，如此方式获得的就是前序表示式的结果。

13.10 一些提供练习服务的网站

下面列举了国内外常见的一些练习站点，有兴趣的读者可以登录练习。

国内的 online judge：

1）ZOJ：http://acm.zju.edu.cn/（浙江大学）

2）POJ：http://acm.pku.edu.cn/（北京大学）

3）SOJ：http://acm.sjtu.edu.cn/（上海交通大学）

4）HDJ：http://acm.hdu.edu.cn/（杭州电子科技大学）

国外的 online judge：

1）https://www.spoj.pl/（波兰）

2）http://acm.timus.ru/（俄罗斯）

3）http://acm.sgu.ru/（俄罗斯）

初学者也可以登录以下两个站点练习：

1）http://www.uwp.edu/sws/usaco/（美国）

2）http://www.rqnoj.cn/（中国）

参 考 文 献

[1] Brian W Kernighan，Dennis M Ritchie. C 程序设计语言 [M]. 2 版 . 徐宝文，李志，译 . 北京：机械工业出版社，2004.

[2] Clovis L Tondo，Scott E Gimpel. C 程序设计语言习题解答 [M]. 2 版 . 杨涛，译 . 北京：机械工业出版社，2004.

[3] Stephen Prata. C Primer Plus 中文版 [M]. 5 版 . 云巅工作室，译 . 北京：人民邮电出版社，2005.

[4] 蔡庆华，程一飞，葛华，等 . 案例式 C 语言实验与习题指导 [M]. 北京：高等教育出版社，2012.

[5] 何钦铭，颜晖，杨起帆，等 . C 语言程序设计 [M]，北京：人民邮电出版社，2003.

[6] 何钦铭，颜晖 . C 语言程序设计 [M]. 北京：高等教育出版社，2008.

[7] 谭浩强，张基温 . C 语言程序设计教程 [M]. 3 版 . 北京：高等教育出版社，2006.

[8] 陈刚 . C 语言程序设计 [M]. 北京：清华大学出版社，2010.

[9] 罗晓芳，李慧，孙涛，等 . C 语言程序设计习题解析与上机指导 [M]. 北京：机械工业出版社，2009.

[10] 武雅丽，王永玲，解亚利，等 . C 语言程序设计习题与上机实验指导 [M]. 2 版 . 北京：清华大学出版社，2009.

[11] 刘振安 . C 语言程序设计 [M]. 北京：机械工业出版社，2009.

[12] 夏宽理 . C 语言与程序设计 [M]. 上海：复旦大学出版社，1994.

[13] 谭浩强 . C 程序设计 [M]. 4 版 . 北京：清华大学出版社，2010.

[14] 谭浩强 . C 程序设计教程学习辅导 [M]. 2 版 . 北京：清华大学出版社，2013.

[15] 匡松 . C 语言程序设计百问百例 [M]. 北京：中国铁道出版社，2008.

[16] 柳盛，王国全，沈永林 . C 语言通用范例开发金典 [M]. 北京：电子工业出版社，2008.

[17] Samuel P Harbison. C 语言参考手册 [M]. 徐波，译 . 北京：机械工业出版社，2008.

[18] K N King. C 语言程序设计现代方法 [M]. 北京：人民邮电出版社，2007.

[19] 谭明金，俞海英 . C 语言程序设计实例精粹 [M]. 北京：电子工业出版社，2007.

[20] 徐士良 . 常用算法程序集：C 语言描述 [M]. 北京：清华大学出版社，2004.

[21] Mark Allen Weiss. 数据结构与算法分析：C 语言描述 [M]. 北京：人民邮电出版社，2005.

推 荐 阅 读

数据结构与算法分析：C语言描述（原书第2版）典藏版

作者：Mark Allen Weiss ISBN：978-7-111-62195-9 定价：79.00元

数据结构与算法分析：Java语言描述（原书第3版）

作者：Mark Allen Weiss ISBN：978-7-111-52839-5 定价：69.00元

数据结构与算法分析——Java语言描述（英文版·第3版）

作者：Mark Allen Weiss ISBN：978-7-111-41236-6 定价：79.00元